新时代中国生态文明建设理论创新与实践探索

XINSHIDAI ZHONGGUO SHENGTAI WENMING JIANSHE

LILUN CHUANGXIN YU SHIJIAN TANSUO

彭 蕾◎著

人民出版社

目　录

前　言

　　文明是人类历史积累下来的有利于认识和适应客观世界、符合人类精神追求、能被绝大多数人认可和接受的人文精神，也是人类社会进步的重要标志。从历史发展看，人类是在自然演化的基础上通过劳动诞生的社会性存在物；从现实存在看，自然界是人类物质生活和精神生活的资料来源；从发展趋势看，只有实现人与自然和谐发展，才能促进人的全面发展。中华民族自古以来尊重自然、热爱自然、保护自然，崇尚天人合一、道法自然，追求人与自然和谐相处。中华文明积淀了丰富的生态智慧，形成了科学的生态文明观念，为人类文明进步作出了重要贡献，在推动民族振兴、人民幸福、社会永续发展的过程中发挥了重要作用。

　　生态文明是人类文明的一种形式，也是人与自然和谐的一种文明形态，体现了尊重自然、爱护自然、顺应自然和人与自然和谐相处的现代文明理念。走向社会主义生态文明新时代，不是一个单纯的新概念表述，而是习近平总书记根据我国生态文明建设情况提出的科学论断，是我们党对人类文明发展规律的深刻认知，是经济社会演化发展的客观要求，也是生态文明建设发展到一定阶段的必然历史飞跃。

　　党的十八大以来，以习近平同志为核心的党中央站在经济发展、民族振兴、国家富强的战略高度，提出加强社会主义生态文明建设重大战略决策。党的十七大首次提出"建设生态文明"，十八大把生态文明建设纳入中国特色社会主义事业"五位一体"总体布局，十九大提出要建设人与自然和谐共生的现代化，建设富强民主文明和谐美丽的社会主义现代化强国。从单纯的"建设生态文明"到"社会主义文明"再到"走向社会主义生态文明新时代",这不是简单的字句增加,而是表现了中国特色社会主义道路自信、理论自信、制度自信和文化自信,标志着我们党对人类社会发展规律和中国特色社会主义发展规律认识的进一步深化,体现了生态文明建设在社会主义事业中的重要地位,彰显了以习近平同志为核心的党中央对加强新时代生态文明建设的坚定意志和坚强决心。

本书从走向社会主义生态文明新时代、经济社会发展进入新常态的社会主义生态文明建设新的历史阶段出发,围绕新时代社会主义生态文明建设这一主题,坚持以马克思主义生态理论为指导,以习近平生态文明思想为遵循,以我国当前生态文明建设状况为依据,以"党的十八大以来"的十年为时间节点和研究起点,以探讨新时代中国社会主义生态文明建设理论与实践为重点,以推进新时代生态文明建设为目的,运用辩证唯物主义与历史唯物主义相结合、理论探讨与实践案例相结合、研究问题与提出对策相结合等方法,在分析我国生态文明建设取得伟大成就及存在问题基础上,系统研究党的十八大以来,以习近平同志为核心的党中央把生态文明建设作为统筹推进"五位一体"总体布局和协调推进"四个全面"战略布局的重要内容,全力以赴推进生态文明建设、全力以赴加强污染防治、全力以赴改善人民生产生活环境,坚定不移走生产发展、生活富裕、生态良好的文明发展之路,努力建设人与自然和谐共生现代化的重大理论创新与实践探索。

本书研究的出发点和落脚点,力求反映马克思主义生态理论的新活力、习近平生态文明思想的新创造、社会主义生态文明建设的新形态、生态文明走向新时代的新成就,进而加快建设美丽中国步伐,促进社会主义生态文明走向新时代,推进生态文明建设进入新征程、迈上新台阶、谱写新篇章。

一是注重理论诠释,寻求新时代生态文明思想的理论之源。生态文明建设不仅是一项复杂的社会工程,也是一门跨学科的系统科学;不仅需要理论创新,而且需要实践探索。生态文明本质上是人的文明在与人相联系的自然界上的投射,是人的文明在人与自然关系上的体现。新时代生态文明思想是对人类文明发展规律的再认识,是人类社会发展史、文明演进史上具有里程碑意义的科学理念，为推动新时代生态文明建设创新发展指明了前进方向、提供了根本遵循。结合习近平总书记关于生态文明建设的新论述、新观点、新要求，综合运用马克思主义哲学、生态学、政治经济学等学科理论进行研究，从多维视角对生态文明建设进行全面系统的探讨，研究习近平生态文明思想的理论源泉、核心内涵、形成逻辑、体系构建、实现路径、理论贡献、实践探索等，力求从理论与实践的结合上全面领会新时代生态文明思想的理论创新、哲学意蕴、实践运用、伟大意义和如何加快新时代生态文明建设的重大理论与现实问题，以及深远影响和指导价值，以期用系统的研究与探索，达到整体理解与把握的目的，并使研究体现与时俱进的理论风格。

二是适应时代呼唤，探索新时代生态文明思想的创新之路。2016年5月，习近平总书记在哲学社会科学工作座谈会上指出："当代中国正经历着我国历史上最为广泛而深刻的社会变革，也正进行着人类历史上最为宏大而独特的实践创新。"伟大的实践呼唤伟大的理论，创新的理论又推进新的伟大实践。习近平生态文明思想是在对人类面临日益严峻的生态问题作出深邃思考基础上提出的，借鉴了人类保护环境、寻求可持续发展进程中成功与失败的经验教训，是对马克思主义生态思想的继承与发展，为破解当今生态环境难题提供了重要的理论指导。全面系统地梳理和阐发习近平总书记关于生态文明建设的科学论述，以及为加强生态文明建设而提出与制定的一系列方针政策和法规制度，从马克思主义生态理论的创新发展、我国几代领导人的重要论述以及中华民族生态文化出发，研究习近平生态文明思想的理论来源；从习近平总书记关于生态文明建设的一系列新观点新理论新举措，科学阐释生态文明思想的核心意蕴；从21世纪生态文明学说的当代创立出发，运用马克思主义生态思想解决生态保护、环境治理等问题，探讨其对生态文明建设的理论创新，研究生态文明思想的理论贡献和取得的伟大成就，以加深对习近平生态文明思想的战略认知和全面把握，增加理论对实践的指导性和说服力。

三是聚焦发展路径，研究新时代生态文明思想的实践之要。党的十八大以来，以习近平同志为核心的党中央对生态文明建设作出顶层设计、战略部署，系统全面、科学完整地回答事关新时代中国生态文明建设发展全貌的根本性问题。在分析我国当前生态文明建设形势和取得伟大成就的基础上，注重理论研究与具体实践相结合、总结经验与国情实际相结合、分析问题与提出对策相结合、现状研究与典型案例相结合，立足我国当前生态环境建设现状，按照从历史到现实、从概念到行动、从微观到宏观、从理论到实践、从问题到对策的脉络，形成本书的结构框架。根据新时代生态文明建设新形势新任务新要求，从什么是生态文明、为什么建设生态文明、建设什么样的生态文明、怎样建设生态文明的逻辑顺序，对生态文明建设进行全方位、多视角、系统性探讨，研究生态文明建设融入经济建设、政治建设、文化建设和社会建设，以及党的十八大以来全国涌现出的生态文明建设先进典型事迹，研究习近平生态文明思想的实践伟力，从理论与实践的结合上探讨解决生态文明建设的实现路径、具体措施和政策对策，力求对新时代生态文明思想有一个科学认知、全面理解和正确把握，进而推进社会主义生态文明建设在实践中创新发展。

四是坚持问题导向，探寻新时代生态文明思想的时代之基。改革开放以来，我国经济社会发生了巨大变化，取得了令人瞩目的伟大成就。但生态文明建设还存在着思想认识不足、生态意识不强、污染治理不力、制度建设不全、行动不够自觉、环境执法不严等现象，出现了一些破坏生态和环境污染事件，这说明生态文明建设的长期性和艰巨性，也反映了生态文明建设的重要性和紧迫性。在研究上坚持问题导向，注重改革的系统性和完整性，深度聚焦生态文明建设存在的问题，从生态文明改革的内在逻辑和方法论视角，探讨习近平总书记关于"我们既要绿水青山，也要金山银山。宁要绿水青山，不要金山银山，而且绿水青山就是金山银山"的辩证思维；"坚持系统观念，从生态系统整体性出发，推进山水林田湖草沙冰一体化保护和修复"的系统思维；"要牢固树立生态红线的观念""在生态环境保护问题上，就是要不能越雷池一步，否则就应该受到惩罚"的底线思维。系统探讨习近平生态文明思想的基本理论、主要原则、制度法规、实践路径、政策保障、治理体系、发展战略等重大问题，以科学思维探究生态文明思想的辩证法和方法论，推动新时代我国生态文明建设迈向新的征程。

新时代社会主义生态文明建设理论创新与实践探索是一个重大而新颖的课题，涉及面广，探讨难度大，研究要求高。学习、宣传、贯彻习近平生态文明思想，既是推进我国生态文明走向新时代和实现中华民族伟大复兴的战略需要，也是感悟、研究、践行习近平生态文明思想应具有的历史责任和光荣使命。但囿于笔者理论视野和研究水平的局限，尚有诸多问题有待进一步研究和提升，恳请专家学者不吝赐教和批评指正，不胜感激。

谨以本书献给新时代为建设美丽中国和实现人与自然和谐共生现代化而奋斗的人们！

彭　蕾

2022 年 3 月 18 日

第一章 新时代生态文明思想的生成发展

古人曰:"观其源可以知其流。"马克思指出,"每个原理都有其出现的世纪。"[①]人类任何思想的提出绝非凭空而生,而是历史和时代的产物,是在人类社会建设发展实践基础上生成的。从理论溯源和实践基础看,习近平生态文明思想继承和发展了马克思主义生态理论,传承了中华民族优秀传统文化,继承了我国几代领导人的生态思想,顺应了时代潮流和人民意愿,提出了一系列新理念新战略新举措,深刻回答了新时代中国生态文明建设的重大理论和实践问题,反映了以习近平同志为核心的党中央坚持以马克思列宁主义、毛泽东思想、邓小平理论、"三个代表"重要思想、科学发展观为指导,坚持把马克思主义人与自然重要学说、自然辩证法基本原理同当代中国生态文明实践相结合,形成了科学完整的生态文明思想体系,彰显了中国特色和以社会实践为基础的理论创新。深刻认识新时代生态文明思想的生成依据与发展逻辑,掌握其理论内涵和科学意蕴,对于推进新时代我国生态文明建设健康发展具有重要理论意义和指导价值。

第一节 马克思和恩格斯的生态文明思想

在马克思、恩格斯生活的 19 世纪,欧洲及世界的生态环境问题已经出

---

① 《马克思恩格斯全集》第1卷,人民出版社 1956 年版,第 148 页。

现。马克思和恩格斯以科学思维和敏锐眼光，在对当时资本主义社会制度和经济生产方式进行科学考察与分析基础上，以独特的社会视角发现和认识生态环境问题，深刻剖析生态危机产生的社会根源，指出环境污染的危害性，提出解决生态环境问题的对策路径，强调要实现人与自然的和解和人与自然的和谐共生。马克思主义的生态文明思想，对于我们今天加强生态文明建设、解决环境污染和推进人与自然和谐发展具有重要的指导意义。

一、关于人与自然关系的理论

马克思主义关于自然观的思想，主要体现在马克思的博士论文《德谟克利特的自然哲学与伊壁鸠鲁的自然哲学的差别》《1844 年经济学哲学手稿》和恩格斯的《反杜林论》《自然辩证法》，以及他们合作的《神圣家族》《德意志意识形态》等著作中。马克思、恩格斯深刻地阐述了人与自然的辩证关系，告诫人们要正确认识人在自然界中的地位与作用，强调人类的生产实践活动一定要考虑自然生态环境的承受能力，警示人们必须充分估计人类生产劳动活动可能导致的自然生态后果，要求人们正确处理生产劳动活动的"社会结果与自然结果"以及"近期结果与长远结果"的关系。这些生态思想成为他们人与自然和谐统一学说的重要内容，为社会发展和解决生态危机提供了理论指导。

（一）人和人之间的关系是人同自然关系的转换

在人与自然共同体中，人与自然间的互惠互利是最基本的关系。马克思对普遍利益与特殊利益的矛盾进行了基础性和彻底性的批判，最后将其共同体思想落脚于社会共同体逐步收回国家的权利并逐步社会化这一基点上。

马克思认为，人与人的相互关系来源于劳动对于人与自然关系的转换，然而人与人通过生产实践和交换活动而产生的社会关系又会影响人与自然的相互关系。恩格斯对人与自然的关系也有深刻的洞察与思考，他曾批评自然主义历史观的片面性："它认为只是自然界作用于人，只是自然条件到处决定人的历史发展，它忘记了人也反作用于自然界，改变自然界，为自己创造新的生存条件。"①同时还强调，人对自然的反作用也不可过于夸大。在《自然辩证法》中向人类发出这样的警告："我们不要过分陶醉于我们人类对自然界的胜利。对于每一次这样的胜利，自然界都对我们进行报复。……我们对自然界的整个支配作用，就在于我们比其他一切生物强，能够认识和正确运用自然规律。"②

人类进入工业文明后，从自然界获取的利益和价值无限制扩大，人类在"利益至上"观念驱使下，对自然资源无限制地索取，以使自己的利益和欲望得到满足。而自然给予人类的利益是有条件限制的，当人类对自然的开发力度大于自然可承受的度时，人与自然的关系就会失衡而产生异化，最终结果是与人类预期愿望相背离，人类利益需要反而无法得到满足，当代人类正在承受的资源短缺、生态环境恶化等就是佐证。马克思主义的辩证生态理论，既包含了人与其他自然存在物的相互关系，还包含了人与自然间休戚与共的利益关系。认为人与人的相互关系来源于劳动对于人与自然关系的转换，然而人与人通过生产实践和交换活动而产生的社会关系又会影响人与自然的相互关系。因此，"人与自然的和解"要从"人同自身的和解"上探寻根源，通过社会制度的变革来彻底消解人与自然的对立关系。

（二）人与自然之间是客观事物之间存在的普遍关系

人类自诞生以来一直与自然存在着矛盾，如何处理人与自然的关系，实现人的解放与自然的解放，是一个长期探索的重要课题。马克思和恩格斯不仅在哲学层面探讨了人类与自然的关系，而且在实践中也回答了现实生活里社会发展与环境之间的矛盾。马克思说，"人直接是自然存在物"。人的生活只有依靠自然界，脱离自然性的人、脱离自然界而生存的人，是无法想象的。换言之，人与自然是一体两面的，人即自然，自然即人，自然和人类谁也离不开谁。自然离开了人就是不完整和没有意义的，而人类离开了自然则将无法生存，可见人与自然是完全平等的。马克思认为，人与自然之间的

---

① 《马克思恩格斯文集》第 9 卷，人民出版社 2009 年版，第 483—484 页。

② 恩格斯：《自然辩证法》，人民出版社 2015 年版，第 313—314 页。

对象性关系是客观事物之间存在的普遍关系。他还进一步作了形象的阐释："太阳是植物的对象，是植物所不可缺少的、确证它的生命的对象，正像植物是太阳的对象，是太阳的唤醒生命的力量的表现，是太阳的对象性的本质力量的表现一样。"① 马克思以"历时态"眼光来看人与自然的关系：自然经历了一个由自在自然到人化自然的过程；人经历了从"人的依赖关系"到"物的依赖性"再到人的"自由"确立的自觉过程。在《1844年经济学哲学手稿》中，马克思进一步阐述了自然史与人类史的统一问题。指出，正像一切自然物必须产生一样，人也有自己的产生活动即历史，但历史是在人的意识中反映出来的，因而它作为产生活动是一种有意识地扬弃自身的产生活动。历史是人的真正的历史。自然界和人类呈现相互联系、相互依存、相互影响的关系，形成一个"生命共同体"。一言以蔽之，不但要关注人与人、人与社会的关系，还必须关注人与自然的关系。由于人是自然的一部分，因而人的发展历史本身也是自然发展的历史，自然、个人及由个人组成的社会是辩证统一的发展过程。

（三）人与自然的关系是社会最基本的关系

马克思主义认为，人类所处的环境——从地球到宇宙、从无机界到有机界、从自然界到人类社会，整个世界都是相互联系和不可分割的，这说明自然界有其自身的特点和规律，人类在实践生产活动或开发利用时，必须遵守自然规律，按照自然规律办事，才能适应自然规律的客观要求，实现人与自然的和谐。在马克思看来，自然——人——社会构成了一个彼此关联的系统，系统的客观辩证法决定了我们在认识自然时不能脱离社会，也不能脱离自然，在人与自然环境的关系中表现为人与自然环境的和谐发展。马克思强调，人的联合的观念，不是基于单个人、单个组织或国家的利益，而是所有人利益的联合体，这样人与自然的关系才能获得终极和解。人类历史和自然界历史是处于辩证的交互作用之中的。因此，人与自然、人与人的关系问题是人类文明演化面临的两大基本问题。就是要实现人类与自然的和解以及人类本身

---

① 马克思：《1844年经济学哲学手稿》，人民出版社2014年版，第103页。

的和解。人与自然的关系问题是人类社会发展过程中始终都要面对和思考并正确处理的重要关系范畴。在这个过程中，由于人认识和对待自然的理念不同，由人与自然不同的交互关系呈现出人类文明各个阶段的不同特性。

人与自然的历史是社会历史不可分割的部分。人类必须学会尊重自然、珍惜自然、顺应自然、保护自然，在人与自然之间的物质变换过程中，人应该遵循自然规律，而不能让自然无条件地服从自己的实践。人们希望随着生态共同体意识的形成，也要承担起对这个共同体的其他成员的责任和义务。实现人类的可持续发展，就必须考虑生态资源的可持续，以及对生态共同体承担的道德责任。人类可以认识和改造自然，但人类生态环境也必须存在于自然生态环境之中，符合自然生态的规律。从人类社会发展的实践看，人类与自然界的关系是相互联系、相互依存、相互影响的关系。

二、关于人与自然统一的理论

马克思和恩格斯从辩证唯物主义角度指出了人与自然的辩证关系，即在人依靠积极、能动的实践活动创造人的生存环境的同时，环境也影响着人的思想与行为。指出"历史可以从两方面来考察，可以把它划分为自然史和人类史。但这两个方面是密切相关的；只要有人存在，自然史和人类史就彼此相互制约。"[1]并阐明了人的"自身和自然界的一体性"的唯物史观和自然观。马克思主义对人与自然和谐理论的科学阐述，构成了他们生态哲学思想的基本内容，闪现着人与自然和谐统一的生态智慧，显示了人与自然之间辩证关系理论的强大生命力。

（一）促进人与自然的平衡发展

人类是在自然界经过漫长的演变之后所产生的，依赖于自然界而生存。马克思主义生态观强调自然的先在性和人与自然的和谐发展，从本体论的高度提示了人与自然的统一，丰富了辩证唯物主义思想。

自然界的先在性是一切唯物主义的出发点，也是马克思主义唯物主义理

---

[1] 《马克思恩格斯全集》第 3 卷，人民出版社 1960 年版，第 20 页。

论的基石。自然界是先于人类而存在的，人是自然界的一个组成部分，而且人的发展受自然界的制约，没有自然界就没有人类，失去了自然，人类就失去了生存的条件。马克思指出："人靠自然界生活。这就是说，自然界是人为了不致死亡而必须与之处于持续不断的交互作用过程的人的身体"①。"人直接地是自然的存在物，是有生命的自然存在物。"② 而且是人的存在物，因而是类存在物。恩格斯也认为，自然界先于人类而存在，人的身体、血液、肌肉、骨骼甚至高度发展了的大脑，都是属于自然界的，并且存在于自然之中的。人作为社会产物的人，归根结底是自然界的产物。由此可见，无论是从人类起源还是从实现的角度看，人类是大自然发展到一定阶段的产物。可见，人产生于自然，成长于自然，归属于自然，充分说明了自然的先在性和基础性。

自然规律是自然界产生、发展、衰亡的历史规律。实现人与自然平衡发展，必须尊重自然客观规律。马克思主义认为，人类"能够认识和正确运用自然规律"，"不依伟大的自然规律为依据的人类计划，只能带来灾难。"③"自然规律是根本不能取消的。在不同的历史条件下能够发生变化的，只是这些规律借以实现的形式。"④告诫人们在自然界中进行生产活动的时候要学会正确地理解自然规律、学会自觉地遵循自然规律、学会认识我们对自然界的习常过程所作的干预所引起的较近或较远的后果。这些科学论述，深刻地揭示了人类的发展必须同自然规律相一致的真理。遵循自然界的运动规律，消除人与自然之间的对立，不仅是人对自然应负有的道德任务，也是人类自身生存与发展的必要前提。

促进人与自然的协调平衡发展，人类应该置于自然"之内"，把人与自然看作是相互依存、平衡协调的整体，建立以物态平衡、生态平衡和心态平衡为基础的社会文明形态，以维护生态系统的稳定性。马克思和恩格斯在分析工业化生产导致生态环境问题的例子时认为，"在社会的以及生活的自然

---

① 马克思：《1844年经济学哲学手稿》，人民出版社2000年版，第56页。
② 《马克思恩格斯选集》第4卷，人民出版社1995年版，第167页。
③ 《马克思恩格斯选集》第31卷，人民出版社1972年版，第251页。
④ 《马克思恩格斯文集》第10卷，人民出版社2009年版，第289页。

规律所决定的物质变换"的联系中造成一个无法弥补的裂缝，从而导致对外部自然和人本身自然的双重破坏。恩格斯在《英国工人阶级状况》一文中，深刻地揭露了工业革命后英国城市中的空气和水源遭到污染的情况。"黑水流过城市，河流成了污水沟，发出臭气；有害有毒的空气已令人窒息"。马克思主义通过对资本主义生产方式的剖析，认为资本主义生产方式导致了人与自然关系的紧张对立，打破了人类生存发展与自然规律之间的协调与平衡，是引发生态危机的根源所在，这一深刻教训人类必须认真汲取。这就明确地告诫人们，人类必须以人与自然共生共荣和和谐发展的理念去从事生产生活活动，要在人类自己的生态限域内，以尊重自然的规律为前提，重视人对自然的尊重、顺从、保护，才能实现人与自然和谐共生。

（二）坚持人与自然和谐相处

人与自然的辩证关系是人们在实践中遇到的首要问题。马克思主义提出人与自然和谐的价值旨归与追求，为人类正确处理人与自然的关系提供了科学理论和方法。

人存在于自然界之中，属于自然共同体中的一员。自然界为满足人类主体发展需要，给人类提供了各种必要的物质，保证人类的生存与繁衍。"人和人之间的直接的、自然的、必然的关系是男女之间的关系。在这种自然的、类的关系中，人同自然界的关系直接就是人和人之间的关系，而人和人之间的关系直接就是人同自然界的关系，就是他自己的自然的规定。"① 马克思主义认为，"人类首先依赖于自然"，人与自然是辩证统一具体化为一种对象性关系，没有自然界就没有人类及其社会。马克思和恩格斯在肯定人与自然之间存在着满足与被满足、需要与被需要的价值关系的基础上，强调在人与自然的价值关系中居主导地位的是人。恩格斯充满信心地告诉人们："很显然，人类也在一步一步地学会尊重和理解自然规律，逐渐地认识到人类的行为对自然界产生的或近或远的影响，特别是，本世纪以来随着自然科学的发展，我们也至少清醒地认识到我们的生产方式和行为所引起的比较远

---

① 《马克思恩格斯全集》第42卷，人民出版社1979年版，第119页。

的自然反应和行为。"① 人类只要摆正自己在自然界中的地位，敬畏大自然，尊重自然价值，科学认识自然、合理开发自然、自觉保护自然，就能实现人与自然的和谐共生。

人与自然和谐发展，是马克思主义的基本出发点。由于人类的需要具有无限的丰富性和无限的发展性，因而出现了人与自然不协调和不和谐的现象。马克思主义认为，自然界是"人的无机的身体"，并将人与自然实现本质统一的价值观，视为人类社会应有的基本价值追求和根本的价值规范。马克思在论述人类干预自然、破坏人与自然和谐时指出，"这种事情发生的愈多，人们愈会重新地不仅感觉到，而且也会意识到自身和自然界的一致。"② 他强调社会是人类与自然界之间不可分割的纽带，是相互依赖、相互生成的有机统一体，并设想逐步实现这样一种理想的人与自然的和谐关系。人类只有坚持生产生活需要与自然承受能力相平衡的原则，与自然进行平等的物质交换，以满足双方的利益需要，实现人与自然的协调发展。

人与自然之间的关系不仅是改造与被改造的关系，而且是相互依赖、相互制约的关系。共产主义社会是人全面发展的社会，是人和自然、人和人之间矛盾得到真正解决的社会。实现人与自然的和解，关键在于人类对待自然的态度和人与自然的共同解放，才能从根本上实现人与自然的真正"和解"。共产主义是人类理想的社会形态，是"自然界人的本质"与"人的自然的本质"的高度统一，也是人与自然界矛盾"真正解决"的理想境界。马克思主义认为，"只有共产主义社会才能最终解决生态危机，解决人与自然界之间的矛盾"。③ 马克思强调："这种共产主义，作为完成了的自然主义，等于人道主义，而作为完成了的人道主义，等于自然主义，它是人和自然界之间、人和人之间的矛盾的真正解决。"④ 1844年，马克思把理想社会界定为人与自然和谐统一的共产主义社会，之后又提出了"人的发展三阶段"理论，阐明

① 《马克思恩格斯全集》第42卷，人民出版社1982年版，第517页。
② 马克思：《1844年经济学哲学手稿》，人民出版社1985年版，第56页。
③ 《马克思恩格斯选集》第1卷，人民出版社1995年版，第603页。
④ 《马克思恩格斯全集》第3卷，人民出版社2002年版，第120页。

了人的解放与社会进步、自然解放的关系。恩格斯也指出："我们这个世纪面临的大转变，即人类与自然的和解以及人类本身的和解"①。随后，马克思继承了这一思想，进一步强调共产主义才能使人和自然界之间、人和人之间的矛盾的真正解决，并指出实现"和解"的根本措施是"瓦解一切私人利益"。马克思主义深刻揭示了人与自然关系和解的根本原因在于保证生态的协调与平衡，只有在能动与受动、合目的性与合规律性相统一的基础上，才能实现"人同自然的和解以及人同本身的和解"，促进自然系统的良性循环和可持续发展。

（三）实现人与自然环境和谐统一

马克思和恩格斯在论述人与自然之间关系时，提出了"人与自然和谐统一"的思想。在《德意志意识形态》一文中，马克思和恩格斯认为，是"把人对自然界的关系从历史中排除出去了，因而造成自然界和历史之间的对立"。他们把社会历史发展看成自然与社会的统一运动，把人对自然界的关系放在社会历史发展的进程之中，考察了自然界的发展过程和人类及人类社会的发展过程是统一的自然历史过程，因此，在马克思和恩格斯的生态理论框架中，唯物主义历史观和辩证自然观是统一的。

人与自然是一体两面的，人即自然，自然即人，自然和人类谁也离不开谁。离开了人，自然是不完整的，是没有意义的，甚至是不存在的；离开了自然，人类则是无法生存的，可见，人与自然是完全平等的。人类与自然界的和解，说到底是"人同自然界的完成了的本质的统一，是自然界的真正复活，是人的实现了的自然主义和自然界的实现了的人道主义"②。"只有在社会中，自然界对人说来才是人与人联系的纽带，才是他为别人的存在和别人为他的存在，才是人的现实的生活要素；只有在社会中，自然界才是人自己的人的存在的基础。只有在社会中，人的自然的存在对他说来才是他的人的存在，而自然界对他说来才成为人。"③马克思认为，人与自然之间的对象性

---

① 《马克思恩格斯选集》第1卷，人民出版社1995年版，第603页。
② 《马克思恩格斯文集》第1卷，人民出版社2009年版，第187页。
③ 《马克思恩格斯全集》第42卷，人民出版社1979年版，第122页。

关系是客观事物之间存在的普遍关系，对于自然界的其他存在物而言，这种生命之间存在的普遍关系同样存在。人与自然的关系也要经历从自然共同体、社会共同体到生命共同体的发展过程。自然界和人类呈现相互联系、相互依存、相互影响的关系，形成人与自然协调发展的形态。一言以蔽之，这是一个人的类本质不断生成、充实、丰富、发展的过程。

马克思和恩格斯在其著作中，将自然界生动地比拟为"人类的身体"，认为人与自然是辩证统一的：人类的一切生活基础来源于自然。马克思认为，人是自然界的一部分。人在肉体上只能靠这些自然产品才能生活。恩格斯指出："我们每走一步都要牢牢记住：我们决不像征服者统治异族人那样支配自然界，决不像站在自然界以外的人似的去支配世界，我们连同我们的肉、血和头脑都是属于自然界和存在于自然界的。"① 这充分说明，人不能离开自然而存在，无论人类将来演化得多么高级、走多么遥远，其源于自然界这一事实永远不会改变。

马克思和恩格斯从现实的人和现实的自然界相互依存、相互作用的历史进程出发，明确地提出了"感性世界一切部分的和谐，特别是人与自然的和谐"② 的光辉思想，并强调通过人类物质生产实践的方式达到人类社会和自然界的和谐统一。马克思、恩格斯明确指出："人与自然的统一性"，"这种统一性在每一个时代都随着工业或快或慢的发展而不断改变。"③ 从马克思和恩格斯对人、社会、自然相互关系的论述中可以看出，人与自然和谐的本质内涵，是人与自然矛盾同一性的一种表现形式，是人与自然之间相互依存、相互适应、相互转化的关系，体现了人及社会的发展和自然的发展的协调性和一致性，这就是人与自然的辩证和谐关系。我们可以从中看出，马克思和恩格斯深刻揭示了人与自然一体性的关系，倡导建立一个人与自然高度和谐的社会，这也是马克思主义人与自然辩证关系理论的精华。

---

① 恩格斯：《自然辩证法》，人民出版社 2015 年版，第 313—314 页。
② 《马克思恩格斯全集》第 3 卷，人民出版社 1960 年版，第 48 页。
③ 《马克思恩格斯全集》第 3 卷，人民出版社 1960 年版，第 49 页。

不同文明时代自然与经济社会发展及关系

时间	文明形态	对自然态度	生产方式	经济发展	生态状况	社会与自然的关系
百万年前	原始文明	敬畏：人的适应和自然的选择	采集植物果实、猎取动物，发明了原始农耕和畜牧，由食物的采集者转变为食物的生产者，是人类物质生产史上第一次历史性的飞跃	技术落后，消费水平低，与自然和谐共生	"天人一体"，人类生存直接依赖自然环境，人类直觉地感知自然界而不能理性地认识自然界	保持生态稳定
一万年前	农业文明	改造：人的顺从和自然的恩赐	种植畜牧，出现铁器，生产能力提高	耕种、驯养，人口增加，出现区域性不和谐	随着农业、畜牧业革命的实现，人类已经成为大自然的积极伙伴	生态开始失衡
三百年前	工业文明	征服：人的索取遭到自然界的报复	工业经济，化石、能源引领工业革命	生产率高效，资源消耗多，环境污染重；出现生态破坏现象	高举弘扬人的主体旗帜，宣扬人类中心主义和人是自然界的最高立法者，制造了人与自然之间的裂痕	出现生态危机
20世纪70年代以来	生态文明	顺应：人与自然和谐发展	绿色、循环、低碳发展	生产率高，消耗低，污染少，循环再生，绿色环保，协调发展	以生态平衡为核心，以代际公正为原则，反对极端人类中心主义，协调经济发展与人口、资源、环境的关系，实现人与自然和谐发展	呈现生态平衡

注：本表参考杜祥琬等的《生态文明建设的时代背景与重大意义》等内容。

从人类社会进步发展的实践看，人与自然的共生共存共荣是永恒的主题，一部人类社会发展史，就是一部人与自然相互交流、互动的演进史。习近平总书记指出，人因自然而生，人与自然是一种共生关系，对自然的伤害最终会伤及人类自身。人与自然是生命共同体，人类必须尊重自然、顺应自然、保护自然。深刻揭示了人与自然辩证统一的关系，丰富和发展了马克思主义的自然观，对于我们在新时代加快美丽中国建设和实现人与自然和谐共生，具有重要的理论价值和实践意义。

三、关于人化自然的理论

马克思在《1844 年经济学哲学手稿》中首次提出"人化的自然"的思想，内蕴着十分深刻的哲理，展示了对尊重自然、爱护生态、保护环境的推崇与高扬，凸显了主体的进步性和内在的发展性，是马克思主义发展史上一个丰富深刻和颇具经典意义的重要理论成果，也是新时代我们认识自然、改造自然、保护自然的根本理论指导和行动指南。

（一）人化自然是马克思生态思想的逻辑起点

人化自然是由人的本质力量所创造并为社会的人所占有的对象世界，是对人与自然终极关系的一种实践性认知和发展性探索。马克思人化自然思想深刻地揭示了人类同自然界的一体性，强调人的本质力量对象化过程中的辩证统一，为保护自然环境、正确处理人类与自然的关系指明方向。

自然界是人类生存和发展的前提，是满足人类多样化的物质和精神需要的第一源泉。马克思强调自然的先在性和自然对人具有优先地位，从本体论的角度揭示了人与自然的统一，丰富了辩证唯物主义思想。他在《资本论》《德意志意识形态》等著作中多次强调自然对人的优先权，认为即使"自然界将发生巨大的变化，而且整个人类世界以及他自己的直观能力，甚至他本身的存在也会很快就没有了。当然，在这种情况下外部自然界的优先地位仍然保持着。"[1] 马克思在强调人化自然时，承认自然的先在性这一事实，自然

---

① 《马克思恩格斯文集》第 1 卷，人民出版社 2009 年版，第 529—530 页。

对人具有先天的优先地位，是自然界长期进化的产物，人与社会所有的关系都是以生态自然的存在为前提和基础的，人并不能创造物质本身，只能改变物质的存在形态。因此，可以说，人与自然之间的这种不可分割性，源于自然对人的优先性。

（二）人化自然是自然的人化过程

在人与自然的关系中，马克思认为自然决定人，这是人的自然化过程。同时人决定自然，这是自然的人化过程，它们密切相关。马克思人化自然观为我们把握人与自然的关系提供了全新的哲学视角和思维方式。正确认识和改造世界是人类思想史内在逻辑的必然，是马克思生态观的重要理论品质，也是人类生态实践的理论指导。

人化自然是人类根据自己的目的、意愿和需求，在生产过程中通过实践劳动改造过的自然，是人们把自然材料变成"人类意志驾驭自然的器官"的集中体现。马克思指出："一句话，人的感觉、感觉的人性，都是由于它的对象的存在，由于人化的自然界，才产生出来的。"[1]马克思所考察的自然界，是经过人的实践改造、与人的现实活动紧密相关的人化自然。认为只要人类存在，自然界就会处在不断被人化的过程之中。人类通过生产劳动使自然界朝着适合人自身生存的方向发展、通过实践活动将自在的自然转变为自为的自然、通过劳动从自然界中获得维系自身发展的"粮食"，创造出满足人类生活生产生存需要的自然资源。实际上，人们保护自然和改造自然的目的，就是使自然界更好地为人类服务，只有这种在人类社会历史中形成的自然界才是现实的自然界，才是真正的人化自然。

人类所进行的全部活动是使自然界人化的活动。马克思指出，人类"为了满足自己的需要，为了维持和再生产自己的生命，必须与自然搏斗一样，也必须这样做。"[2]在人化自然的过程中，人通过劳动把精神力量和物质力量共同作用于自然界，不但形成"他所创造的世界"，而且不断超越自身的自

---

[1]《马克思恩格斯文集》第 1 卷，人民出版社 2009 年版，第 191 页。

[2]《马克思恩格斯文集》第 7 卷，人民出版社 2009 年版，第 928 页。

然性，向社会性提升，而使越来越多的自然生态系统变成了参与人类活动的人工生态系统的过程。随着人类认识世界、改造世界能力的提高，人们在改变自然物的形态和使之成为人类需求的各种物质生活资料的同时，也改变了周围的自然环境。人类社会自身具有的发展性，在为人类社会提供最基本的物质生产资料和生活资料的过程中体现了自身的价值，促进了人类社会的发展。

（三）人化自然是对人与自然终极关系的实践认知

马克思人化自然这一生态命题，内蕴着深刻的哲理，展示了对尊重自然、爱护生态、保护环境的推崇与高扬，阐述了生态环境条件下人的生存与发展的重要作用，反映了主体的进步性和内在的发展性，是我们正确认识自然、改造自然和保护自然的根本理论遵循。马克思人的自然化思想认为，不能简单将资本主义当作生态问题的反面教材进行伦理诉求，而要在世界历史的视野中辩证地看待资本主义的双重价值维度，在资本追求价值的背后寻找文明创造的源泉。

在马克思所处的时代，资本主义全球性的生态危机才刚刚开始，人与自然的对抗仅仅限于人类社会内部生产方式的对抗，当今伴随经济全球化日益扩大，这种典型性的生态危机开始在资本主义生产方式内部逐渐显现。马克思认为，人化自然的出现是人类实践活动的结果。人"通过实践创造对象世界，即改造无机界"。马克思从劳动即实践活动视角出发，揭示了人是从自然界产生的，人化自然是通过实践来实现的，科学地反映了马克思的自然观是以实践为基础的人化自然观，体现人与自然在实践基础上的辩证统一。

四、关于生态危机的理论

19 世纪的欧洲，随着科学技术的快速发展，资本主义不断扩张，带来了生态危机问题，引起了马克思和恩格斯的高度关注。马克思主义认为，资本主义追求利润最大化，利用科技推动生产，在外在的利益驱动下，人的消费被异化，盲目地使用科学技术，甚至不惜破坏生态环境来赚取巨大的利润，给社会和自然带来严重危害。资本主义生产力在其发展的过程中，过度地开发和利用自然资源。这种生产力是对大自然的破坏，只能带来灾难，不仅会造成生态危机，而且还会遭到大自然的报复。

（一）生态危机的出现反映了人—社会—自然关系的异化

马克思主义认为，人与自然的辩证统一具体化为一种对象性关系，没有自然界就没有人类及人类社会。马克思和恩格斯不仅在哲学层面探讨了人类与自然的关系，而且在实践中也回答了社会发展与环境之间的矛盾，也就是说，马克思对人与自然关系的思考是嵌入到社会和社会关系之中的。在马克思看来，人—社会—自然构成了一个彼此关联的系统，这就决定了我们在认识自然时不能脱离社会，也不能脱离自然，在正常条件下三者的关系应表现为人、社会与自然环境的和谐发展。但实际上，人与自然的关系与社会制度息息相关，不同的社会关系、社会制度会导致不同的对待自然界的方式。

随着人类社会的不断发展，尤其是进入工业文明后，人类利用自然界资料来获取利益的行为被无限制地扩大，人类在"利益至上"观念驱使下，对自然无限制地索取，以使自己的利益和欲望得到满足。劳动的异化，以及人与自然关系的异化，使人—自然—社会三者的关系出现了"工业化"的倾向。在异化劳动的条件下，自然界不再是人的力量的体现对象，而成了牟利的对象，自然界也不再是人的无机身体，仅仅沦为了手段。这就表明，人—社会—自然的关系受到挑战，也就是说，生态危机已经出现。

（二）生态危机出现的根源在于资本主义生产制度

马克思主义认为，人与人之间的关系建立在人与自然关系的基础之上，连接它们的纽带就是劳动。通过生产劳动，人与人在生产中形成了一定的社会关系，也就是生产关系。在这个过程中，由于人自身能力的不同，认识和对待自然的理念不同，人与自然之间的关系也不同，因此也就呈现出人类不同文明阶段的特性。例如，在工业文明时期，尤其是在人类进入资本主义社会以后，贪婪的资本家以追逐资本利润为最大的和唯一的目的，他们在生产时并不会顾及自然资源浪费和发展失衡的问题，由此形成的资本主义生产方式，导致了异化的产生，也为生态危机埋下了伏笔。这里的异化，不仅是工人劳动的异化，也包括人与自然关系的异化。

资本主义社会的根本矛盾根源于资本主义的生产方式，我们甚至可以认为，正是由于资本主义社会生产的无政府状态助长了生态危机的出现。这种异化式的生产方式过分追逐生产的无限扩张，但与此同时，自然生态系统又存在着相对的有限性，这种无限扩张与相对有限之间的矛盾是资本主义生产方式本身所无法从根本上克服的，这就造成了人与自然的矛盾不断加剧。马克思主义科学丰富的生态自然理论，为当今生态文明建设和环境治理提供了强大的理论指导，指明了前进方向。

（三）生态危机的解决依赖于生产方式的变革

资本主义的生产方式带来的人与自然关系对立造成的生态危机，是资本主义自身难以克服的，最终解决生态危机，只有消灭资本主义制度。马克思强调，人的联合的观念，不是基于单个人的利益、单个组织或国家的利益，而是所有人利益的联合体，这样人与自然的关系才能获得终极和解。恩格斯对人与自然的关系也有深刻的洞察和分析，他曾批评自然主义历史观的片面性，指出不能忘记人对自然的作用，同时强调，人对自然的反作用也不可过于夸大。恩格斯曾向人类发出警告，人类之所以强于其他生物，是在于人类可以认识和运用自然规律，这才是我们能够对大自然进行支配的主要原因。马克思主义辩证生态理论认为，只有变革社会制度，才能彻底改变异化状态，要实现人和自然的"和解"，就首先要完成人与社会、人与自身的"和解"，这也就是说，必须认识到生态危机的出现和解决都与社会发展制度息息相关。

马克思和恩格斯的生态思想迄今依然具有强大的生命力，为当今时代生态保护和全球环境治理提供了强大的理论指导，指明了前进方向。习近平总书记根据当今我国生态文明建设实际情况，坚持以马克思主义生态理论为指导，深刻把握马克思主义理论精髓和科学意蕴，将其融入新时代生态文明建设的伟大实践，极大地丰富和发展了马克思主义生态理论。

第二节　伟大的时代产生伟大的思想

新时代孕育新思想，新思想指导新实践。新中国成立以来，中国共产党创造性地提出生态文明科学理念，领导人民在推进社会主义伟大事业中加强生态文明建设，形成了人与自然和谐共生现代化新格局，有力地推动我国走上生产发展、生活富裕、生态良好的发展道路。习近平生态文明思想运用马克思主义生态理论，聚焦新时代命题，凝结新思想精华，总结开创性独创性实践经验，提出一系列生态文明建设的新思想新观点新论断，构建科学完整生态文明建设理论体系，在回答和解决时代及人民提出的加强生态环境保护重大理论与现实问题中，形成马克思主义生态思想的中国化最新成果，成为夺取新时代中国特色社会主义伟大胜利和建设人与自然和谐共生现代化的科学指南。

一、生态文明思想是集体智慧的结晶

新中国成立以来，以毛泽东、邓小平、江泽民、胡锦涛同志为代表的中国共产党人，坚持以马克思主义为指导，以建设强大、民主、富强、和谐、美丽国家为目标，在开创社会主义建设过程中，根据不同的发展阶段和时代背景，深刻认识建设生态文明的重要意义，对生态环境问题进行了不懈探索和积极实践，提出了许多具体措施，有力地促进了社会主义生态文明建设。

"合抱之木，生于毫末；九层之台，起于累土。"任何一种理论、思想或学说都要经历一个萌芽、探索、形成、完善的发展过程。习近平生态文明思想高屋建瓴、丰富内涵、辩证思维、远见卓识，是在中国广袤的大地上和广大人民活动的时代舞台中逐渐生长和发展起来的。习近平生态文明思想产生并扎根于中华大地，是我们党几代领导人和人民实践经验的结晶，习近平总书记是这一思想的主要创立者。在领导全党全国各族人民推进人与自然和谐现代化和建设美丽中国的伟大实践中，习近平总书记以马克思主义政治家、思想家的深刻洞察力、敏锐判断力、理论创造力和战略定力，提出加强生态

文明建设一系列具有开创性意义的新理念新思想新战略，使我国的生态文明建设取得伟大成绩，为生态文明思想的创立起到了决定性作用、作出了决定性贡献，为新时代我国生态文明建设提供了理论指导与实践遵循。

我国经过改革开放四十多年的快速发展，经济建设取得历史性成就，同时也积累了大量生态环境问题，成为新时代我国建设发展的短板。随着我国社会主义建设发展和人民生活水平不断提高，人民群众对环境等要求越来越高。针对影响及解决新时代中国特色社会主义建设发展的生态环境问题，习近平总书记从战略高度和人民领袖的伟大情怀，对推进我国经济社会高质量发展、努力建设人与自然和谐共生的现代化、建设美丽中国、实现中华民族永续发展等提出了一系列崭新的科学论断。比如，坚持节约资源和保护环境的基本国策；像保护眼睛一样保护生态环境，像对待生命一样对待生态环境；绿水青山就是金山银山；改善环境就是发展生产力；促进人与自然和谐共生，走生态优先、绿色发展之路；加强生态制度体系建设；推进生态文明建设治理能力现代化；坚持推动构建人类命运共同体，等等，形成了科学完整的生态文明建设理论体系，科学回答了新时代我国生态文明建设的重大课题，有力地推动了生态保护和环境治理理论与实践的发展。

实践表明，任何一个理论或思想要被人们所接受和信服，不仅要能够回答时代课题、解决现实问题、推动实践发展，而且要有独具特色的理论品质和富有感召的理论魅力与思想力量。习近平生态文明思想，是建立在科学地把握新时代我国社会发展基础上的、闪耀着理性光辉和人格魅力的科学理论，是以当代世界生态危机及当代中国生态文明建设的伟大探索作为理论科学的实践来源，体现了生态文明建设前沿理论与实践探索的高度融合和辩证统一，充分反映了当今中国共产党人的政治品格、理论创新、价值追求和精神风范。

二、立足和解答时代之问的科学理论

习近平总书记在党的十九大报告指出："经过长期努力，中国特色社会主义进入了新时代，这是我国发展新的历史方位。"这一重大政治判断，赋予党的历史使命、理论遵循、目标任务以新的时代内涵，为我们深刻把握当代中国发展的新特点新规律，科学制定党的路线方针政策提供了时代坐标和基本论据。在 2018 年 5 月召开的全国生态环境保护大会上，确立了习近平生态文明思想。这一重要决策和历史性贡献，体现了党在政治和理论上的高度成熟，继承和发展了马克思主义传统生态思想，开辟了社会主义生态文明建设崭新的理论和实践境界，为保护生态和环境治理提供了理论和实践指南，为实现人与自然和谐共生现代化指明了方向，为构建人类命运共同体作出了历史性贡献。

科学认知人与自然和谐共生问题。习近平总书记关于"人与自然是生命共同体。尊重自然、顺应自然、保护自然，促进人与自然和谐共生"的重要论述，既是对人类社会发展的科学总结，也为中国共产党人探索生态文明建设规律和本质提供了思想和文化土壤。习近平总书记认为，要建设人与自然和谐共生的生态系统，首先，要尊重自然。"万物各得其和以生，各得其养以成。中华文明历来强调天人合一、尊重自然。"①《庄子·齐物论》中说："天地与我并生，而万物与我为一。"在人类社会发展过程中，人与自然的关系始终是人类永恒的主题。不论社会建设还是发展经济都要尊重自然、按照自然规律办事。人类只有尊重自然，才能与自然界和谐相处，才能有效防止在开发利用自然上走弯路。其次，要顺应自然。在人类社会发展的漫长过程中，人类与自然力量相比，人的力量是弱小的。马克思指出："自然界起初是作为一种完全异己的、有无限威力的和不可制服的力量与人们对立的，人们同自然界的关系完全像自然界的关系一样，人们就像牲畜一样慑服于自然界，因而，这是对自然界的一种纯粹动物式的意识。"②人类不但在自然面前十分渺小，而且如果不顺应自然，不按自然规律办事，毫无节制地掠夺自然资源，就会遭到大自然的无情报复。人类社会发展史上充分证明了这一点。再次，要爱护自然。习近平总书记指出，要树立保护自然的生态文明理念，

①　习近平：《携手构建合作共赢、公平合理的气候变化治理机制》，《人民日报》2015 年 12 月 1 日。

②　《马克思恩格斯选集》第 1 卷，人民出版社 1995 年版，第 81—82 页。

坚持保护环境的基本国策，贯彻保护优先、自然恢复为主的方针，明确把生态环境保护摆在重要位置更加突出，坚持在发展中保护、在保护中发展，形成保护环境的空间格局、产业结构、生产方式。习近平总书记关于人与自然和谐共生的重要论述是其生态文明思想的重要组成部分，是要求在全社会树立"尊重自然、顺应自然、保护自然"的全新的生态文明认识观，为中国特色社会主义现代化建设奠定了生态文化和绿色文明的基础，有力地推动形成人与自然和谐发展现代化建设的新格局。

着力解决我国突出的环境问题。习近平总书记立足于生态文明建设实际，紧扣新时代我国社会主要矛盾变化对生态文明建设新的时代召唤，从我国建设发展的战略高度，从历史和现实相贯通、国际和国内相关联、理论和实际相结合的宽广视角，聚焦新时代我国生态文明建设面临的重要问题，正确分析问题存在的主观与客观因素，采取一系列行之有效的生态保护和环境治理措施，决心之大、力度之大、成效之大前所未有，在较短的时间内扭转了一些地区雾霾天气、大气、水、土壤污染严重、资源约束趋紧、环境污染严重、生态系统退化等严重污染问题，有效地改变了我国生态文明建设现状，生态文明建设从认识到实践都发生了历史性、转折性、全局性的变化。在我国生态文明建设取得伟大成就的同时，习近平总书记清醒地指出，我国生态文明建设仍然面临诸多矛盾和挑战。生态环境修复和改善，是一个需要付出长期艰苦努力的过程，不可能一蹴而就，必须长期坚持、持之以恒、奋发有为。"要深入打好污染防治攻坚战，集中攻克老百姓身边的突出生态环境问题，让老百姓实实在在感受到生态环境质量改善。要提升生态系统质量和稳定性，坚持系统观念，从生态系统整体性出发，推进山水林田湖草沙一体化保护和修复"。[1] 生态环境修复和改善，是一个需要付出长期艰苦努力的过程，必须坚持不懈、奋发有为。充分体现了习近平总书记对生态环境治理的决心和信心。习近平生态文明思想，深刻回答了新时代生态文明建设面

---

[1] 《习近平在中共中央政治局第二十九次集体学习时强调 保持生态文明建设战略定力 努力建设人与自然和谐共生的现代化》，《人民日报》2021 年 5 月 2 日。

临的一系列重大理论和现实问题，贯穿着强烈的问题意识和鲜明的问题导向，体现了中国共产党人求真务实的科学态度，也表明了解决我国生态文明建设问题的坚强决心和责任担当。

推动生态保护与经济协同发展。习近平总书记站在人与自然和谐共生的高度来谋划经济社会发展，坚持节约资源和保护环境的基本国策，坚持绿色发展理念，坚持把生态文明建设融入经济建设的全过程，有力地推动了生态文明建设在重点突破中实现整体推进。在经济发展理念上，要坚持节约资源和保护环境的基本国策，自觉地尊重自然、顺应自然、保护自然，走生态环境保护和经济高质量协同发展之路。在处理生态保护与经济发展关系上，要牢固树立保护生态环境就是保护生产力、改善生态环境就是发展生产力的理念，发挥生态环境在经济建设中的基础性保障作用。在坚持"两山论"上，既要绿水青山，也要金山银山；宁要绿水青山，不要金山银山；绿水青山就是金山银山。在创新发展模式上，要坚持在发展中保护、在保护中发展，大力推动绿色发展、循环发展、低碳发展，努力形成节约资源、保护环境的空间格局、产业结构、生产方式、生活方式，实现跨越发展和生态环境协同共进。这既是在新时代处理好生态环境保护与经济高质量协同发展的基本认知的问题，也是生态文明体系建设理论需要系统回答的时代课题，充分体现了习近平生态文明思想的时代性、科学性、创新性。

三、伟大思想源于新时代的伟大实践

列宁曾经说："实践高于（理论的）认识，因为它不但有普遍性的品格，并且还有直接现实性的品格。"2015 年 1 月 23 日，习近平总书记在主持中共十八届中央政治局第二十次集体学习时讲话指出："实践观点是马克思主义哲学的核心观点。实践决定认识，是认识的源泉和动力，也是认识的目的和归宿。正确的认识推动正确的实践，错误的认识导致错误的实践。我们推进各项工作，根本的还是要靠实践出真知。"习近平生态文明思想是习近平新时代中国特色社会主义思想的重要组成部分，系统科学回答了新时代中国生态文明建设的理论和实践问题，是对新中国成立以来历代中央领导集体生

态建设思想的继承和发展，是新时代推进社会主义生态文明建设的理论指导和实践结晶。这一思想源自实践，也是在我国长期革命和建设实践过程中不断发展和完善形成的。

党的十八大以来，以习近平同志为核心的党中央带领中国人民在中国特色社会主义建设现代化的伟大实践中，执政思想不断完善，政策理念不断发展，生态文明思想不断完善。随着我们对人与自然关系的认识不断深化，党中央先后提出和出台了一系列保护生态、节约资源、环境治理的发展战略，作出了一系列战略部署。2012年党的十八大将生态文明建设确立为与经济建设、政治建设、文化建设、社会建设并行的五大重点战略之一，生态文明建设被正式纳入我国社会主义事业总体布局。2016年制定的"十三五"规划，提出加快改善生态环境，加快建设主体功能区，推进资源节约集约利用，加大环境综合治理力度，加强生态保护修复，积极应对全球气候变化，健全生态安全保障机制和发展绿色环保产业。2017年党的十九大提出，必须树立和践行绿水青山就是金山银山的理念，坚持节约资源和保护环境的基本国策。2021年5月，习近平总书记在中共十九届中央政治局第二十九次集体学习时讲话强调，要完整、准确、全面贯彻新发展理念，保持战略定力，站在人与自然和谐共生的高度来谋划经济社会发展，坚持节约资源和保护环境的基本国策，坚持节约优先、保护优先、自然恢复为主的方针，形成节约资源和保护环境的空间格局、产业结构、生产方式、生活方式，统筹污染治理、生态保护、应对气候变化，促进生态环境持续改善，努力建设人与自然和谐共生的现代化。在以习近平同志为核心的党中央领导下，我们党不断加强对生态文明建设的全面领导，始终坚持把生态文明建设摆在治国理政工作的突出位置，全面加强生态文明建设，开展了一系列根本性、开创性、长远性工作，生态文明建设从认识到实践发生了历史性、转折性、全局性的变化，取得了举世瞩目的伟大成就。

时代是思想之母，实践是理论之源。马克思认为，正是因为融入了实践因素，自然也成为社会的、历史的自然即人化的自然。实践是人所特有的对象性活动，是人类的生存方式。习近平生态文明思想具有鲜明的实践品格，不仅是社会主义建设实践尤其是社会主义生态文明建设实践经验的科学总结和提升，而且是进一步推动社会主义生态文明建设实践的科学指南和行动遵循。习近平生态文明思想，是在实践经验的基础上提炼、升华而成的，在指导实践、推动实践中发挥出巨大威力，在新的时代背景和实践条件下创立并不断发展。也正是由于这一思想的真理力量和实践伟力，推进了中国特色社会主义和建设人与自然和谐共生现代化的新发展。随着中国特色社会主义现代化伟大实践的进一步持续展开、不断拓展、健康发展，习近平生态文明思想将持续发展、不断丰富、更加完善。

第三节　生态文明建设的发展走向

党的十八大以来，以习近平同志为核心的党中央坚持"把生态文明建设摆在全局工作的突出位置，全面加强生态文明建设，一体治理山水林田湖草沙，开展了一系列根本性、开创性、长远性工作，决心之大、力度之大、成效之大前所未有，生态文明建设从认识到实践都发生了历史性、转折性、全局性的变化"。[①] 新时代加强我国生态文明在更高目标、更严标准、更好质量基础上建设发展，要加强前瞻性思考、全局性谋划、战略性布局、整体性推进，促进生态环境持续改善，创建资源节约型、环境友好型、生态安全型、国际合作型社会，努力建设人与自然和谐共生的现代化。

一、全面提高资源利用效率

习近平总书记坚持把节约资源放在生态文明建设的战略位置，作为保护生态环境的根本之策，这既是新时代我国建设发展的必由之路，也顺应了人民群众渴望良好生态和社会环境的美好心愿。2005 年 10 月，党的第十六届

---

① 《习近平在中共中央政治局第二十九次集体学习时强调　保持生态文明建设战略定力　努力建设人与自然和谐共生的现代化》，《人民日报》2021 年 5 月 2 日。

五中全会强调，要加快建设"资源节约型"社会，首次把建设资源节约型社会确定为国民经济与社会发展中长期规划的一项战略任务。2015年10月29日，习近平总书记在题为《以新的发展理念引领发展，夺取全面建成小康社会决胜阶段的伟大胜利》的讲话中指出，要加快建设资源节约型社会，大力发展循环经济，加大环境保护力度，切实保护好自然生态，认真解决影响经济社会发展特别是严重危害人民健康的突出的环境问题，在全社会形成资源节约的增长方式和健康文明的消费模式。资源节约泛指一切有利于节约资源、保护环境的行为和行为规范。具体而言，它指所有能够提高资源的利用效率、减少污染物排放以促进经济社会可持续发展的物质消费方式。① 要充分认识节约资源在生态文明建设中的战略性地位，自觉地珍惜自然资源、科学地管理资源总量、全面地节约自然资源、高效率地利用自然资源，形成节约资源和保护环境的空间格局、产业结构、生产方式、生活方式，促进人与自然和谐共处。

（一）自觉坚持节约资源的基本国策

习近平总书记指出："我们必须坚持节约资源和保护环境的基本国策，坚定走生产发展、生活富裕、生态良好的文明发展道路，加快建设资源节约型、环境友好型社会，推进美丽中国建设，为全球生态安全作出新贡献。"② 当前，我国正处于经济社会发展的重要转型时期，环境形势依然严峻，资源压力继续加大，生态文明建设任重道远。要在全面分析我国现阶段生态环境发展现状的基础上，围绕推进中国特色社会主义生态文明建设的战略选择，加快资源节约型社会建设，以更好地促进美丽中国建设，努力走向社会主义生态文明新时代。

1. 资源是经济社会发展重要支撑

自然资源是人类延续的最基本条件，是我国发展不可或缺的重要保障。党的十九大报告提出"推进能源生产和消费革命，构建清洁低碳、安全高效

---

① 风笑天：《生活质量研究：近三十年回顾及相关问题探讨》，《社会科学研究》2007年第6期。

② 《习近平关于社会主义生态文明建设论述摘编》，中央文献出版社2017年版，第28页。

的能源体系，推进资源全面节约和循环利用。设立国有自然资产管理和自然生态监管机构"，为新时代我国经济建设指明发展路径。

我国是一个资源大国，但是由于对爱护和节约资源认知不够，在过去一个时期内出现了以牺牲自然资源换取一时一地经济增长的现象，导致大量资源乱挖乱采及浪费，再加上我国经济建设快速发展，对自然资源的需求增多，国内自然资源已经不能适应新时代中国特色社会主义现代化建设的要求，每年必须花费大量的外汇从国外进口自然资源。

目前，我国能源消费中煤炭消费占 70%，远远超过石油、天然气等相对洁净的能源。煤炭与天然气、石油相比，其温室气体排放的强度和控制的难度都要大得多，而且能源资源分布广泛但不均衡，煤炭资源地质开采条件较差，大部分储量需要井下开采，极少量可供露天开采。石油、天然气资源地质条件复杂，埋藏深，勘探开发技术要求较高。未开发的水利资源大多集中在西南部的高山深谷，远离负荷中心，开发难度较大，成本较高。这将导致资源短缺的现象长期存在，不但影响我国建设发展，而且还会对生态环境造成一定影响。习近平总书记指出："我国资源约束趋紧、环境污染严重、生态系统退化的问题十分严峻，人民群众对清新空气、干净饮水、安全食品、优美环境的要求越来越强烈。"[1] 适应新时代现代化建设和满足人民对优美生态环境的需要，要坚持节约资源和保护环境的基本国策，充分认识我国资源现状以及资源短缺的长期性，增强节约资源的自觉性，树立珍惜资源、节约资源、用好资源理念，大力发展绿色循环经济，以构建畅通国民经济循环为主的新发展格局。

2. 节约资源是保护环境重要措施

近年来，党中央对我国全面促进资源节约作出科学部署，明确全面促进资源节约方向，提出促进资源节约的重点和措施。新时代要继续坚持节约资源的基本国策，自觉落实到经济社会建设发展的各个方面，确保全面促进节约资源取得新的突破和进展。

---

[1]《习近平关于社会主义生态文明建设论述摘编》，中央文献出版社 2017 年版，第 28 页。

在强化节约资源观念上，要大力倡导珍惜资源、节约资源风尚，确立和牢固树立节约资源理念，大力普及生态知识、增强环保意识、树立绿色理念、弘扬生态文明，形成节约资源的社会共识和共同行动，全社会齐心合力共同建设资源节约型、环境友好型社会。

在推动能源生产上，要坚持把节约能源放在全面促进资源节约工作突出位置，大力推动能源生产和消费革命，控制能源消费总量，加强节能降耗，支持节能低碳产业和新能源、可再生能源发展，推动资源利用方式根本转变，确保国家能源安全。

在资源集约利用上，要加强全过程节约管理，大幅降低能源、水、土地消耗强度。控制能源消费总量，加强节能降耗，支持节能低碳产业和新能源、可再生能源发展，确保国家能源安全，促进生产、流通、消费过程的减量化、再利用、资源化。

3. 全面提高自然资源的利用效率

资源节约集约利用，是在不影响国家经济社会发展、不降低人类健康水平和不带来生态环境损害的前提下，通过节省资源的耗费、增加生产要素的投入、整合区域内外资源、优化空间结构等措施，使资源利用效率达到一个合理水平，以满足经济建设需要和人们的消费行为。随着我国进入社会主义新时代，经济高质量发展成为实现中国特色社会主义现代化的必由之路，我国经济结构、社会发展、能源结构等因素决定了必须走节能减排的发展之路。习近平总书记指出："要抓住资源利用这个源头，推进资源总量管理、科学配置、全面节约、循环利用，全面提高资源利用效率。"① 要注意从源头上减少污染，以尽可能少的资源环境成本，获取尽可能大的经济社会效益。随着经济社会快速发展，生产生活资源消耗和物质需求不断加速提升，环境质量要想实现根本性好转，仅靠末端治污难以为继，必须以源头减耗提高环境资源总量，抓好源头管控资源消耗，促进绿水青山向金山银山转化。

---

① 《习近平在中共中央政治局第二十九次集体学习时强调　保持生态文明建设战略定力努力建设人与自然和谐共生的现代化》，《人民日报》2021 年 5 月 2 日。

在发展经济过程中，要贯彻开发与节约并举、节约优先的方针，更加自觉地推动绿色发展、循环发展、低碳发展，实现绿色发展、转变发展方式，以提高能源资源利用效率为核心，以资源综合利用和发展循环经济为重点，把节约能源资源工作贯穿于生产、流通、消费各个环节和经济社会发展各个领域，加快形成节约型生产方式和消费方式，提高全社会能源资源利用水平，促进实现经济增长方式的根本性转变。

（二）形成节约资源产业结构和生产方式

习近平总书记强调："推动能源消费革命，抑制不合理能源消费。就是要坚决控制能源消费总量，有效落实节能优先方针，把节能贯穿于经济社会发展全过程和各领域，加快形成能源节约型社会。"[①] 加强新时代经济建设，要不断优化产业结构，改变生产方式，坚持把控制能源消费总量、加强节能降耗作为资源节约集约使用的主要途径和国家能源安全的保障，提高能源资源利用效率，促进实现经济增长方式的根本性转变，实现节约资源与经济高质量发展协同共进。

1. 不断调整和优化产业结构

产业结构是经济结构调整实现的载体，要根据当前市场经济的需要，加大力度对产业和产品结构进行调整，坚持走新型工业化道路，探索符合自身污染少、能源利用率低、经济效益好的新型道路。不断优化经济结构，转变经济发展方式，推动产业优化升级，提高资源的利用效率，切实改变粗放型的经济发展方式。

企业要夯实资源节约责任，充分发挥在能源消耗管理中的主导地位，建立污染减排制度，进一步完善资源节约行为公开制度。产业结构的调整和优化，要把提高产业和产品质量和技术含量作为重点内容，将产品竞争由价格竞争转化为品牌竞争，在良性竞争中创造出一批技术含量高、产品附加值高、具有较强国内国际竞争力的产品。积极推广天然气等低碳能源，优化能源结构，鼓励企业和公共机构对清洁能源的使用。坚决控制能源消费总量，

---

① 《习近平关于社会主义生态文明建设论述摘编》，中央文献出版社 2017 年版，第 59 页。

有效落实节能优先方针，把节能贯穿于经济社会发展全过程和各领域，加快形成能源节约型社会。

进一步扩大企业的规模，打造企业的核心，要将重点放在转变发展方式、调整产业结构和工业内部结构上，要把"投入低、消耗低、排放低、效率高"作为经济发展目标，对劳动力、资本以及技术等生产资源进行优化组合，促进高新产业和服务行业加速发展，控制能源和材料消耗大产业的发展，淘汰不符合当今经验之谈社会发展要求的产业，从根本上促进经济发展方式的转变，不断调整和优化产品结构，加快构建节能型产业体系。要大力推进各领域节能，提高能源使用效率，积极发挥中国能源互联网的关键作用，在能源生产环节，提高清洁能源的发电效率，降低火电机组煤耗。在能源消费环节，要积极推广节能技术和智能控制技术，不断提升钢铁、建筑、化工等重点行业用能效率，实现能源清洁化和电气化的全面转型。

2. 大力创新清洁生产模式

习近平总书记指出："要控制能源消费总量，加强节能降耗，支持节能低碳产业和新能源、可再生能源发展，确保国家能源安全。要大力发展循环经济，促进生产、流通、消费过程的减量化、再利用、资源化。"[1]

当前，面对能源供需格局新变化和国际能源发展新趋势，要始终坚持把节约能源放在全面促进资源节约工作的突出位置，善于做好促进发展和环境治理两篇文章，促进以绿色为底色的经济发展。要围绕生态环境保护、节能减排、产业升级和技术改造等重点领域，集中资源，着力突破一批支撑经济社会发展的关键核心技术，提升企业核心竞争力。严格执行环保、安全、能耗等市场准入标准，淘汰一批落后产能，大力推动能源生产和消费革命，控制能源消费总量，支持节能低碳产业，不断发展新能源、可再生能源产业，促进生产发展、生活富裕、生态良好的有机结合，协调发展。

重视发展循环经济，要以对资源进行循环利用实现资源节约，特别是在一些重点的行业、领域、地区开展循环经济，积极发展生态农业、生态工业

---

① 《习近平关于社会主义生态文明建设论述摘编》，中央文献出版社 2017 年版，第 45 页。

和现代服务业，推动资源利用方式根本转变。大力推进有利于节约资源、减少环境污染的清洁生产模式，不断推进煤炭清洁高效利用，着力发展非煤能源，形成煤、油、气、核、新能源、可再生能源多轮驱动的能源供应体系。推动节能产业发展，要加大节能关键和共性技术、装备与部件研发和攻关力度，重点攻克低品位余热发电、高效节能电机、高性能隔热材料、中低浓度瓦斯利用等量大面广的节能技术和装备。要加快新技术、新材料、新产品的科技创新，加大力度发展节能服务产业，大力发展资源生产更多的清洁环保产品，创造更高的生产价值，推动能源技术从引进跟随向自主创新转变，建设多元化多层次能源科技创新平台，为节约能源提供坚强的科技支撑。

3.健全资源节约型经济体系

资源节约集约利用包括生产、生活和生态三个方面综合效益最大化，完善资源节约，在各项资源开发过程中要按照经济发展要求节省资源的消耗，提高资源利用的集约化程度，减少废弃物排放，以满足社会发展、经济建设和生态文明的可持续性。

在过去一个时期内，由于我国一度对资源节约认知不足，在社会进步和经济发展过程中，过度注重经济建设，而对节约和利用资源重视不够，依靠加大消耗资源、能源和原材料消耗发展经济，使经济呈粗放型发展。这种发展模式不仅浪费了大量的资源，而且影响了经济的可持续发展。新时代我国经济建设要以建设资源节约型社会为核心，以健全资源节约型经济体系为抓手，以经济建设与保护生态环境协同发展为目标，由曾经通过扩张生产规模、提高产值增长速度，转变为优化和升级产业结构、提高产品的技术含量及其附加值；由曾经依赖消耗资源和能源，转变为依靠技术进步实现资源利用率的提高，合理开发资源，坚持保护生态环境，从而实现可持续发展。

习近平总书记指出，"根本改善生态环境状况，必须改变过多依赖增加物质资源消耗、过多依赖规模粗放扩张、过多依赖高能耗高排放产业的发展模式。这是供给侧结构性改革的重要任务"[1]。这就要求加快经济发展方式转

---

[1] 《习近平关于社会主义生态文明建设论述摘编》，中央文献出版社2017年版，第38页。

型，由曾经通过扩张生产规模、提高产值增长速度，转变为优化和升级产业结构、提高产品的技术含量及其附加值，实现由外延型转化为内涵型、粗放型转化为集约型，综合运用经济、法律、技术和必要的行政手段，积极发展循环经济，不断健全节约集约目标责任体系，建立节约集约共同责任机制，确保我国资源环境的协调和稳定，促进我国经济社会建设可持续发展。

（三）大力营造节约资源的社会氛围

新时代加强生态文明建设，要坚持全国动员、全民动手、全社会共同参与，加强组织发动，创新工作机制，强化宣传教育，在全社会营造爱护自然、节约资源、保护环境的良好氛围，"增强全民节约意识、环保意识、生态意识，倡导简约适度、绿色低碳的生活方式，把建设美丽中国转化为全体人民自觉行动"①。

1. 加强宣传教育，提高公民节能意识

习近平总书记指出："要加强生态文明宣传教育，增强全民节约意识、环保意识、生态意识，营造爱护生态环境的良好风气。"②建设资源节约型社会涉及整个社会，社会的各个行业和领域都与之相关，这就需要个人、企业、政府和社会各界的积极支持、共同努力。要充分利用广播、电视、互联网、手机、报纸等各种媒体和手段，强化各种宣传教育活动，向全社会普及节约型社会和循环经济的基本知识和相关要求，注重把资源和能源的节约融入各级教育中。要通过典型案例剖析的方法，用生动鲜活的事例和相关数据，教育广大公民充分认识节约资源的重大意义，引导民众养成节约能源和使用绿色能源的生产生活方式，促进经济社会发展全面绿色转型，加快形成能源节约型社会。

政府在宣传引导上，要充分利用各种方法和手段宣传节约资源的重要意义，提高民众的环境保护知识和参与生态环保的意识，使社会中的各方成员意识到建设资源节约型社会的重要性。公众要明确自己应承担的相关责任，

---

① 《习近平在中共中央政治局第二十九次集体学习时强调　保持生态文明建设战略定力 努力建设人与自然和谐共生的现代化》，《人民日报》2021 年 5 月 2 日。

② 《习近平关于社会主义生态文明建设论述摘编》，中央文献出版社 2017 年版，第 116 页。

持续开展服务型、低碳型机关建设，提高政府办事效率和公信力。

企业在贯彻落实上，要不断增强资源忧患意识和节约资源的责任意识。全面优化产业结构，大力推进技术改造，充分利用先进科学技术，生产节能环保型的消费产品和生活设施。坚决摒弃资源利用低和消耗高的生产模式，开展节约资源、回收利用废弃物等活动，积极构建节约资源的生产方式，从而达到节约资源、提高生产效率之目的。

学校在教育引导上，要将资源节约型社会融入到学校教育之中。采取多种形式，通过宣传教育使学生科学全面地认清当前我国面临的环境形势，熟知并能有效运用环境科学基础知识、环境保护法律法规等，引导学生树立正确的节约环保观念，提高节约资源的自觉性。

在公民教育宣传上，要根据我国生态文明建设需要，树立"节约能源，人人有责，人人有利，人人有为"的观念。积极引导公民关注和参与社会环境保护和节约资源问题，正确处理人与自然之间的关系，认识到资源和环境对于人类社会的重要性。在整个社会范围树立节约发展的新观念、新思维，倡导能源节约文化，不断增强全民资源忧患意识和节约意识。

2.注重资源节约，树立正确消费观念

当前，我国经济社会建设目标是建设资源节约型社会，这就需要从根本上改革消费理念，树立新的消费模式，实现消费行为与自然生态环境协调统一。要倡导"节约资源光荣、浪费资源可耻"的观念，养成勤俭节约的良好习惯，享受简单生活方式，形成从简生活习性，从每一个细节上培养绿色、向上、文明、生态的生活工作方式。倡导"节能就是时尚""节能减排光荣"新理念，敢于抵制浪费资源、污染环境的行为，大力节耗减能，自觉做节约资源、保护环境的监督者和践行者，自觉地从自己做起、从现在开始、从细节入手，做节能的表率和环保标兵。

随着人们生活方式的转变，绿色消费开始逐渐成为一种健康时尚的全新的消费方式。要大力提倡绿色消费，节约自然资源，尽量减少对环境的破坏。要重视对消费废物的处理，节约资源和能源，提倡保护环境，并不是要求人们不进行消费，而是提倡适度、健康的消费。要坚持绿色消费为导向，以时尚新颖的方式拉动消费需求，促使人们改变不健康、不环保的消费方式，通过绿色消费拉动绿色生产，实现可持续消费模式，促进经济的可持续发展。

当前，随着我国综合国力不断提升，人们生活水平不断提高，一些人产生和出现不正确、不健康的消费观念，造成铺张浪费的消费现象。改变这种现象，必须加强对消费者进行正确引导，了解我国自然资源以及资源紧缺现状，充分认识资源应用在资源节约型社会建设中的重要作用，培养勤俭节约的良好习惯，大力营造节约健康的良好风尚，自觉将节约资源变成全社会的自觉行动，促进资源节约型社会的建设发展。

3. 强化环保意识，倡导绿色生活方式

习近平总书记指出，提高全民节约意识，着力构建节约型的产业结构和消费结构，加快建设资源节约型社会。构建和形成能源节约型社会，重点在于把节能贯穿于经济社会发展全过程和各领域，在全社会深入开展全民节能行动，倡导勤俭节约的消费观，简约适度、绿色低碳的生活方式，反对奢侈浪费和不合理消费，使坚持绿色发展、绿色消费和绿色生活方式，成为每个社会成员的自觉行动。

在弘扬生态保护意识上，要加强公众的环保意识，把人们绿色生活方式培养与生态文化紧密地结合起来，提升全民的环境保护意识和生态文化水平，调动全民参与环境保护的积极性，推进生态文化普及与生态环境建设，形成全社会关心生态环境的文化氛围，自觉地将生态文明意识变为热爱绿色、保护环境、珍惜资源、勤俭节约的实际行动。

在强化环境保护观念上，政府要采取积极措施，加强公众的环保意识机制创新，强化教育宣传引导，把公众关心生态环境的热情转化为良好的生态文化氛围。要鼓励公众参与生态环境建设，培育环境友好的文化氛围，提高公众对环境保护和生态建设的认同度。鼓励人们从身边事做起，努力吸引和促进人民群众积极参与生态环境建设，努力形成公众积极参与的生态文化氛围和多元化的环保格局。

在构建绿色消费文化上，要将资源节约文化理念深入消费者内心，内化为每位消费者的自觉行为，健全资源节约型生活方式。大力倡导简约生活、杜绝奢侈浪费，珍惜生态资源，倡导形成绿色消费、绿色出行等健康、环保、文明的行为方式和消费习惯，自觉坚持厉行节约，勤俭办事，为构建资源节约型社会打下扎实的群众基础。

在树立正确生活方式上，公众要了解当前我国的能源情况，认清节俭节约重要性，树立健康正确消费观念，将消费结构的优化作为重点，在日常消费活动中坚持节约型消费方式，购买绿色节能环保消费品，努力在全社会形成健康、文明、节约的生活模式。

二、实现人与自然和谐相处

习近平总书记指出，"要加快建设环境友好型社会，大力发展循环经济，加大环境保护力度，切实保护好自然生态，认真解决影响经济社会发展特别是严重危害人民健康的突出的环境问题，在全社会形成资源节约的增长方式和健康文明的消费模式。"[1]环境友好行为通常是指人们将保护环境或阻止环境恶化作为自觉的行为意图，及由此表现出的相应社会活动。要认真解决影响经济社会发展特别是严重危害人民健康的突出的环境问题，在全社会形成资源节约的增长方式和健康文明的消费模式，鼓励公众在日常生活中采取环境友好行为，自觉抵制对生态环境的破坏，以更加负责任的环境行为，不断满足人民对优美环境的需要，实现人与生态环境和谐相处。

（一）大力发展循环经济

循环经济是指在生产、流通和消费等过程中进行的减量化、再利用、资源化活动的总称。习近平总书记在不同场合多次强调要积极推动循环发展，大力发展循环经济，促进生产、流通、消费过程的减量化、再利用、资源化，加快建设环境友好型社会，尽可能减少对自然的干扰和损害，坚持可持续发展，这是我们党执政理念的提升和创新，也是我国健全循环发展经济体系和加快转变经济发展方式的题中应有之义。

---

① 《十八大以来重要文献选编》（中），中央文献出版社 2016 年版，第 826 页。

1.转变经济发展方式

习近平总书记指出："要大力发展循环经济，促进生产、流通、消费过程的减量化、再利用、资源化。"① 经济循环发展是一种可持续的发展模式，新时代经济建设要注重经济发展与环境保护的协调发展。

生态文明建设是建立在工业文明基础之上的，既注重经济发展，又强调经济发展的质量和生态效益。循环经济以提高资源利用效率为核心，以资源节约、资源综合利用、清洁生产为重点，通过调整结构、技术创新和加强管理等措施，大幅度减少资源消耗、降低废物排放、提高资源生产率，促进资源利用由"资源—产品—废物"线性模式向"资源—产品—废物—再生资源"循环模式转变。② 要重视和处理好人与自然之间的和谐关系，将自然生态系统的运行方式和规律作为其模式，进行资源可循环利用，使社会生产的增长方式从数量上的质量型增长转变为质量上的服务型增长，促进社会、经济、环境的协调共进。同时，循环经济还可以拉长和加强产业链，增加就业机会，促进社会发展。

随着我国工业化和城镇化进程的加快，经济建设走上快速发展之路，也使资源消耗迅速增加。目前，我国自然生态环境的恶化并没有得到根本的扭转，环境污染现象时有发生。这就要求大力发展循环经济，坚持节约资源和环境保护与经济建设协调发展战略，改变粗放型的经济增长方式，减少对生态环境影响程度，缓解经济增长对资源利用造成的压力，有效推进资源节约型和环境友好型社会的建设，实现人与自然的和谐统一。

新时代发展循环经济，必须转变经济发展方式，克服环境污染、资源短缺现象，追求可持续发展，从而有效解决平衡经济、环境与社会资源之间的关系，将环境污染的程度降到最低，实现最大程度的经济效益和社会效益，从根本上解决保护环境与经济发展之间的矛盾，实现人与自然的和谐统一和发展。

---

① 《习近平关于社会主义生态文明建设论述摘编》，中央文献出版社 2017 年版，第 45 页。

② 李宏伟：《马克思主义生态观与当代中国实践》，人民出版社 2015 年版，第 127 页。

2.大力发展循环经济

循环经济是把传统的线性生产改造为物质循环流动型或资源循环型生产的低碳化发展模式，将清洁生产和对废弃物的循环利用融为一体，要求运用生态学规律来指导人类社会的经济活动，是针对经济发展过程中对于资源的粗放使用和环境的污染而提出的新型经济发展模式。

马克思在《资本论》中论述循环经济思想时指出，由于资本主义生产方式的存在，工业废弃物和人类排泄物的数量不断增多，"对生产排泄物和消费排泄物的利用，随着资本主义生产方式的发展而扩大。"[①]认为废料的减少部分取决于所使用的机器的质量，部分取决于原料在成为生产资料之前的发展程度。在经济建设过程中实现对废弃物的循环利用将成为经济高质量发展的必然。循环经济形态是为了解决传统经济增长方式的弊端而从不同的经济学视角提出来的，其本质是实现生态经济，实质是将经济发展由主要依靠能源资源、资金、劳动力等要素的投入转为主要依靠自主创新和人力资本，通过观念转变和建立全面系统的制度，实行先试点后推广的实践运行方式，达到节约、循环使用资源，改善生态环境之目的。

发展循环经济要遵循生态学发展规律，"要按照促进生产空间集约高效、生活空间宜居适度、生态空间山清水秀的总体要求，结合化解产能过剩、环境整治、存量土地再开发，形成生产、生活、生态空间的合理结构。"[②]要在自然界生态系统所能容纳的限度内实施经济行为，使生产、分配、交换、消费等过程基本不产生或只产生少量的废弃物，从而消解经济发展与环境保护的双重悖论。新时代发展循环经济，要改变依靠高投入、高消耗、高污染支撑经济增长的粗放型方式，促进经济健康、可持续发展。

3.构建循环型社会

循环经济不仅体现在生产领域的许多环节，同时还要走进人们的生活，为构建循环社会开辟新的广阔空间。推进我国循环经济发展和构建循环型社

---

① 《马克思恩格斯文集》第7卷，人民出版社2009年版，第115页。

② 《习近平关于社会主义生态文明建设论述摘编》，中央文献出版社2017年版，第47页。

会，要打破旧的思维定式和条条框框，"结合推进供给侧结构改革，加快绿色、循环、低碳发展。形成节约资源、保护环境的生产生活方式。"[①]

当前，我国已经进入建设中国特色社会主义现代化阶段，随着工业化、城镇化、农业现代化的持续推进，资源需求将呈现快速增长态势，资源和环境问题已经成为关乎中国特色社会主义现代化建设的重要因素，发展循环经济也已成为新时代我国建设发展的必由之路。2013 年，国务院发布《循环经济发展战略及近期行动计划》，要求大力推动循环经济发展，进一步确立循环经济理念，逐步完善产业体系，不断提高经济发展水平，经济、社会和环境效益进一步显现。我国"十四五"规划要求加快推动发展方式绿色转型，全方位全过程推行循环规划、循环设计、循环建设、循环生产、循环生活和消费，使经济社会发展建立在高效利用资源、严格保护生态环境、有效控制温室气体排放的基础上。构建工业循环经济体系，要大力发展高效生态的循环农业，下大力气推进循环发展，提高资源、能源和劳动生产率等全要素效率。调整产业结构，发展新能源，加速循环经济的发展，通过建立健全循环发展的生产体系、流通体系、消费体系、基础设施、循环技术创新体系和法律法规政策体系，完善和建立生态产品价值实现机制，促进产业结构、能源结构和经济社会发展全面绿色循环转型。构建循环经济体系，要坚持政、产、学、研、用相结合，强化技术创新和制度创新，加快传统产业转型升级，促进信息化和工业化深度融合，逐步形成以科技进步和创新为核心的新的增长动力。

（二）加大环境保护力度

2021 年 5 月，习近平总书记在中共十九届中央政治局第二十九次集体学习时讲话强调，要"坚持系统观念，从生态系统整体性出发，推进山水林田湖草沙一体化保护和修复，更加注重综合治理、系统治理、源头治理。完善自然保护地、生态保护红线监管制度。要实施生物多样性保护重大工程，强化外来物种管控"。2021 年 7 月 23 日在西藏考察时，习近平总书记讲到

[①] 《习近平关于社会主义生态文明建设论述摘编》，中央文献出版社 2017 年版，第 34 页。

保护和利用的辩证法，强调"我们要以保护为主，不是破坏地利用，而是在生态和谐前提下利用"。这充分体现了以习近平同志为核心的党中央对保护生态环境的高度重视，表明了党中央加强生态环境保护的坚定意志和坚强决心。

1.推进山水林田湖草沙冰一体化保护

习近平总书记指出，"要提升生态系统质量和稳定性，坚持系统观念，从生态系统整体性出发，推进山水林田湖草沙一体化保护和修复，更加注重综合治理、系统治理、源头治理。"①从系统的视角看，生态是统一的自然系统，是相互依存、紧密联系的有机链条，山水林田湖草沙冰一体化与治理相互联系、相互影响，互为条件、互为支撑。生态保护工程涉及左右岸、上下游，本身就是一个复杂的系统，生态保护必须把整个流域看成一个整体、一个系统，科学谋划布局生态保护和修复工程。

坚持山水林田湖草沙冰系统保护，要将生态环境保护作为一个系统对待，充分认识山水林田湖草沙冰作为生命共同体的内在机理和客观规律，加强前瞻性思考、全局性谋划、战略性布局、整体性推进，要按照"一块区域、一个问题、一种技术、一项工程"保护和治理的思路，全面统筹山水林田湖草沙各种生态要素，合理规划，科学部署，整体保护，综合治理，改变按生态要素或资源种类保护治理的工作模式，全面开展环境保护，统筹各种自然生态系统，统筹陆地海洋、山上山下、地上地下、上游下游等方方面面的关系，实现山水林田湖草沙冰的整体保护。

坚持系统观念，要从生态系统整体性出发，推进山水林田湖草沙冰一体化保护。认真贯彻《全国重要生态系统保护和修复重大工程总体规划(2021—2035年)》，统筹考虑生态系统的完整性、地理单元的连续性和经济社会发展的可持续性，加强相关生态保护与修复规划间的有机衔接，形成全国重要生态系统保护和修复重大工程"1+N"规划体系，促进自然生态系统

---

① 《习近平在中共中央政治局第二十九次集体学习时强调　保持生态文明建设战略定力　努力建设人与自然和谐共生的现代化》，《人民日报》2021年5月2日。

整体保护、系统修复和综合治理。坚持正确的生态观、发展观，上下同心、齐抓共管，把保持山水生态的原真性和完整性作为一项重要工作，深入推进生态保护和环境污染治理。强化系统思维，按照生态系统的整体性、系统性及其内在规律开展各种要素协同保护，科学组织生态系统保护和修复重大工程，坚持以治理区域为基本单元，由条线为主转变为区块为主、条块结合，着力解决自然生态系统各要素间割裂与保护问题，增强生态系统的稳定性和系统功能，提高生态系统自我保护能力。深化生态保护领域改革，释放政策红利，拓宽投融资渠道，创新多元化投入和建管模式，完善生态保护补偿机制，提高全民生态保护意识，推进形成政府主导、多元主体参与的生态保护长效机制。

2. 全面开展生态环境保护工作

生态文明建设和生态环境保护，是人类生存最为基础的条件，也是我国持续发展最为重要的基础。新时代加强生态环境保护，要把握好新发展阶段生态环境保护与治理特点，以降碳为重点战略方向，以细颗粒物和臭氧协同控制为主线，加快调整产业、能源、运输结构，注重源头治理、系统治理、综合治理。不断拓展污染防治攻坚领域，强化多污染物协同控制和区域协同治理，从根本上缓解我国生态环境保护结构性、根源性、趋势性压力，建设人与自然和谐共生的现代化。

在加强生态系统保护上，要坚持"绿水青山就是金山银山"理念，在"护"字上联动。生态系统保护涉及自然资源、生态环境、农业农村、水利等多个部门，这就要求各级政府按照职责分工履职尽责，健全信息共享，工作督察协同保护等制度，形成区域协同、部门联动、全员参与的生态保护格局。在"治"字上发力，要按照生态环境保护计划，坚持问题导向，充分发挥生态保护制度在环境治理中的作用，对症下药、靶向施策、综合治理，努力实现人民群众对美好生态环境的需求。在"管"字上用功，贯彻绿色发展理念，加强日常监督管理，严格生态环境管理制度，强化监管问责，对生态环境履职不到位和造成重大影响的单位和个人，要启动问责程序，按照相关制度法制处理，不断提升生态环境保护和管理水平。

在严格控制"两高"项目上马上，要坚持不懈推动绿色低碳发展，从严从紧从实控制"两高"项目上马，促进经济社会发展全面绿色转型。要坚决将不符合要求的高耗能、高排放项目拿下来，加快推动产业结构、能源结构、交通运输结构、用地结构调整。要从生产、分配、流通、消费全过程控制环境污染和生态破坏，通过实行全过程控制，推动资源利用效率提高、污染物减排效率提升。通过清洁生产的"效益激励"机制，有效化解环保和经济发展的矛盾，持续推动企业自我改进，实现绿色升级。全面梳理排查在建项目，科学稳妥推进拟建项目，深入挖掘存量项目节能潜力，完善政策实施机制，确保完成能耗双控目标，推动高质量发展。严格控制工业、建筑、交通等领域二氧化碳排放，加大甲烷、氢氟碳化物等其他温室气体控制力度，持续改善生态环境质量，不断开创美丽中国建设新局面。

在实施碳达峰、碳中和上，要加强顶层设计和统筹谋划，把"实现减污降碳协同效应"作为总要求。2021年3月，习近平总书记在中央财经委员会第九次会议上强调，实现碳达峰、碳中和是一场广泛而深刻的经济社会系统性变革，要把碳达峰、碳中和纳入生态文明建设整体布局。坚持把碳达峰、碳中和纳入生态文明建设整体布局，要根据二氧化碳等温室气体与常规污染物排放具有同根、同源、同过程的特点，坚持把降碳摆在更加突出、优先的位置，紧扣目标分解任务，加强顶层设计，指导和督促地方及重点领域、行业、企业科学设置目标、制定行动方案。制定清晰的时间表、路线图、施工图，坚持系统观念，优化能源结构，统筹发展和安全，实施"十四五"节能减排综合工作方案，推动减污降碳协同增效，促进经济社会发展全面绿色转型。加强重点领域节能，加快建设全国用能权交易市场，构建清洁低碳安全高效的能源体系。坚持整体推进，通过在空间、生态、资源、生活等各类场景融入"绿色优先"的理念，拿出抓铁有痕的劲头，不断优化现有的经济体系，确保如期实现碳达峰、碳中和目标。

3.着力健全生态环境保护体系

新时代加强生态文明建设，必须深刻认识和强化生态环境保护的重大意义，完整准确全面贯彻新发展理念，健全生态环境保护体系，推动形成绿色发展方式和生活方式，推进美丽中国建设，实现中华民族永续发展。

在健全生态环境保护认知体系上，要坚持生态保护优先理念，充分认识新时代聚焦国家重点生态功能区、生态保护红线、自然保护地等重点区域，要突出问题导向、目标导向，妥善处理保护和发展、整体和重点、当前和长远的关系。要因地制宜、实事求是，采取保护和修复、自然和人工、生物和工程等措施，推进生态环境的整体保护。要自觉遵循生态系统的整体性、系统性及其内在规律，推动形成全方位、全要素、全过程系统保护生态环境的新格局。

在健全生态环境保护规划体系上，要认真贯彻《全国重要生态系统保护和修复重大工程总体规划（2021—2035 年)》。大力促进自然生态系统整体保护、系统修复和综合治理，自觉落实主体功能区战略，要坚持以国家生态安全战略格局为基础，以国土空间规划确定的国家重点生态功能区、生态保护红线、国家级自然保护地等为重点，由条线为主逐步转变为区块为主、条块结合，着力解决自然生态系统各要素间的相互保护问题，多措并举，综合保护，加大生态环境保护力度，形成全国重要生态系统保护和修复重大工程"1+N"规划体系。

在健全生态环境保护工程体系上，要根据生态保护具有整体性、系统性、复杂性的特点，科学布局和组织实施生态系统保护重大工程，着力提高生态系统自我修复能力。要不断增强生态系统稳定性，提升生态系统功能，扩大优质生态产品供给，促进自然生态系统保护，构筑和优化国家生态安全屏障体系。在重大工程的设计和实施中，要采取保育保护、自然恢复、辅助修复、生态重塑等修复和保护模式，避免过多的人工干预，杜绝盆景项目和形象工程，促进自然生态系统的不断改善。

在健全生态环境保护制度体系上，要建立和完善生态环境保护综合行政执法体制，用最严格制度最严密法治保护生态环境。要严厉打击环境违法行为，不断完善生态文明制度体系，创新多元化投入和建管模式，提高全民生态保护意识，推进形成政府主导、多元主体参与的生态保护和修复长效机制。制定修订环境保护法、环境保护税法等法律，建立健全生态环境保护

"党政同责、一岗双责"领导机制，用完善的生态文明建设体制机制，保障在生态环境问题上不能越雷池一步，否则就应该受到惩罚。

（三）解决影响社会环境问题

习近平总书记把生态文明建设摆在全局工作的突出位置，作出一系列重大战略部署，切实解决影响人民群众的突出环境问题，生态环境获得感显著增强，厚植了中国特色社会主义的绿色底色和质量成色。但我国生态文明建设仍面临诸多矛盾和挑战，还不能满足人民群众的期待和美丽中国建设目标要求，必须采取有效措施，持续抓好生态保护和环境污染问题，建设人与自然、人与社会的和谐相处的美丽家园。

1.解决影响人民健康环境问题

习近平总书记指出："重点抓好空气、土壤、水污染的防治，加快推进国土绿化，治理和修复土壤特别是耕地污染，全面加强水源涵养和水质保护，综合整治大气污染特别是雾霾问题，全面整治工业污染源，切实解决影响人民群众健康的突出环境问题。"①这既是对生态环境重要性以及对人民群众健康影响的科学认识，也是在对人类生存与社会发展科学判断基础上的理论升华。当前，我国突出的环境问题已经对人民群众的生活与健康以及社会稳定带来一定影响。生态环境保护与社会稳定的矛盾依然存在，在人民群众生态意识不断增强和追求优美生活环境的背景下，加强生态保护和环境治理，着力解决危害人民群众健康的环境问题，已经成为新时代我国生态文明建设的重要课题。

现代生态学认为，人类社会是地球生态系统的一部分，人类的生存与社会发展离不开良好的生态环境。我国经过四十多年快速发展，在经济建设方面取得了历史性成就，同时也积累了不少生态环境问题，直接影响了和谐社会建设发展。人类社会发展实践表明，生态环境是人类最为基础的条件，良好生态环境是人和社会持续发展的重要基础，生态文明建设关系人民福祉、

---

① 《习近平关于社会主义生态文明建设论述摘编》，中央文献出版社2017年版，第90—91页。

民族未来和社会和谐稳定。目前，人民群众对环境问题高度关注，可以说生态环境在群众生活幸福指数中的地位会不断凸显。近些年来，环境污染已经成为引发社会突发事件的导火索之一。由环境问题引起农村群众上访约占上访比例的20%，由环境污染问题或者对环境的关切所引发的群体性事件在一些地方时有发生。如果我们不能认识到人类发展活动只有尊重自然、顺应自然、保护自然，才能解决好人与自然和谐共生问题；如果不能正视环境治理现状与人民群众的感受存在一定的差距，采取切实可行措施，加大综合全程治理；如果不能正确解决经济发展与环境保护的矛盾，不仅会影响人民群众的生活与健康，而且还会影响社会的发展与稳定。这一问题必须引起我们的高度重视，综合发力，全面整治，久久为功。

当前，人民群众对清新空气、干净饮水、安全食品、优美环境的要求越来越强烈。要"重点抓好空气、土壤、水污染的防治，加快推进国土绿化，治理和修复土壤特别是耕地的污染，全面加强水源涵养和水质保护。"①解决影响人民健康的突出环境问题，要按照绿色发展理念，实行最严格的生态环境保护制度，建立健全环境与健康监测、调查、风险评估制度，通过发展绿色金融，加大对清洁供暖企业和项目的支持力度。科学布局生产空间、生活空间、生态空间，扎实推进生态环境保护，让良好生态环境成为人民生活质量的增长点，成为展现我国良好形象的发力点，真正解决好食品安全、减少雾霾、垃圾焚烧不损害健康等人民群众普遍关心的突出环境问题，全面建设和谐社会，增强人民群众的获得感和幸福感。

环境是人民群众生活的基本条件和社会生产的基本要素，环境的状况和质量关系人们的生存状态，影响社会的发展，最终决定文明的兴衰成败。生态环境问题，一头牵着人民群众生活品质和健康，另一头牵着社会的和谐稳定与发展，越来越成为重大的政治问题。随着我国综合国力的增强和人民群众生活水平的提高，人民群众对幸福生活的内涵有了更新的认识和提高，对与生命健康息息相关的环境问题更加关切，对蓝天白云、绿水青山、清新空

---

① 《习近平关于社会主义生态文明建设论述摘编》，中央文献出版社2017年版，第90页。

气、清洁水源更加期盼。加强生态保护和环境治理，要从老百姓满意不满意、答应不答应、高兴不高兴出发，充分认识生态环境的重要性。要不断转变经济发展方式，积极主动地响应群众呼声，采取有重点、有力度、有成效的生态环境整治行动，努力实现和满足人民群众对优美环境的期待。要坚持预防为主、综合治理，强化大气、水、土壤等污染综合防治，"统筹人口分布、经济布局、国土利用、生态环境保护，科学布局生产空间、生活空间、生态空间，给自然留下更多修复空间。"[①] 补齐生态文明建设这块短板，实现生态环境质量总体好转，解决人民群众对优美环境需要与环境公共服务需求日益增长之间的矛盾。要持续打好污染防治攻坚战，系统推进大气、水、土壤、固体废物、环境风险等要素的全领域提升，不断加快推进生态治理体系和治理能力现代化。

2.加快宜居美丽家园建设步伐

创建优美城乡人居环境，要践行"绿水青山就是金山银山"理念，以高水平保护促进高质量发展，需要全社会共同努力、共同建设、共同保护，不断增强人民群众生态环境参与感和获得感，厚植全面建成小康社会的绿色底色和质量成色。习近平总书记指出："要坚持标本兼治、常抓不懈，从影响群众生活最突出的事情做起，既下大气力解决当前突出问题，又探索建立长久管用、能调动各方面积极性的体制机制，改善环境质量，保护人民健康，让城乡环境更宜居、人民生活更美好。"[②] 为新时代我国生态保护和环境治理指明方向，为城乡人居环境综合整治提供基本遵循和实践指导。

在创造城市优良人居环境上，要坚持以人的城镇化为核心，更加注重城乡基本公共服务均等化、更加注重环境宜居、更加注重提升人民群众获得感和幸福感。加强新时代人与自然和谐共生现代化建设，创建良好的宜居生态环境，要把保护城市生态环境摆在更加突出的位置，遵循自然规律和可持续

[①]《习近平关于社会主义生态文明建设论述摘编》，中央文献出版社2017年版，第44页。
[②]《习近平关于社会主义生态文明建设论述摘编》，中央文献出版社2017年版，第83页。

·043·

发展，科学合理规划城市的生产空间、生活空间、生态空间，处理好城市生产生活和生态环境保护的关系，城市建设规模要与资源环境承载能力相适应，对不同主体功能区实行差别化人口、财政、土地、环境等政策，按照主体功能定位推动发展。过去由于对城市生态环境重要性认识不足，一些城市高耗能、高污染、高排放问题严重，不仅使我国的资源环境难以承受，而且严重影响经济社会的可持续发展、严重影响人民群众身体健康、严重影响党和政府形象。"现在，人民群众对城市宜居生活的期待很高，城市工作要把创造优良人居环境作为中心目标，努力把城市建设成为人与人、人与自然和谐共处的美丽家园。"① 新时代创造城市优良人居环境，要贯彻新发展理念，坚持以人民为中心的发展思想，以"人民城市为人民"为制定发展规划的出发点，以改善民生为重点，以满足城乡居民对优美环境的需要为归宿点，科学统筹生产、生活、生态布局，坚持以"生产空间的集约高效、生活空间的宜居适度、生态空间的山清水秀"为目标制定城市发展规划，建设人口、资源、环境、文化等方面的综合性城市管理体系。要不断完善城市生态系统，加强绿色生态网络建设，把构建优美城市生态空间、提升城市生态功能、改善人居环境作为生态文明建设的重要内容，构建科学合理的城市化格局。要加快营造良好人居环境，提升城市气候调节、水文调节、环境净化、生物多样性保护、休闲游憩等生态功能，让城市居民吃到安全的食品，喝上洁净的水，呼吸到新鲜的空气，居住到宜居的环境，使人民群众的生活更加美好。

在搞好农村人居环境整治上，要坚持以建设"美丽乡村"为引领，以整体提升农村生态环境为目标，以构建生产、生活、生态空间为抓手，科学规划，全面统筹，"要因地制宜搞好农村人居环境综合整治，改变农村许多地方污水乱排、垃圾乱扔、秸秆乱烧的脏乱差状况，给农民一个干净整洁的生活环境。"② 在"十四五"及未来一段时期，我国"三农"工作的着力点将放

---

① 《习近平关于社会主义生态文明建设论述摘编》，中央文献出版社 2017 年版，第 89 页。
② 《习近平关于社会主义生态文明建设论述摘编》，中央文献出版社 2017 年版，第 89 页。

在"乡村建设","实施乡村建设行动"将成为新发展阶段我国推动乡村全面振兴、加快农业农村现代化的重要抓手和有力保障。2021年6月1日实施的《中华人民共和国乡村振兴促进法》,明确了农业的绿色发展之路,提出农村要成为宜业之地。要求各级政府应当采取措施加强农业面源污染防治,推进农业投入品减量化、生产清洁化、废弃物资源化、产业模式生态化,要充分体现乡村特色,注重乡土味道,保留乡村风貌,留得住青山绿水,记得住乡愁。推动乡村建设,应遵循尊重自然、顺应自然、保护自然的原则,以优质生态环境为依托、以集约化农业资源为基础、以特色资源开发为路径,树立正确的政绩观,不断提高生态环境保护责任意识,明确生态环境责任、耕地保护和国土征用责任、矿产资源开发责任、自然资源有偿使用制度执行责任等,多做打基础、利长远的事。要以资源节约和环境保护为基本条件,不搞脱离实际的"形象工程"和劳民伤财的"政绩工程",坚决守住农村开发边界、资源保护底线和生态红线。要采取切实可行措施,解决农村噪声、粉尘、油烟、异味、污水、垃圾等环境问题,不断提升群众的生活质量,彰显农村的生态之美、人文之美、和谐之美。

在实行垃圾分类制度上,要弘扬绿色生态文化,深入开展爱国卫生运动,提升公众对垃圾分类知识的认知、对分类处理的认可,大力倡导简约适度、绿色低碳、文明健康的生活理念和生活方式。垃圾分类是对传统生活习惯的一种颠覆和革命,党政军机关以及学校、医院等公共机构要率先实施垃圾分类制度,广泛开展绿色创建行动,引导全社会树立生态文明意识,鼓励人人参与生态环境保护,打好全民参与分类的文化底色,培养全社会良好的生活习惯。要根据城乡具体情况,加大环境治理和生态保护工作力度、投资力度、政策力度,充分发挥业主委员会、楼门长和志愿者等作用,在厨房垃圾专用袋上贴住户家庭门牌号码或印刷条形码,对居民垃圾分类情况进行追踪指导和适时监督,对垃圾分类好的发放流动红旗,对不分类、乱投放,经多次劝阻不改正的要进行曝光,激发居民垃圾分类的积极性。"要加快建立分类投放、分类收集、分类运输、分类处理的垃圾处理系统,形成以法治为基础、政府推动、全民参与、城乡统筹、因地制宜的垃圾分类制度,提高垃圾分类制度覆盖范围。"①认真贯彻国家发展改革委制定的生活垃圾强制分类制度的方案，根据当地具体情况，探索和推进成本低、落地实、能持续、可推广的农村生活垃圾智分类与保洁一体化运行模式，从源头上实施农村生活垃圾减量化、资源化、无害化处理，促使生活垃圾就地减量和就近转化。不断提升城乡精细化管理的水平，把分类工作融入小区的法治建设、制度建设、文化建设、设施建设等之中，推进依法治理、精准治理、共同治理。加快制定生活垃圾强制分类制度的法律，解决垃圾投用分散、监管分离问题，鼓励有条件的地区先行制定地方性法规，率先建立生活垃圾强制分类制度，努力构建"科学管理、形成长效机制、推动习惯养成"的垃圾分类经验和做法，充分发挥示范引领作用，推进垃圾分类工作持续深入开展，实现农村人居环境和生活品质双提升。

（四）形成社会和谐发展合力

生态文明建设是一个系统工程，需要统一思想认知，凝聚社会共识，增强行动自觉，加快社会建设步伐。

1.生态环境是社会发展的重要保障

目前，我国环境问题已经使我们站在生态环境承载力的临界点和环境阈值的最高点。落实"到本世纪中叶建成美丽中国"的战略目标，要抓紧抓好生态文明建设，以良好的生态环境为社会健康发展增强内在要素和发展动力。要加大生态文明建设力度，坚持走生态优先、绿色发展之路，顺应时代要求和社会发展需要，不断调整和优化国土空间，合理布局生态保护范围，优化城市空间开发格局，调整农业生态空间，协同推进山水林田湖草沙冰系统性保护。

要从中国特色社会主义现代化建设的高度，认识生态文明在社会建设中的重要作用，加大力度、下大力气，积极为社会发展提供发展动力。要着力构建中央高度重视、党委政府主导、企业主动配合、社会共同努力、全民积极参与的生态文明发展格局，以供给侧结构性改革为主线，积极发展风电、

---

① 《习近平关于社会主义生态文明建设论述摘编》，中央文献出版社2017年版，第94页。

太阳能等清洁能源。要着力提高生态环境系统自我修复能力和稳定性，守住自然生态的安全边界，促进人与自然和谐共生和自然生态质量系统整体改善，进一步增强社会建设的重要因素和内生动力。

2.坚持生态文明与社会发展相结合

实现社会进步发展要抓好生态文明建设，"尽力补上生态文明建设这块短板，切实把生态文明的理念、原则、目标融入经济社会发展各方面，贯彻落实到各级各类规划和各项工作中。"[①]加强生态文明建设与社会发展紧密结合，拓展人与社会和谐发展道路，要掌握和处理好经济发展与生态平衡的辩证统一关系，采取多种举措加强生态文明建设，大力发展低碳经济、循环经济和绿色经济，努力为人民提供更好的生活环境，不断促进社会进步和环境优化，形成全社会共建合力。

各级领导要提高思想认识，将生态环境保护工作列入重要议事日程，搞好环境保护规划，分工专人负责，发挥主导作用，强化环境监管，切实将生态文明建设各项措施真正落到实处。企业要适应新时代生态文明建设要求，树立新发展理念，树立强烈的环保意识，克服一味追求经济效益求快求高的现象，注重环境保护，将环境保护与经济效益有机地结合起来，要坚决克服过度消耗资源的现象，实现经济效益与环境保护的同步发展。鼓励公众积极参与生态保护，《公民生态环境行为调查报告（2019年)》显示，公众中基本上都认可个人行为对生态环境的重要意义，在行动上能够做到"知行合一"，但还存在"认知度高、践行度低"的现象。[②]要积极鼓励全社会力量加强生态环境保护，树立绿色价值观念，不断增强人民群众的节约意识、环保意识、生态意识，加快形成导向清晰、决策科学、执行有力、激励有效、多元参与、良性互动的"大环保"格局，实现从"要我环保"到"我要环保"的根本转变，推动形成深厚的生态人文情怀。

总之，加快建设环境友好型社会，要凝聚社会合力，多视角抓好生态文

---

① 《习近平关于社会主义生态文明建设论述摘编》，中央文献出版社2017年版，第10页。
② 《公民生态环境行为调查报告（2019年)》，《中国环境报》2019年6月3日。

明建设、多力量保护生态环境、多措施强化生态环境治理，才能为社会发展提供可靠保障。环境治理是一个系统工程，要加强党的领导，提高思想认识，全面科学规划，合理统筹安排，在环境治理体系中充分发挥政府的主导地位和企业的主体地位，调动群众参与环境治理的积极性，努力形成全社会同心协力、共同实施和协同推进的良好局面。

三、强化环境风险防控能力

习近平总书记指出，"我们面临的重大风险，包括来自自然界的风险。必须把防风险摆在突出位置，'图之于未萌，虑之于未有'，力争不出现重大风险或在出现重大风险时扛得住、过得去。"① 党的十九届五中全会强调，我国未来的高质量发展是要守住自然生态安全边界的发展，生态安全屏障更加牢固。生态安全是一个国家或地区在生存和发展过程中所需的生态环境处于不受或少受破坏与威胁的状态，是人类生存和发展所必须拥有的最基本的安全需求。生态安全是国家安全的重要组成部分，事关国家兴衰和民族存亡。要正视我国在大气、土壤、水源等方面存在的问题，以及带来的新问题新矛盾新挑战，深刻认识加强生态安全的重要作用和意义，多措并举，精确施策，防范生态风险，守护生态安全，筑牢生态安全屏障，提升生态环境风险防控能力，确保经济社会可持续发展和人民幸福安康。

（一）生态安全是国家政治稳定的坚固基石

生态是文明的载体，生态安全涉及国家安全。防范化解重大生态安全风险，事关国家安全和社会政治大局稳定。生态环境事件影响大、涉及面广、社会关注度高，其产生、处置和评估具有诸多特殊性，稍有不慎，就会造成被动局面。2020年，全国共发生各类突发环境事件208起，其中重大和较大突发环境事件10起，因安全生产事故、化学品运输事故引发的突发环境事件仍然存在。② 加强我国生态安全，要贯彻习近平总书记"国家安全观"

---

① 习近平：《在党的十八届五中全会第二次全体会议上的讲话（节选）》，《求是》2016年第1期。
② 任理军：《加快建立完善生态环境安全管理体系》，《中国环境报》2021年7月7日。

战略方针，加快构建国家生态安全体系，走出一条中国特色国家安全道路。

1.生态安全是国家安全体系的重要组成部分

生态安全是国家政治稳定、社会和谐安康、经济持续发展、人民幸福安康的坚实基础。自然系统是人类赖以生存和发展的前提和基础，过去人类以征服者的态度对待大自然，以环境污染换取经济发展，极大损害了人类自身生存的基础。人类必须顺应自然规律，守住自然系统生态安全边界。2000年11月，我国发布《全国生态环境保护纲要》，首次从国家层面提出"维护国家生态环境安全"的目标。2014年4月，中央国家安全委员会第一次会议明确提出"总体国家安全观"，生态安全成为国家总体安全的有机组成部分。习近平总书记高度重视生态安全，将生态安全作为我国发展全局的重要战略任务，把生态安全摆在更加突出的位置，强调既要坚持立足于防，又要有处置风险能力，这是在生态系统退化、资源约束趋紧、环境污染严重等生态安全挑战日益突出的今天，在准确判断国家安全形势变化新特点基础上作出的战略部署，对于新时代强化生态安全意识，构建生态安全格局，加强我国生态安全具有十分重要的意义。

2.实施国家生态安全战略的需要

生态安全是人类生存与发展的基本安全需求，维护生态安全是生态文明建设的重要内容。当前，我国面临的矛盾已经转化为发展中的矛盾，不仅体现在生态建设和环境质量上，而且更加深刻地关联着国家安全利益，并更加直接地引发现实生态安全问题。这就要求我们推动形成绿色发展方式和生活方式，以生态环境安全应对各种安全挑战，适应国家安全建设体系需要。从国内外生态环境变化引起的极端事件看，环境事件直接影响国家的长治久安和社会的持续发展。将生态安全纳入国家安全战略框架和国家安全体系，使人民群众深刻认识自然生态环境对实现民族永续发展的基础支撑作用，有利于国家对生态安全的宏观调控，加强中央的统一决策，强化统一监督管理，加快生态安全体系的建设，保障国家政治经济社会稳定与安全。

3.生态安全是其他领域安全的重要保证

习近平总书记围绕总体国家安全观作出一系列重要论述，提出构建集政治、国土、军事、经济、文化、社会、生态、资源等领域安全于一体的国家安全体系，强调坚持总体国家安全观。生态安全具有根本性、基础性地位，与其他安全相互关联，可以说没有生态安全作为保证，政治就不会稳定、社会就不能和谐、经济就不可能高质量发展、资源能源安全无法得到有序利用，国土安全的基石就会动摇、人民幸福就得不到保障、国家就难以长治久安，我国就会陷入难以逆转的生存危机，其他领域的安全也将难以保证，充分凸显了生态安全在中国特色社会主义现代化国家建设中的极端重要性。

新时代加强我国生态安全，必须科学谋划，统筹安排，自觉地扛起政治责任，充分体现以人民为中心的发展思想和"人民至上、生命至上"的安全理念，做到事前重视防范、事中讲究科学、事后总结经验吸取教训，健全生态环境安全管理体系。要充分认识和高度重视生态安全在中国特色社会主义现代化建设中的重要作用，采取可行有效措施，有效遏制突发生态环境事件特别是重大突发环境事件，加强生态风险防控，健全生态安全体系，为国家安全提供有力保障。

（二）生态安全是经济持续发展重要保障

生态安全在经济建设中具有极端重要性，可以说，没有生态安全作为前提的经济发展就不是高质量发展，没有发展作为保证的生态安全也不是高质量发展，只有坚持两者协调发展，才能走出一条经济发展和生态保护协同并进的绿色发展之路。

1.贯彻绿色发展理念的重要保证

绿色发展是包含绿色经济理念、绿色政治生态理念、绿色社会发展理念等内容的有机系统。习近平总书记指出，"加强经济建设，必须坚持绿色发展理念，要树立正确政绩观，处理好稳和进、立和破、虚和实、标和本、近和远的关系，坚持底线思维，强化风险意识，自觉把新发展理念贯穿到经济社会发展全过程。"这是习近平总书记国家安全观在生态安全领域的具体体现，为保障我国经济安全和推进生态环境安全治理指明实践路径。坚持系统观念，要处理好发展和减排、整体和局部、短期和中长期的关系，把实现减污降碳协同增效作为总抓手，促进经济社会发展全面绿色转型。坚持绿色发展，就要坚持把生态安全屏障放在优先位置、底线位置和导向位置，持续优化国土空间开发布局，培育壮大节能环保产业和清洁能源产业，推进资源全面节约和循环利用，为推进碳达峰、碳中和夯实基础。要全力打造低碳绿色、优先保护、结构向优、重点管控的生态产业，坚持走特色、优势、错位和协同发展的路子，让绿色成为高质量发展的底色，以适应经济建设对生态安全保障的需求。

2.经济高质量发展的客观要求

目前，我国社会经济发展处于从高速度向高质量发展的转换期，受疫情防控、中美经贸摩擦等因素叠加影响，国内外形势极为复杂严峻。坚持高质量发展，要贯彻创新、协调、绿色、开放、共享的新发展理念，推动经济高质量发展。持续推进经济高质量发展，就要努力形成节约能源资源、保护生态环境的产业结构、增长方式、消费模式，其重点任务包括发展绿色能源，进行绿色低碳技术创新和推进产业结构优化升级，积极发展服务经济和知识经济，在全社会形成绿色可持续的生产生活方式。要积极探索生态产品价值实现路径，以绿生金、以景换银，走上生态美、产业兴、百姓富的绿色发展之路。要统筹推进生态安全与经济安全，加大生态关键地区的保护力度，改善环境质量和提高生态系统功能。不断加强生态保护和环境整治，推动绿色发展，通过环境治理，腾出生态环境容量，承载经济社会发展的增量。不断加大环境监管，加强节能减排考核，推动产业结构优化升级，从根本上改变我国资源过度消耗和环境污染严重的局面，做到既要金山银山、更要绿水青山，保护好中华民族永续发展的本钱。大力发展循环经济，坚持走新型工业化道路，实现经济效益和生态效益相统一，以生态安全屏障为经济高质量发展提供根本保证。

3.实现经济发展与环境保护相互促进

经济发展离不开优美环境，良好的环境为经济建设提供有力保障。要科学把握我国经济社会发展的阶段性特征，着力推进生态环境保护的理论创新、实践创新和制度创新，正确处理生态环境保护与经济社会发展之间的辩证统一关系，在解决发展经济与保护生态的矛盾中，实施主体功能区战略，严守生态保护红线，坚持走绿色技术创新型、环境资源节约型、清洁生产型、生态保护型、循环经济型的发展新路，协同推进高质量发展和生态环境保护。要加大大气污染、水污染、土壤污染等治理力度，推动形成绿色发展方式和生活方式，让绿水青山变为金山银山，不断健全以生态系统良性循环和环境风险有效防控为重点的生态安全体系，创建科学合理的生态安全格局，实现经济社会发展与环境保护内在统一和相互促进。

（三）生态安全是人民幸福安康坚实基础

当前，我国社会主要矛盾的变化，要求着力解决影响人民群众健康的环境问题，不断满足人民群众日益增长的优美生态环境需要，构建人民群众生态权益得到充分保障的生态安全型社会。

1. 满足人民对优美生态环境需要

习近平总书记指出，建设生态文明，关系人民福祉。人民对美好生活的向往是我们党的奋斗目标，解决人民最关心最直接最现实的利益问题是执政党使命所在。当前，我国"生态文明建设正处于压力叠加、负重前行的关键期，已进入提供更多优质生态产品以满足人民日益增长的优美生态环境需要的攻坚期，也到了有条件有能力解决生态环境突出问题的窗口期。"[①] 习近平总书记是对人民怀有深厚感情和强烈责任感的人民领袖，无论是在基层、地方工作，还是在中央工作，都始终把人民挂在心头、念在心里。无论是深入打好污染防治攻坚战、还是坚决打赢疫情防控阻击战，无论是推进美丽中国建设、还是解决人民最关心最直接最现实的生态环境问题，习近平总书记始终心系百姓、情系人民。

新时代强化生态安全，要坚持以人民为中心的发展思想，加快改善生态环境质量，把解决突出生态环境问题作为民生优先领域，为人民提供更多优质生态产品，积极回应人民群众所想、所盼、所急。要大力推进生态文明建设，努力提供更多优质生态产品，不断满足人民日益增长的优美生态环境需要，让广大人民群众的获得感、幸福感、安全感更加充实、更有保障、更可

---

① 习近平：《推动我国生态文明建设迈上新台阶》，《求是》2019 年第 3 期。

持续，使人民充分感受到建设美丽中国和走向社会主义生态文明新时代的幸福愉悦。

2. 良好生态环境是最普惠民生福祉

我们党的根基在人民、血脉在人民。习近平总书记强调，推动社会全面进步和人的全面发展，促进社会公平正义，让发展成果更多更公平惠及全体人民，不断增强人民群众获得感、幸福感、安全感。

2019年9月27日，习近平总书记在全国民族团结进步表彰大会上指出，要"提高把'绿水青山'转变为'金山银山'的能力，让改革发展成果更多更公平惠及各族人民，不断增强各族人民的获得感、幸福感、安全感。"2020年10月14日，习近平总书记在深圳经济特区建立40周年庆祝大会上指出，"要从人民群众普遍关注、反映强烈、反复出现的问题出发，拿出更多改革创新举措，把就业、教育、医疗、社保、住房、养老、食品安全、生态环境、社会治安等问题一个一个解决好，努力让人民群众的获得感成色更足、幸福感更可持续、安全感更有保障。"习近平总书记的重要指示，饱含着人民领袖对人民的真挚情怀，映照出百年大党对人民的赤子之心！人民群众过去"盼温饱""求生存"，现在"盼环保""求生态"。社会主要矛盾的变化对生态环境保护工作提出新的更高要求，要始终坚持生态惠民、生态利民、生态为民，重点解决损害群众健康的突出环境问题，加快改善生态环境质量。要坚持以人民为中心理念，把保持青山常在、绿水长流、空气常新作为改善和实现人民群众美好生活的重要内容，将清新空气、清澈水质、清洁环境等生态产品和建设绿色生态系统作为推进绿色发展的重要举措，让老百姓留住鸟语花香田园风光，不断提升人民群众对于美好生活的获得感和安全感。

3. 实现人民对美好生活向往根本保障

以习近平同志为核心的党中央提出以人民为中心的发展思想，坚持一切相信人民、一切为了人民、一切依靠人民，始终把人民放在心中最高位置、把人民对美好生活的向往作为奋斗目标，多次强调要高度重视生态文明建设问题，使我国的生态环境保护发生历史性、转折性、全局性变化，推动生态保护和环境治理的伟大成果更多更公平惠及全体人民，推动我国生态文明建设迈上新台阶。习近平总书记强调，"建设生态文明、推动绿色低碳循环发展，不仅可以满足人民日益增长的优美生态环境需要，而且可以推动实现更高质量、更有效率、更加公平、更可持续、更为安全的发展，走出一条生产发展、生活富裕、生态良好的文明发展道路。推进排污权、用能权、用水权、碳排放权市场化交易，建立健全风险管控机制。"[①] 充分体现了习近平总书记关心人民、服务人民、心系人民的领袖情怀，为新时代加强生态安全指明了方向。

习近平总书记指出，环境就是民生，青山就是美丽，蓝天也是幸福。加强生态环境安全是坚持人民主体地位和以人民为中心的发展思想的重要体现，生态环境安全既是实现人民对美好生活的向往的重要保障，也是实现人民对美好生活的向往需要的重要基础。要强化生态安全意识，破解生态安全威胁，构建科学合理的生态安全格局，不断满足人们对生存和健康所需要的生态系统服务及生态环境条件的需求，是新时代亟须解决的重大生态环境问题，也是实现人民对美好生态环境需要的迫切需要。要坚持节约资源和保护环境的基本国策，统筹山水林田湖草沙冰系统治理，重视影响人民群众切身利益的突出生态环境问题，从环境质量导向型进一步向风险防控型、健康导向型拓展升级，积极顺应和满足人民群众对于吃穿住用行方面更高的安全绿色水平要求，以对人民高度负责的态度全力维护生态安全，还老百姓蓝天白云、繁星闪烁，清水绿岸、鱼翔浅底。

四、积极参与全球环境治理

当今世界，人类面临着资源短缺、气候变化、生态破坏、环境污染等共同威胁。人类已生活在一个利益交融、兴衰相伴、安危与共的地球村里，"世界历史"中的全球性时刻已经来临。习近平总书记根据马克思主义世界治理思想，着眼于解决当前全球生态环境面临的现实问题，大力倡导人类命

---

① 《习近平在中共中央政治局第二十九次集体学习时强调　保持生态文明建设战略定力　努力建设人与自然和谐共生的现代化》，《人民日报》2021 年 5 月 2 日。

运共同体意识，在很多场合反复阐述和强调携手共建生态良好的地球家园和清洁美丽世界，形成全球生态环境治理思想，体现了人与自然共生共存的生态观，得到世界上越来越多国家和政党的支持与认同，为全球生态环境治理提供了理论指南和实践创新。

（一）积极开展国际生态环境治理合作

宇宙只有一个地球，人类共有一个家园，珍爱和呵护地球是人类的唯一选择。当今世界，全球工业化在不断创造物质财富的同时，也对环境造成了一定的创伤，而且世界上没有一个国家能够幸免。只有加强国际合作，世界各国积极参与，才能应对生态环境破坏和气候变暖的挑战，保护好地球家园，建设人类命运共同体。习近平总书记关于开展国际生态环境治理合作的理念，体现了中国共产党人的宽广胸怀和统筹国际国内两个大局的战略抉择，充分体现了习近平生态文明思想的全球共赢观。

1.共谋全球生态文明建设之路

习近平总书记不仅关心我国生态文明建设，而且十分关注全球环境治理问题，就世界生态环境建设与治理提出一系列新思想新观点新理论，是具有全球视野、人类情怀的大格局，是普惠世界、造福众生的大智慧，在世界大发展大变革大调整中确立了人类文明走向的新航标，有力地推动了美丽世界的建设。当前，全球生态环境污染严重，气候变暖、臭氧层破坏、生物多样性锐减等，不仅影响了经济社会发展，而且严重地威胁着人类的生存。加强全球环境治理，不仅是一项迫切需要解决的世界性重大课题，而且关系到人类生存发展和未来，只有加强国际合作，相互支持，共同应对，才能实现经济可持续发展和建设美丽家园。

习近平总书记指出，"建设生态文明关乎人类未来。国际社会应该携手同行，共谋全球生态文明建设之路，牢固树立尊重自然、顺应自然、保护自然的意识，坚持走绿色、低碳、循环、可持续发展之路。"①建设绿色家园是

---

① 习近平：《携手构建合作共赢新伙伴　同心打造人类命运共同体——在第七十届联合国大会一般性辩论时的讲话》，《人民日报》2015 年 9 月 29 日。

人类的共同梦想，地球是我们的共同家园，保护环境是全人类的共同责任，体现了以人类整体视野科学把握生态环境问题而形成的命运共同体意识。世界各国要共同呵护人类赖以生存的地球家园，积极应对气候变化等全球性生态挑战，为维护全球生态安全作出应有贡献。习近平总书记关于共谋全球生态文明建设之路的重要论述，具有生态文明自觉意识和生态文明建设战略构想，是从全球整体利益和人类文明持续发展的高度思考生态文明建设问题，展现了一个大国领导人的大国担当和占据人类道义制高点的大国情怀，体现了中国共产党人的宽广胸怀和为人类进步发展的重大贡献。

2.积极应对气候变化是人类共同责任

随着世界多极化、经济全球化、文化多样化、社会信息化的深入发展，世界各国被紧密地联系在一起。当今世界相互联系、相互依存是发展大潮流，应对全球环境变化是人类自工业革命以来面临的最深刻的发展方式的变革，解决全球气候变暖等问题需要所有国家共同努力。

习近平总书记关于"应对气候变化是人类共同的责任"的重要论述，彰显的是同舟共济、权责共担的命运共同体意识，追求的是推动全球生态环境治理变革的基本目标，探索的是完善全球生态文明建设发展模式的重要途径。在气候变化挑战面前，只有坚持多边主义，讲团结、促合作，才能互利共赢，福泽各国人民。就像亚马孙热带雨林的大片消失带来全球气候的异常一样，一个国家生态环境的破坏会带来整个全球生态系统的异常；一国的生态状况和治理措施也会影响全球环境状况和治理体系，各国的生态状况现已结成了一个安危与共、利益攸关的人类生命共同体。正如习近平总书记指出的："应对气候变化等全球性挑战，非一国之力，更非一日之功。只有团结协作，才能凝聚力量，有效克服国际政治经济环境变动带来的不确定因素。"①习近平总书记以负责任大国的形象维护全球生态安全，用先进的理念诠释全球可持续发展观，用积极的实际行动应对气候变化，充分体现了用负

---

① 《习近平关于社会主义生态文明建设论述摘编》，中央文献出版社2017年版，第141—142页。

责任的态度彰显中国在气候变化中的责任与担当，展现了我国在国际上的大国良好形象。

3.生态文明建设要加强世界交流与合作

习近平总书记站在人类命运共同体的高度，强调在生态文明领域加强同世界各国的交流合作。他指出，可持续发展是面向未来的事业，不仅各国广泛参与、形成合力，还要根据自己的实际能力分担责任，以不妨碍国内人民消除贫苦、提高生活水平的合理需求。

中国希望与世界各国在生态文明建设和经济方面加强交流合作，实现更好、更快发展。为推动《巴黎协定》谈判取得成功，习近平主席与有关国家领导人发表联合声明，并在开幕式上系统阐述加强合作应对气候变化的主张，为谈判提供了重要政治指导。他在中非企业家大会上指出："非洲拥有丰富的自然资源和优越的生态环境，中非合作要把可持续发展放在第一位。我们将为非洲国家实施应对气候变化及生态保护项目，为非洲国家培训生态保护领域专业人才，帮助非洲走绿色低碳可持续发展道路。"①2017年5月，他在"一带一路"国际合作高峰论坛开幕式上发表演讲时指出："我们要践行绿色发展的新理念，倡导绿色、低碳、循环、可持续的生产生活方式，加强生态环保合作，建设生态文明，共同实现二〇三〇年可持续发展目标。"②他在党的十九大上强调：中国"积极参与全球环境治理，落实减排承诺。""要坚持环境友好，合作应对气候变化，保护好人类赖以生存的地球家园。"他深情地展望道，各国人民只有同心协力，才能构建人类命运共同体，建设持久和平、普遍安全、共同繁荣、开放包容、清洁美丽的世界，一如既往加强同各成员国和国际组织的交流合作，共同为建设一个更加美好的世界而努力！习近平总书记把人类文明与生态建设紧密联系起来，彰显了中国共产党人对人类文明发展规律、自然规律和经济社会发展规律的深刻认识，以认真的态度和积极的行动，为加强世界环境保护和推进全球绿色发展作出

---

① 习近平：《携手共进　谱写中非合作新篇章》，《人民日报》2015年12月5日。
② 《习近平关于社会主义生态文明建设论述摘编》，中央文献出版社2017年版，第145页。

了中国贡献。

（二）为建设清洁美丽世界贡献中国智慧

世界各国要以对子孙后代负责的态度，积极努力，团结一致，共商共建共享，相互携手共进，才能积极交流发展和推广清洁能源经验，共同推动全球生态环境改善，共同维护人类的地球家园，为全球应对气候变化挑战作出自己的贡献。近年来，中国以积极的态度、合作的理念和实际的行动参与全球生态环境治理，为建设绿色发展清洁美丽世界贡献了中国力量、中国智慧和中国方案，赢得了世界各国的高度赞誉。

1. 致力于我国国内生态文明建设

党的十九大报告将"建立清洁美丽的世界"作为构建人类命运共同体的总体目标之一，指出"必须统筹国内国际两个大局，构筑尊崇自然、绿色发展的生态体系"，强调"面对脆弱的生态环境，我们要坚持尊重自然、顺应自然、保护自然，共建绿色家园。面对气候变化给人类生存和发展带来的严峻挑战，我们要勇于担当、同心协力，共谋人与自然和谐共生之道。"① 这为加强国际环境治理合作、共建绿色家园描绘了新蓝图。

近年来，我国在积极参与全球生态环境治理的同时，注重抓好抓紧我国的生态文明建设，污染治理和环境保护取得了长足的进步，为世界各国作出表率和贡献。可以说，作为占世界总人口 1/5、GDP 占世界经济比重稳居世界第二的发展中大国，中国搞好生态文明建设，本身就是对全球生态文明建设的示范和贡献。习近平总书记指出，要积极推动全球可持续发展，秉持人类命运共同体理念，积极参与全球环境治理，为全球提供更多公共产品，展现我国负责任大国形象。中国将"采取更加有力的政策和措施，力争 2030 年前二氧化碳排放达到峰值，努力争取 2060 年前实现碳中和。"②

我国十分重视生态文明建设，强调要坚持新发展理念，将应对气候变化

---

① 习近平：《加强政党合作　共谋人民幸福——在中国共产党与世界政党领导人峰会上的主旨讲话》，《人民日报》2021 年 7 月 7 日。
② 习近平：《继往开来，开启全球应对气候变化新征程——在气候雄心峰会上的讲话》，《人民日报》2020 年 12 月 13 日。

全面融入国家经济社会发展的总战略和中国特色社会主义事业的总体布局，大力倡导绿色、低碳、循环、可持续的生产生活方式。高度重视应对气候变化工作，连续 11 年发布应对气候变化的政策与行动年度报告，积极落实我国承诺的目标。在减少碳排放、消除沙尘暴、保护野生动物、防止病毒传播等方面取得了新的成就，为全球应对气候变化树立了样板，这既是我国为解决人类社会发展难题作出的重大贡献，也是为全球环境治理提供了中国理念和中国智慧。

2. 中国是全球环境改善积极参与者

习近平总书记根据马克思主义世界治理思想，着眼于解决当前全球生态环境面临的现实问题，大力倡导人类命运共同体意识，多次阐述和强调携手共建生态良好的地球家园和清洁美丽世界，形成全球生态环境治理思想，体现了人与自然共生共存的生态观，反映了以习近平同志为代表的中国共产党人的价值追求和使命担当，得到世界上越来越多国家和政党的支持与认同，为全球生态环境治理提供了理论指南和实践创新。

习近平总书记多次强调，中国坚持正确义利观，积极参与气候变化国际合作。2015 年 9 月，中国向联合国提交了应对气候变化国家自主贡献文件，为应对全球气候变化作出巨大努力，同时积极推动自身可持续发展，大大提高了中国在全球气候治理中的话语权和引导力。2020 年 9 月，习近平主席在第七十五届联合国大会一般性辩论上的讲话、在联合国生物多样性峰会上的讲话，以及在 2021 年世界经济论坛"达沃斯议程"对话会上的特别致辞等，为国际社会应对气候变化、生物多样性保护、可持续发展等领域提供新理念、注入新动能。中国向全球发布《绿水青山就是金山银山：中国生态文明战略与行动》《共建地球生命共同体：中国在行动》等生态文明报告，为其他国家应对类似的环境与发展挑战提供有益思考。不仅为广大发展中国家等提供有益借鉴和启发，而且也有利于凝聚各方合力共商共建共享清洁美丽地球。中国倡导在平等协商基础上制订和签署相关的环保条约，相互协作，相互监督，与某些国家对国际法合则用、不合则弃的利己主义态度形成鲜明对比，国际社会对于中国积极参与世界环境治理和应对全球气候变化的国际合作给予高度评价。

3. 建设绿色家园是人类共同梦想

习近平总书记十分关注全球绿色生态建设和环境治理问题，多次在国际不同场合指出，国际社会应该携手同行，共谋全球生态文明建设之路，共建清洁美丽的世界。生态文明建设关乎人类未来，建设绿色家园是各国人民的共同梦想。人类是命运共同体，建设绿色家园是人类的共同梦想，保护生态环境是全球面临的共同挑战，任何一国都无法置身事外。

保护生态环境，应对气候变化，维护能源资源安全，是全球面临的共同挑战。各国应该遵循共同但有区别的责任原则，根据国情和能力，携手同行，积极行动，共谋全球生态文明建设之路。在气候变化挑战面前，人类命运与共，单边主义没有出路。据联合国政府间气候变化专门委员会(IPCC)评估，人类活动引起的大气温室气体浓度增加是导致全球变暖的主要因素，所以应对气候变化的核心措施是减少二氧化碳排放。世界各国应从构建绿色世界的视角，主动承担减排责任，充分认识到全面、平衡、协调推进可持续发展三大领域(经济、环境、社会)的重要性，共同克服温室气体的无度排放引起气候变化的不利影响。世界各国只有根据自己的国情，加强与世界团结协作，凝聚全球力量，鼓励广泛参与，积极实施行动，才能共同落实联合国2030年可持续发展议程，携手共建生态良好的地球美好家园，实现建设绿色家园的共同目标。习近平总书记关于世界环境建设与治理的一系列新理论新论述，是具有全球视野、人类情怀的大格局，是普惠世界、造福众生的大智慧，为世界在大发展大变革大调整中确立了人类文明走向的新航标，有力地推动了世界美丽家园建设。

第二章　新时代生态文明思想的科学内涵

习近平总书记高度重视生态文明建设，聚焦于新时代的时空领域，立足于当代中国社会主义建设的基本国情，发表了一系列重要讲话，作了大量的专门论述和重要批示，提出了许多具有创新性的科学论断，深刻回答了新时代中国生态文明建设与发展的重大理论和实践问题，形成了事关生态文明建设的基本内涵和理论体系，丰富了中国特色社会主义思想，具有极其丰富的内涵意蕴，是推动形成人与自然和谐发展新格局的理论创新，为走向社会主义生态文明新时代提供了科学指南。

第一节　生态文明思想的逻辑理路

习近平生态文明思想继承和发扬了马克思主义生态观，立足于"天人合一"的中国传统文化，以全面自由发展的生态人为逻辑主体，以从解释世界到改造世界为逻辑主线，以最终实现消除自然、社会、人的异化状态为逻辑主旨，充分展现了尊崇自然、绿色发展的逻辑理路，反映了生态文明发展的本质要求，完善了生态文明思想的理论体系，推进了马克思主义生态观的创新发展。

一、逻辑主体：全面自由发展的生态人

人类社会的发展是一个不断演进的过程，"正像社会本身生产作为人的

人一样，社会也是由人生产的。"①从必然王国到自由王国的飞跃，也是个人自由全面发展的实现，"不言而喻，要不是每一个人都得到了解放，社会也不能得到解放。"②人的全面发展，包括能力、素质、需求、品质、关系、生态和人格等方面，是人在社会实践中主体意识和主体作用的体现。

马克思主义认为，人是从自然界分化出来的，人是世界上唯一具有理性的生物，带着自己的需要、目的和意志，通过劳动实践不断地推动"自在自然"向"人化自然"的转化，使自然能动地满足自己的生存发展需要。自从人类社会产生以后，自然界就在人的实践活动中以新的形式延续自己的存在和发展。在马克思主义看来，实践活动也是人的生命的自我创造活动，从而人的生命活动的根本价值就是"人以一种全面的方式，就是说，作为一个总体的人，占有自己的全面的本质"③。实践是人为了满足自己的需要而进行的有目的地、能动地改造世界的对象性活动。人的全面发展的过程，在一定意义上也可以说是人的需要不断产生并通过人的实践活动不断满足的过程。马克思和恩格斯在建立与发展马克思主义理论过程中，其根本宗旨在于将人的解放与全面发展和自然的解放与高度发展相契合，并把它作为追求的最高价值旨归贯穿于自己学说之中，在承认自然界客观实在性及其相对于人类的优先性的前提下，从实践出发考察人与自然的关系，第一次揭示了人与自然关系的真谛。

习近平生态文明思想以全面自由发展的生态人为逻辑主体，不断推动新时代生态文明建设快速发展。马克思强调，实践作为一种对象性活动，对人类的进步和发展起到了重大的推动作用。人是以自身的需要以及对需要满足的方式存在和发展着的，人的需要体现着人的本性，而人性之所以不同于动物性，其中一个根本原因就在于人永远都不会停留在既有的生存状况，也不会满足已获得的需要。人类的一切社会活动都要受到关于客观事物的外在尺度和关于人的实践目的的内在尺度或人自身固有的尺度的制约，如果不注重

---

① 《马克思恩格斯文集》第 1 卷，人民出版社 2009 年版，第 187 页。
② 《马克思恩格斯文集》第 9 卷，人民出版社 2009 年版，第 310 页。
③ 《马克思恩格斯全集》第 3 卷，人民出版社 2002 年版，第 303 页。

自然保护，一味地掠夺自然资源和破坏生态环境、危害自然客体，就会遭到自然界的报复。人类的实践活动必须遵守自然规律，使自然界发生合目的性的变化，才能真正成为全面自由发展的生态人，实现人类与自然的和解、人类本身的和解，以及全人类的自由与解放。

辩证唯物主义在肯定自然界及其运动法则的客观实在性的同时，又强调充分发挥人的主观能动性。人民群众是改造世界的主体，也应是生态环境建设与保护的主体。新时代生态文明建设，必须充分发挥生态人的主体和功能，以全面自由发展的生态人的生态道德、基本原则和实践要求为标准，追求生态性存在，充分发挥在生态文明建设中的主体作用。生态保护和环境治理涉及国家、政府、企业、社会、个人等诸多主体，各主体、各部门、各领域要携手合作，统筹推进，共同完成生态文明建设任务。具体来说，就是国家要强化生态文明建设指导，为美丽中国建设指明方向；政府要积极转变职能，抓紧抓好抓实生态环境保护与治理工作；企业发展要兼顾社会效益、生态效益和经济效益三者的统一，实现环境保护与经济建设协同发展；个人要树立保护环境的生态价值观，积极参与生态文明建设实践，将生态理念内化于心、外化于形，争做新时代生态环境保护的倡导者和推动者，推进生态文明建设迈向新时代。

二、逻辑主线：从解释世界到改造世界

实践是马克思主义哲学的首要和基本的观点，也是马克思主义关于"问题在于改变世界"的鲜明品格。坚持实践的观点，必须坚持实践标准，明确实践价值，强化实践理性，确保实践效果，在正确认识世界的基础上改造世界。新时代生态文明思想，不仅为我们提供了关于生态文明的新认识，而且意义还在于其现实的实践性。

改造世界是指人类根据自己的生存和发展需要，利用一定手段使世界万物的存在形态和功能发生有利于人类变化的过程。马克思主义认为，从认识世界到改造世界，既是哲学命题的重大转变，也是以研究人与自然关系问题为主题的生态哲学的重大问题。改变世界，既要通过人的实践活动，构建新

型的人与自然、人与社会、人与人的关系，又要通过人的实践活动，正确认识和科学把握自然规律、社会发展规律和人的解放规律，从而自觉地按照客观规律治理生态环境，促进人与自然和谐共生。

习近平生态文明思想坚持马克思主义的生态观，从认识生态文明重要性到采取措施，不断创新与实践，形成了推进生态文明建设不断发展的逻辑主线。实践是主观和客观、本然和应然的统一，合规律性与合目的性、真善美的统一，这些对立而统一的规律，是人们在社会活动中必须遵循实践的规律。人类在改造自然的社会实践活动的作用，既有积极的一面，也有消极的一面。从实践的内在本性和规律来看，人对自然的改造，既要在利用开发自然满足人类生存的需要中弘扬积极的一面，又要减少消极因素；既要"有所作为"，也应"有所不为"。在有所作为上，人类的实践活动必须尊重自然、顺应自然、保护自然，科学认识和把握自然规律，按照实践的规律改造自然，正确处理人类需要和自然保护的关系，维护人与自然的和谐，使自己改造自然的实践活动使人化的自然能够适应人类生产生活及发展的需要，决不能只顾自己的实践来改造自然，而满足自然所带来的获得感和幸福感。在无所作为上，人类要遵循实践的规律改造自然，掌握好人对自然无所作为的尺度、范围、规模和程度，将自然界的一切都内化为人类自己的内在尺度，运用这种尺度去规划自己的生产与活动，减少不必要的活动，不干涉和破坏自然，保持人与自然的动态平衡，从而实现人对自然有所作为及有所不为的实践正效应。

习近平总书记在纪念马克思诞辰 200 周年大会上讲话指出："马克思主义是实践的理论，指引着人民改造世界的行动。"改造自然界的实践活动是无预设性的整个世界存在的出发点和"第一个前提"，既为现实自然界的存在奠基，又为人的存在奠基。实践不是凭空产生的毫无意义的活动，而是人类根据自己的目的、计划等内在尺度，将其运用到外在事物的对象中去，使自然界向着与人类和谐共生的方向发展。改造自然界的实践活动是始基，包括人类在内的整个现实世界开端于改造自然界的实践活动。新时代生态文明思想是在我国生态保护和环境治理的实践中形成、丰富和发展的，又指引着我国保护自然、利用自然、改造自然的实践行动。"党的十八大以来，生态文明建设纳入'五位一体'总体布局，爱绿、植绿、护绿不仅成为全党全国各族人民的一致共识和自觉行动，而且正在世界上产生积极广泛影响。"①加强新时代生态文明建设，必须遵循马克思主义改造世界的思想逻辑，坚持以生态文明建设实践为主线，按照自然规律有计划地进行改造自然的实践活动，处理好"改造"与"保护"的关系，扎实推进生态保护和环境治理的实践计划，努力打造天空常蓝、青山常在、绿水长流、空气常新的美丽中国。

三、逻辑主旨：消除自然、社会、人的异化状态

人、自然、社会是生态领域的基本要素，三者的有机统一构成马克思主义生态思想的基本内容。马克思主义从系统论视角，科学论证了人、自然、社会三者对立统一的辩证关系，认为人与人的关系和人与自然的关系，构成了生态和经济的主要内容，正确处理和实现"两大关系"的和解，是消除自然、社会、人的异化状态，以及保护生态环境和加强经济建设亟待解决的重要课题。

生态异化是人与自然、人与人之间关系异化的必然结果。人与人、人与自然、人与社会的关系是相互依赖、相互掣肘的，人与自然和社会的关系统一于劳动实践，在劳动中人的内在尺度与自然的外在尺度相结合，实现主体的客体化和客体的主体化的统一。"人的异化，一般的说，人对自身的任何关系，只有通过人对他人的关系才能得到实现和表现。"②人类对自然的异化，是指人类和自然界的关系在人类的观念或生产活动中处于对立。马克思在《1844年经济学哲学手稿》中，从劳动生产的结果出发，由浅入深，逐步地剖析了劳动活动自身的异化以及人类自身的异化，指出人类对自然的异化主要表现在人类对自然界物的异化、人类对自然的自我异化、人类史与自然史的异化。

---

① 《习近平在参加首都义务植树活动时强调　牢固树立绿水青山就是金山银山理念　打造青山常在绿水长流空气常新美丽中国》，《人民日报》2020年4月4日。
② 《马克思恩格斯文集》第1卷，人民出版社2009年版，第163—164页。

习近平总书记从马克思主义生态观出发，反复强调要修复人与自然的关系，坚持人与自然和谐相处。在社会实践中消除自然、社会、人的异化状态，就要正确认识人、自然、社会三者之间互为制约以及辩证统一的关系。具体来说，在人与社会的关系上，人是社会活动主体，社会是由人组成的，并遵循人类社会发展的客观规律，注重实现从自然人向社会人的转变，成为富有社会责任感的人；在人与人之间的关系上，既体现着共时性的维度，又体现着发展性的维度，强化人与人之间平等观念，构建相互尊重、相互信任的人际关系；在人与自然的关系上，要遵循人与自然之间、自然生态之间的关系所体现的自然规律和生态法则，处理好人与自然之间的关系，实现人化自然和人被自然化的和谐统一；在社会与自然的关系上，要认清自然是社会存在和发展的基础，社会是人与自然作用的结果，离开了社会，人就不成其为现实的人，没有人也就没有社会。总之，只有在实践过程中消除自然、社会、人的异化状态，保持三者之间的平衡协调，才能构建相互依赖、相互作用基础上的人类生存和发展的对象世界，实现人与自然、人与社会、人与人、社会与自然关系的和谐共生，以及全面发展的实践价值目标。

从人类社会发展进程看，今天自然环境恶化现象，表面上看是一个生态环境问题，实质上是一个对人类生存关怀缺失的问题，其根源是在社会分工基础上产生的利益分化，导致自然、社会、人的异化。党的十八大以来，习近平总书记在推进生态文明建设的伟大实践中，倡导创新、协调、绿色、开放、共享"五大发展理念"，将人与自然和谐和科学全面协调发展作为推进现代化建设的重大原则和加快生态文明建设的内在要求，正确处理人与自然、人与社会、人与人、社会与自然的关系，全面推进经济建设，促进现代化建设各个环节、各个方面协调发展。大力倡导尊重自然规律、社会发展规律和人的发展规律，逐步完善政策法规，不断化解生态危机，克服片面追求经济效益现象，构建人与人之间相互协调机制，逐渐消解自然—社会—人的矛盾，有力地促进了三者之间的相互协调和共同发展，使我国的生态环境更加美好、社会更加和谐、人与人更加融洽。

第二节　生态文明思想的核心要义

习近平生态文明思想立意深远，内涵丰富，博大精深，集中体现在历史观、自然观、发展观、民生观、整体观、法治观、行动观和全球观八个方面。这八个观念从认知、立场、发展、治理、目标和路径等层面，充分展现了习近平生态文明思想的核心内核和理论精髓，既为新时代加强爱护自然、生态保护、环境治理指明了方向，又为新时代社会主义生态文明建设提供了强大思想指引、理论基础和实践动力。

一、发展转型：新型文明观与绿色发展观

习近平总书记"生态兴则文明兴，生态衰则文明衰"的新型文明观和"绿水青山就是金山银山"的绿色发展观，指出了新时代背景下生态文明发展理念和绿色转型路径。文明观指引着发展观，发展观体现着文明观，既是对人类社会文明变迁的历史总结，也为新时代生态文明建设指明了方向。

（一）新型文明观

2013年5月24日，习近平总书记在中共十八届中央政治局第四十一次集体学习时讲话指出："历史地看，生态兴则文明兴，生态衰则文明衰。"这一科学论断深刻揭示了人类社会发展史上生态与文明兴衰之间的客观规律，既是对文明变迁的历史反思，也是对当今世界的现实观照，体现了广阔的全球视野和博大的人文情怀。

马克思指出，我们仅仅知道的一门历史科学，可以把它划分为自然史和人类史。从人类历史上的古埃及文化、古巴比伦文化、古希腊文化、古印度文化、中国文化和玛雅文化的兴衰，可以看到这样一个事实，就是这些文化的兴衰都同它们所在地区的森林数量、质量和植被的分布、消长、兴衰有关系。也就是说，和这些文明的创造者同自然界的相互关系有密切的相关性。

文明的传承，始于观念的改变。对于生态文明，同样如此。生态文明，虽肇始于生态保护、环境治理、经济发展和社会进步，但这远远不是全部。

文明的核心是人。生态文明终将化作人们头脑观念里自然而然的反应、生活方式中顺理成章的选择、人们日常自觉不自觉的行为。人因自然而生，人与自然是一种共生关系，对自然的伤害最终会伤及人类自身。只有尊重自然规律，才能有效防止在开发利用自然上走弯路。在人类发展史上特别是工业化进程中，世界上曾发生过大量破坏自然资源和生态环境的事件。在我国历史上也有因乱砍滥伐森林而造成了巨大的生态破坏。当年的黄土高原、渭河流域、太行山脉也曾是森林遍布、山清水秀，由于毁林开荒、乱砍滥伐，这些地方生态环境遭到严重破坏，对经济社会产生了严重的影响，教训十分深刻。

一部人类的发展史，就是一部人类与自然如何和谐相处的关系史。以"生态兴则文明兴，生态衰则文明衰"的科学论断所昭示的生态与文明发展的历史规律，人类的一切活动都必须符合自然规律，注重保护生态，决不能以过度开发自然资源和牺牲生态环境为代价来追求眼前利益和局部利益。坚持建设生态文明是中华民族永续发展的千年大计的历史定位，是习近平总书记对人类文明发展经验教训的历史总结，是对中华民族生态智慧的自信，也体现了加强新时代生态文明建设的坚定意志和坚强决心。

（二）绿色发展观

党的十八大将"绿色"写入新发展理念，把生态文明建设写入党章，纳入自己的行动纲领，积极践行"绿水青山就是金山银山"的理念，全面加强生态环境整治与修复，推动形成绿色发展方式，开创了生态文明建设和环境保护新局面。

绿色发展，从根本上说就是要实现人与自然的和谐共生。绿色发展既不能走对自然的肆意掠夺之路，也不能光讲绿色不谈发展，关键是要找准实现生态环境保护和经济建设协同发展的融合点和支撑点。绿色发展理念体现了我们党对我国经济社会发展阶段性特征的科学把握。党的十八大以来，我们坚持以人与自然的和谐为价值取向，坚持绿色低碳循环原则，以生态文明建设为基本抓手，坚持生态优先、绿色发展、持续发展，坚决摒弃"先污染、后治理"的老路，加快划定并严守生态保护红线、环境质量底线、资源利用上线，为生态文明建设按下"快进键"，使我国的绿色发展驶入快车道。

在党的十八届五中全会上，习近平总书记提出创新、协调、绿色、开放、共享的发展理念，将绿色发展作为关系我国发展全局的一个重要理念，体现了我们党对经济社会发展规律认识的深化，将指引我们更好实现人民富裕、国家富强、中国美丽和中华民族永续发展。新时代生态文明思想从绿色发展价值观、绿色发展政府作用、绿色发展是经济增长源泉等方面阐述了绿色发展，构成了绿色发展理论体系，完善了绿色经济体系，构建了绿色创新体系，建立了绿色能源体系。绿色发展理念的提出，体现了我们党对我国经济社会发展阶段性特征的科学把握。坚持走绿色发展道路，努力创造资源节约、环境友好成为主流的生产生活方式，走出一条生产发展、生活富裕、生态良好的文明发展道路。

2016年9月3日，习近平总书记在G20工商峰会开幕式上发表主旨演讲时向世人宣告：中国"要牢固树立和坚决贯彻创新、协调、绿色、开放、共享的发展理念。"强调要形成"绿色"思维，坚持问题导向，抓住影响绿色发展的关键问题深入分析思考，着力解决生态保护和环境治理中的一系列突出问题。在形成"绿色"创新思维上，要用新思路新方法处理生态文明建设中的新问题，克服先污染后治理、注重末端治理的旧思维、老路子；在形成"绿色"底线思维上，推动经济社会发展既考虑满足当代人的需要，又顾及子孙后代的需要，不突破自然环境承载能力底线；在形成"绿色"法治思维上，要以科学立法、严格执法、公正司法、全民守法引领、规范、促进、保障生态文明建设，用法治思维和法治方式谋划以及推进绿色发展；在形成"绿色"系统思维上，要把绿色发展作为系统工程科学谋划、统筹推进，避免顾此失彼、单兵突进，要牢固树立保护生态环境就是保护生产力、改善生态环境就是发展生产力的理念，让人民群众切实感受到经济发展带来的环境效益。

二、综合治理：整体系统观与严密法治观

党的十八大把生态文明建设摆在治国理政的突出位置，提出了一系列新理念新思想新战略，形成了生态文明建设的整体系统观和严密法治观。整体

系统观从宏观视角出发注重生态环境的整体治理，严密法治观从微观视角出发强调形成生态文明的系统保障，二者相得益彰，共同推进生态文明建设的健康有序发展。

（一）整体系统观

自然界作为一个整体，是由水、空气、山脉、河流、森林、湖泊、动植物等共同构成的，在自然界中扮演着不同的角色。但是，它们之间又彼此依存，构成一个"生命共同体"。正如习近平总书记所指出的山水林田湖草沙的关系一样，七个要素之间相互协调，相互影响。这就充分说明了自然界的万物之间是相互联系的整体，你中有我，我中有你。习近平总书记关于"山水林田湖草沙是生命共同体"的论断，以系统工程的思路，坚持统筹兼顾、整体施策、多措并举，打破了传统各自为战的思维定式，维护了生态系统的整体平衡，开创了全方位、全地域、全过程开展生态环境保护的新路径。

习近平总书记十分重视从系统视角强调要保护生态和加强环境治理，指出环境治理是一个系统工程，要按照"山水林田湖草沙"的共同体理念，从整体的角度全面系统地进行综合治理才能收到良好效果。2014年3月14日，习近平总书记在中央财经领导小组第五次会议上讲话首次提出："坚持山水林田湖是一个生命共同体的系统思想。这是党的十八届三中全会确定的一个重要观点。"他强调，"如果破坏了山、砍光了林，也就破坏了水，山就变成了秃山，水就变成了洪水，泥沙俱下，地就变成了没有养分的不毛之地，水土流失、沟壑纵横。"[①]在生态环境问题上，没有谁可以成为"不受累及者"，也没有谁可以生活在真空之中。科学家有一个预测，假使森林从地球上全部消失，那么，陆地上的生物、淡水、固氮就会减少90%，生物放氧就会减少60%。在这样的环境下，人类是无法生存下去的。[②]这样，我们终将受到惩罚，并为此付出代价。这是对自然生态系统治理的认识升华，也为新时代我国生态保护与修复指明了方向。

---

① 《习近平关于社会主义生态文明建设论述摘编》，中央文献出版社2017年版，第55—56页。

② 曹前发：《习近平生态观》，《毛泽东思想研究》2017年第11期。

　　自然系统要素之间是相互依存、相互影响的，人类赖以生存的经济—社会—自然复合系统是普遍联系的统一有机整体。习近平总书记从战略高度看待生态环境，坚持马克思主义生态观，指出生态环境具有系统性，环境保护是一个系统工程，"要正确处理发展和生态环境保护的关系，在生态文明建设体制机制改革方面先行先试"，"要大力推进生态文明建设，强化综合治理措施，落实目标责任"。人类可以利用自然、改造自然，但要尊重自然、爱护自然、顺应自然，决不能凌驾于自然之上。"规划建设的每个细节都要考虑对自然的影响，更不要打破自然系统。""要一张蓝图干到底，不要'翻烧饼'。""共同把祖国的生态环境建设好、保护好。"生态系统是一个有机生命躯体，搞好山水林田湖草沙的治理，必须要用系统论的思想方法看问题，将环境治理看成一个系统工程，从全局角度看待生态文明建设，要算大账、算长远账、算整体账，实行最严格的生态环境保护制度，克服生态环境治理中存在头痛医头、脚痛医脚的问题，实施多部门全社会协同联动，加快推进协同发展，维护生态平衡和生态安全。

　　习近平总书记指出，"环境治理是一个系统工程，必须作为重大民生实事紧紧抓在手上。"[①]要树立山水林田湖草沙系统治理的理念，就是强化全局观系统观大局观，克服生态环境问题涉及部门多、权力交叉多、责任归属不清，最终造成生态系统性破坏的现象，打破各自为战的思维方式，以整体观念和系统工程思路，着力打造各方相互支持、主动配合、密切协作、协同治理的共生局面，实现山水相连、花鸟相依和人与自然和谐相处。

　　（二）**严密法治观**

　　法令行则国治，法令弛则国乱。法治，既是治国理政的基本方式，也是推进生态文明建设的重要保障。没有严格的制度，绿色发展理念就难以贯彻、环境治理就难以落实、生态文明建设就无法推进、改革发展就会受到影响。党的十八以来，以习近平同志为核心的党中央根据我国生态文明建设情况，遵循全面保护、科学保护、依法保护的原则，主持制定了一系列保护生

---

① 《习近平关于社会主义生态文明建设论述摘编》，中央文献出版社 2017 年版，第 51 页。

态环境制度，出台了《建立系统完整的生态文明制度体系》《用严格的法律制度保护生态环境》等政策法规，坚持用最严格制度最严密法治保护生态环境，完善了生态环境开发保护和治理体系，加快了生态文明体制机制建设，为我国解决生态问题提出了治本之策，提供了法治保障。

牢固树立生态红线的观念。习近平总书记强调，"生态红线的观念一定要牢固树立起来。要精心研究和论证，究竟哪些要列入生态红线，如何从制度上保障生态红线，把良好生态系统尽可能保护起来。"①改变当前我国生态遭到破坏、环境污染严重、生态系统退化等问题，只有采取有效治理措施，制定严厉法规制度，才能改善生态环境，守住环境保护红线。保护红线，是国家生态安全的底线和生命线，这个红线只能坚守不能突破，否则，必将危及我国的生态环境安全。加强生态文明制度建设，是我们面临的一项刻不容缓的迫切任务，必须加大改革力度、加强法治建设、加快推进步伐。

实行最严格生态环境保护制度。党的十八大提出"保护生态环境必须依靠制度"，十九大提出"加快生态文明体制改革，建设美丽中国"。习近平总书记在掌握和运用马克思主义生态观的基础上，根据我国生态环境建设情况，谋篇布局推进绿色发展和绿色生活，制定了一系列加强生态文明制度建设文件和法律，为新时代生态文明建设提供了制度保障。对我国生态环境保护出现的一些突出问题的原因，习近平总书记一针见血强调，这在一定程度上与体制不健全有关。改变这一现象，加快生态文明建设，必须依靠制度、依靠法治。"要深化生态文明体制改革，尽快把生态文明制度的'四梁八柱'建立起来，把生态文明建设纳入制度化、法治化轨道。"②2018年5月，习近平总书记在全国生态环境保护大会上强调，用最严格制度最严密法治保护生态环境，加快制度创新，强化制度执行，让制度成为刚性的约束和不可触碰的高压线，为生态文明建设提供了可靠保障。

实施史上最大规模环保督察问责。生态环境监管体制改革是国家治理体

---

① 《习近平关于社会主义生态文明建设论述摘编》，中央文献出版社2017年版，第99页。

② 《习近平关于社会主义生态文明建设论述摘编》，中央文献出版社2017年版，第109页。

系和治理能力现代化的重要内容，是新时代推进生态文明建设的制度保障。只有环境监管部门发挥最大效能，实行大规模环保督察启动问责，才能切实转变领导干部的政绩观。从2016年初开始，我国实施环保有史以来、国家层面直接组织的最大规模行动—中央环保督察启动。全国各地环保督察单位认真履行本位职能，加强生态文明建设执法监管，主动监督、全程监督、长效监督，不断完善制约和监督机制，确保权力正确行使，生态文明执法监督正经历着变被动为主动、变事后监督为事前监督和动态跟踪同步监督的过程。2018年5月，习近平总书记在全国生态环境保护大会上提出，"要建设一支生态环境保护铁军，政治强、本领高、作风硬、敢担当，特别能吃苦、特别能战斗、特别能奉献"。加大执法力度，提升执法效能，保持生态环境执法高压态势，以高水平的管理为生态环境工作提质增效。

制度是人们的行为规范，是个体行为的内在激励，抓好生态环境保护制度建设，也就抓住了"牛鼻子"。保护生态环境和生态文明建设必须依靠制度、依靠机制、依靠法治。只有不断深化生态环境保护管理体制改革，加快构建生态环境治理体系，从法律法规、标准体系、体制机制以及重大制度安排入手进行总体部署，才能逐步完善生态环保标准，使生态文明建设进入法治轨道，健全保障举措，提升生态环境治理和保护能力。

三、环保为民：普惠民生观与全民行动观

为了让人民群众在天蓝、地绿、水清的优美生态环境中生产生活，从雾霾治理到重污染天气应对、从饮用水水源地保护到消除黑臭水体、从生活垃圾分类到拒绝洋垃圾入境，一大批关系民生的突出环境问题得到解决，人民群众的生态环境获得感、幸福感、安全感日益增强。习近平总书记始终坚持人民立场，秉承为人民服务的初心，深刻解答了生态文明建设为了谁、依靠谁的根本性问题。

（一）普惠民生观

保护环境是我们党执政为民的重要体现，解决老百姓身边突出的生态环境问题，一直是我们党高度关切并为之殚精竭虑的重要工作。生态环境是关

系民生的重大社会问题。从 20 世纪 80 年代初开始，我国就把保护环境作为基本国策，经过 40 多年的不懈努力和大力建设，取得了一定的成绩。但是，我国资源约束趋紧、环境污染严重、生态系统退化的形势依然严峻。习近平总书记对我国生态建设中出现的问题有十分清醒的认识，他在 2018 年 5 月全国生态环境保护会议上指出，生态环境是关系党的使命宗旨的重大政治问题，也是关系民生的重大社会问题。必须坚持以人民为中心思想，大力开展生态环境保护，持续打好污染防治攻坚战，以对人民群众、对子孙后代高度负责的态度和责任，努力让良好生态环境成为人民生活的增长点，为人民创造良好的生产生活环境。

生态文明是人民健康的重要保障。习近平总书记十分关心生态环境建设，将人民群众的健康问题提高到政治的高度，采取多种措施，全力解决影响人民群众健康的突出环境问题，促进我国生态文明建设。他指出，良好的生态环境是人类生存与健康的基础。要从老百姓满意不满意、答应不答应出发，生态环境非常重要。有利于百姓的事再小也要做，危害百姓的事再小也要除。要打几场标志性的重大战役，集中力量攻克老百姓身边突出的生态环境问题。始终坚持把创造优良人居环境作为中心目标，努力把我国建设成为人与人、人与自然和谐共处的美丽家园。

生态文明建设关系人民福祉和民族未来。生态文明是实现人与自然和谐发展的必然要求，是关系中华民族永续发展的根本大计。2013 年 9 月 8 日，习近平主席在哈萨克斯坦纳扎尔巴耶夫大学演讲时指出："建设生态文明是关系人民福祉、关系民族未来的大计。"2015 年 10 月 26 日，他在党的十八届五中全会第一次全体会议上关于中央政治局工作的报告中指出："生态文明建设事关中华民族永续发展和'两个一百年'奋斗目标的实现，必须坚持节约优先、保护优先、自然恢复为主的基本方针，采取有力措施推动生态文明建设在重点突破中实现整体推进。"①习近平总书记多次强调要加强生态环境保护，采取可行措施，加快生态文明建设步伐，努力为人民提供更加优美

---

① 《习近平关于社会主义生态文明建设论述摘编》，中央文献出版社 2017 年版，第 9 页。

的自然环境，不断提升人民群众的幸福指数。

习近平总书记坚持普惠民生观，秉承为人民服务的初心，着眼人民福祉和民族未来，从党和国家事业发展全局出发，把解决好群众关心的生态环境问题作为紧迫任务，不断满足人民日益增长的优美生态环境需要。

（二）全民行动观

生态文明建设的最终目标是为了改善生态环境，为子孙后代留下天蓝、地绿、水清、山青的生产生活环境，让人民过上幸福的生活。保护生态环境、持续打好环境污染防治攻坚战和建设美丽中国，各级政府、企业、社会组织和公众都不能缺席。只有坚持全国动员、全民动手、全社会共同参与，增强生态意识，大家齐心协力，每个人都积极争当生态环境的保护者参与者建设者，才能把我国建设成为生态环境良好的国家，成为优美生态环境的受益者和享受者。

强化公民环境意识。要大力加强生态文明宣传教育力度，强化公民环境意识，积极投身新时代生态文明建设，形成全社会共同参与的良好风尚。2015 年 4 月 3 日，习近平总书记在参加首都义务植树活动时指出，我们必须强化绿色意识，加强生态保护和生态恢复。推进生态文明建设，必须加强教育，使全民养成节约资源、恢复生态、保护环境的良好习惯。推动形成节约适度、绿色低碳、文明健康的生活方式和消费模式，自觉保护生态环境。2017 年 5 月 26 日，习近平总书记在中共十八届中央政治局第四十一次集体学习时讲话指出："生态文明建设同每个人息息相关，每个人都应该做践行者、推动者。要强化公民环境意识，倡导勤俭节约、绿色低碳消费，推广节能、节水用品和绿色环保家具、建材等，推广绿色低碳出行，推动形成节约适度、绿色低碳、文明健康的生活方式和消费模式。"[1]

开展绿化祖国行动。绿化祖国，改善生态，人人有责。习近平总书记2017 年 6 月在山西考察工作时讲话指出，"要广泛开展国土绿化行动，每人植几棵，每年植几片，年年岁岁，日积月累，祖国大地绿色就会不断多起

----

[1]《习近平关于社会主义生态文明建设论述摘编》，中央文献出版社 2017 年版，第 122 页。

来，山川面貌就会不断美起来，人民生活质量就会不断高起来。"全民义务植树的一个重要意义，就是让大家都树立生态文明的意识，形成推动生态文明建设的新局面。为人民群众提供更多优质生态产品，让人民群众共享生态文明建设成果。他要求把义务植树活动深入持久开展下去，要用自己的双手为祖国播种绿色，美化我们共同生活的世界，为实现中华民族伟大复兴中国梦不断创造更好的生态条件。他强调，"大家都做生态文明建设的实践者、推动者，持之以恒，久久为功，让我们的祖国天更蓝、山更绿、水更清、生态环境更美好。"①

大力倡导绿色消费。尊重自然，爱护生态，善待环境，需要我们热情去传播环保理念，及时关注生态环境的变化，要用良知去阻止破坏环境的现象，更要调整自己的生活价值和消费观念，倡导和坚持绿色观念，坚持绿色消费，养成良好的生活方式和消费观念。在日常生活中要树立节能意识，教育人民"珍爱我们生活的环境，节约资源，杜绝浪费，从源头上减少垃圾，使我们的城市更加清洁、更加美丽、更加文明。"②要自觉地从节约一张纸、一度电、一滴水做起。2017年5月26日，习近平总书记在中共十八届中央政治局第四十一次集体学习时讲话指出：倡导推广绿色消费。生态文明建设同每个人息息相关，每个人都应该做践行者、推动者。积极引导人民群众绿色生活，要大力培育和普及生态文化，教育群众认清保护环境重大意义，养成绿色消费习惯，珍爱我们生活环境，节约资源，杜绝浪费，理性消费，努力创造一个良好的生产、生态、生活环境，使我们伟大祖国更加美丽、更加文明。

弘扬勤俭节约风尚。加强生态文明宣传教育，广泛开展创建绿色家庭、绿色学校、绿色社区、绿色商场、绿色餐馆等行动，养成良好的绿色习惯。我国经过四十多年改革开放，经济建设快速发展，综合国力大大增强，人民

---

① 《习近平在参加首都义务植树活动时强调　全社会都做生态文明建设的实践者推动者　让祖国天更蓝山更绿水更清生态环境更美好》，《人民日报》2022年3月31日。

② 《习近平关于社会主义生态文明建设论述摘编》，中央文献出版社2017年版，第115页。

生活水平显著提升。进入新时代，我们应大力推动能源消费革命，不断健全节能、节水、节地、节材标准体系，大幅降低重点行业和企业能耗、物耗，实现生产系统和生活系统循环链接，"要在全社会牢固树立勤俭节约的消费观，树立节能就是增加资源、减少污染、造福人类的理念，努力形成勤俭节约的良好风尚。"①让人民群众共享生态文明建设成果。优美生态环境为全社会共同享有，需要全社会共同建设、共同保护、共同治理，这就明确了生态文明建设和生态环境保护的权责和行动主体，充分体现了习近平生态文明思想的全民行动观。

四、共享共建：和谐自然观与全球共赢观

习近平总书记从多角度多视角出发，多措并举，努力实现人与自然和谐发展的科学自然观和共建全球生命共同体的生态共赢观，以达到各美其美、美美与共、共享共建的生态理想。

（一）和谐自然观

人与自然是生命共同体。在改革开放过程中，一些过度开发利用自然的惨痛教训表明，只有树立尊重自然、顺应自然、保护自然的生态文明理念，才能确保生态文明建设的战略地位，推动新时代我国生态文明建设发展。

自然是人类生存之本和发展之基。人与自然、人与社会的辩证关系，是人类社会永恒的主题。在漫长的物种进化过程中，人从自然界脱颖而出，成为"万物之灵"。自然界是人类社会产生、存在、发展的基础和前提，人类可以通过社会实践活动有目的地利用自然、改造自然，但人类归根到底是自然的一部分，人类不能盲目地凌驾于自然之上，人类的行为方式必须符合自然规律。但是无论人类如何进化，都不能改变自身来自自然界、依赖自然界的生存事实。物质资料的生产和再生产以及人自身的生产和再生产，都是以自然环境的存在和发展为前提的，没有自然环境就没有人类本身。人作为自然存在物，依赖于自然界，自然界为人类提供赖以生存的生产资料和生活资

---

① 《习近平关于社会主义生态文明建设论述摘编》，中央文献出版社2017年版，第118页。

料。人因自然而生，人与自然是一种共生关系，人类活动必须尊重自然、顺应自然、保护自然，这是人类必须遵循的客观规律。

坚持人与自然共生共存的理念。马克思主义认为，人是主体，自然是客体。坚持人与自然和谐共生是主体与客体统一的内在要求。生态文明是人类社会进步的重大成果，它的基础和要义是生态自然观，生态自然观作为一种生态系统论，既指明了自然万物是一个宏大的"生命共同体"这个实质，又指明了人类是一个"命运共同体"这个实质。人们对客观世界的改造，必须建立在尊重自然规律的基础之上。坚持"人与自然是生命共同体"的理念，要做到人与自然和谐，天人合一。人类只有尊重自然规律，才能有效防止在开发利用自然上走弯路。习近平总书记坚持人与自然和谐共生的理念，更新了过去人们对生态环境的认识，强调人们对客观世界的改造，必须建立在尊重自然规律的基础之上，这是对马克思主义生态思想认识的理论升华，为新时代加强生态文明建设提供了理论指南和根本遵循。

形成人与自然和谐发展新格局。习近平总书记指出，生态环境保护，功在当代、利在千秋。建设生态文明，首先要从改变自然、征服自然转向调整人的行为、纠正人的错误行为。人类只有善待自然环境，才能实现人与自然和谐相处。反之，如果破坏生态、污染环境，必然会遭到自然界毫不留情的报复，这是自然界的客观规律，不以人的意志为转移。在中国特色社会主义现代化建设中，要坚持绿色发展理念，坚持节约资源和保护环境的基本国策，坚定走生产发展、生活富裕、生态良好的文明发展之路，形成人与自然和谐发展现代化建设的新格局。

习近平总书记关于人与自然和谐共生的科学自然观，丰富和发展了马克思主义自然观，是习近平新时代中国特色社会主义思想的重要组成部分，也是我国生态文明建设和推动形成人与自然和谐发展现代化建设新格局的理论创新和行动指南。

（二）全球共赢观

当今世界，人类面临着资源短缺、气候变化、生态破坏、环境污染等共同威胁，人类生活在一个利益交融、兴衰相伴、安危与共的地球村里，"世界历史"中的全球性时刻已经来临。习近平总书记根据马克思主义世界治理思想，着眼于解决当前全球生态环境面临的现实问题，大力倡导人类命运共同体意识，形成了全球生态环境治理思想，反映了以习近平同志为代表的中国共产党人的价值追求和使命担当，得到世界上越来越多国家和政党的支持与认同，为全球生态环境治理提供了理论指南和实践创新。

建设生态文明关乎人类未来。当前，全球生态环境污染严重，气候变暖、臭氧层破坏、生物多样性锐减、大气污染，不仅影响了经济社会发展，而且严重地威胁着人类的生存。加强全球环境治理，不仅是一项迫切需要解决的世界性重大课题，而且关系到人类生存发展和未来，只有加强国际合作，相互支持，共同应对，才能实现世界的可持续发展和人的全面发展。习近平总书记指出："国际社会应该携手同行，共谋全球生态文明建设之路，牢固树立尊重自然、顺应自然、保护自然的意识，坚持走绿色、低碳、循环、可持续发展之路。"①建设绿色家园是人类的共同梦想。习近平总书记关于建设地球绿色家园关乎人类未来发展的重要论述，具有鲜明的生态文明自觉意识和生态文明建设战略构想，体现了中国共产党人的宽广胸怀和为人类进步发展的重大贡献。

积极开展国际环境治理合作。当今世界相互联系、相互依存，无论发达国家还是发展中国家，正日益形成利益交融、安危与共的利益共同体和命运共同体，解决全球生态变化问题需要所有国家共同努力。在 2015 年 11 月气候变化巴黎大会上，习近平主席向与会各国领导人介绍了我国生态文明建设的规划与实践，强调绿色发展理念，得到普遍认可和赞誉。同年 12 月，他在中非企业家大会上指出："我们将为非洲国家实施应对气候变化及生态保护项目，为非洲国家培训生态保护领域专业人才，帮助非洲走绿色低碳可持续发展道路。"②在 2021 年 7 月亚太经合组织领导人非正式会议上又指出："疫情再次证明，我们生活在一个地球村，各国休戚相关、命运与共。我们必须

---

① 习近平：《携手构建合作共赢新伙伴　同心打造人类命运共同体——在第七十届联合国大会一般性辩论时的讲话》，《人民日报》2015 年 9 月 29 日。
② 习近平：《携手共进　谱写中非合作新篇章》，《人民日报》2015 年 12 月 5 日。

团结合作、共克时艰，共同守护人类健康美好未来。"[①]积极参与全球环境治理，引导应对气候变化国际合作，我国已成为全球生态文明建设的重要参与者、贡献者和引领者，不断加强同各成员国和国际组织的交流合作，共同为建设一个更加美好的世界做出中国的努力。习近平总书记关于加强国际生态环境治理合作，建设持久和平、普遍安全、共同繁荣、开放包容、清洁美丽的世界重要论述，旨在从不同的文明中寻求智慧、汲取营养，携手解决人类共同面临的生态环境挑战，有力地促进了全球生态环境治理工作。

为建设清洁美丽世界贡献中国智慧。近年来，在积极参与全球生态环境治理的同时，我国自身的环境保护和污染治理取得了长足的进步，为世界各国作出表率。可以说，作为占世界总人口 1/5、GDP 占世界经济比重稳居世界第二的发展中大国，中国搞好生态文明建设，本身就是对全球生态文明建设的引领和示范。中国认真落实气候变化领域各项合作承诺，支持发展中国家应对气候变化挑战，以自己实际行动，积极参与气候变化国际合作，与世界各国一道共同改善生态环境，积极应对气候变化等全球性生态环境的挑战，为维护全球生态安全作出应有贡献。

近年来，中国以积极的态度、合作的理念和实际的行动参与全球生态环境治理，为建设绿色发展清洁美丽世界贡献了中国力量、中国智慧和中国方案，赢得了世界各国的高度赞誉。

第三节　生态文明思想的理论构成

党的十八大以来，习近平总书记科学把握新时代中国特色社会主义建设新特点新规律新要求，着眼于我国经济高质量发展需要、人民群众对美好生态环境期盼、加快生态保护和环境治理，推进生态文明建设快速发展，就生

---

① 习近平：《团结合作抗疫　引领经济复苏——在亚太经合组织领导人非正式会议上的讲话》，《人民日报》2021 年 7 月 17 日。

态文明建设作出了一系列重要论述，形成了系统、完整、科学的习近平生态文明思想，从理论和实践结合上深刻回答了生态文明建设的重大理论和实践问题，展示了新时代社会主义生态文明建设理论与实践的全貌，为建设中国特色社会主义现代化和实现人与自然的和谐相处指明了前进方向。

一、生存根基：如何认识生态文明

生态文明是人类文明发展到一定阶段的产物，是反映人与自然和谐的新型文明形态，彰显了社会主义文明理念的进步与发展。随着我国经济社会不断发展，生态文明建设的地位作用日益凸显，生态环境是关系党的使命宗旨的重大政治问题，也是关系民生的重大社会问题。我们党历来高度重视生态环境保护，坚持把生态文明建设纳入中国特色社会主义建设事业总体布局，标志着我国已经从国家战略高度认识生态文明，迈向生态文明新时代就是中国发展的目标指向。

从战略高度认识生态文明建设重要性。纵观人类文明发展史，生态兴则文明兴，生态衰则文明衰。生态环境保护是功在当代、利在千秋的事业。只有充分认识生态文明建设的重要性，才能既搞好当前的生态保护和环境治理，维持地球生态整体平衡，也能为子孙留下天蓝、地绿、水清的美好家园，让他们既能享有丰富的物质财富，又能遥望星空、看见青山、闻到花香。认识生态文明建设的重要性，加强生态环境保护，解决环境污染，改变对生态文明建设认识不足、观念不强、行动不力问题，就要在经济社会建设发展过程中，以对人民群众和对子孙后代高度负责的态度，坚持把生态文明建设摆在全局工作的突出地位，坚持节约资源和保护环境的基本国策，坚持节约优先、保护优先、自然恢复为主的方针，转变思想观念，不再以GDP增长论英雄，处理好绿水青山和金山银山的关系，克服只顾当前利益、不管长远发展的短视行为，决不能以牺牲环境为代价换取一时一地的经济增长，努力为人民群众创造良好生产生活环境。

从战略高度认识生态文明建设迫切性。我国目前处在工业化发展中期阶段，钢铁、水泥、汽车、化工、交通、建筑等高能耗、高排放产业依然是我们的支柱产业。改革开放以来，我国经济发展和社会进步取得历史性成就，但是当前生态文明建设还存在着土地质量退化，资源浪费严重，水源受到污染，自然资源消耗大，森林系统遭到破坏，生态系统退化，生物多样性减少等问题，成为新时代我国经济社会建设的明显短板，也是人民群众反映强烈的突出问题。如果不重视生态环境保护，不把环境污染治理抓紧抓好抓实，将会付出更大的代价。要充分认识生态保护和环境治理的迫切性，克服在理论上认识到生态文明建设的重要，而在行动上或做表面文章、或落实不到位、或行动不自觉，甚至有的领导搞面子工程、形象工程，搞假整改、表面治理。据第二轮第三批中央生态环保督察持续公开典型案例，有的对中央领导重要指示批示精神落实不到位，有的是群众反映强烈且久拖未决的环境问题。① 这些环境问题不能得到彻底整改，究其根源，就是对生态文明建设重要性认识不到位，对环境治理的迫切性不够重视。习近平总书记指出："如果现在不抓紧，将来解决起来难度会更高、代价会更大、后果会更重。"② 推进新时代生态文明建设，必须采取有效方法，强化时不我待的意识，多措并举，综合发力，自觉地从我做起、从现在做起，真正下大气力把自然生态保护好、把环境污染治理好、把生态文明建设好，加快新时代生态文明建设步伐，推进社会主义生态文明走向新时代。

从战略高度认识生态文明建设艰巨性。改革开放四十多年来，我国经济社会快速发展，经济实力不断增强，人民生活水平显著提高，生态环境治理成绩斐然。但是，我国快速发展积累下来的环境问题进入高强度频发阶段，生态系统脆弱，污染重、损失大、风险高的生态环境状况还没有根本扭转。有些地方的重金属区，水和土壤被污染了，生态被破坏了，自然资源减少了，生物多样性退化了，自然环境脆弱了，不仅对生态环境造成了难以弥补的创伤，而且对生态环境修复带来极大的困难，需要付出更高、更大、更多的人力、财力、物力及相当长时间的代价，才能修复生态环境，提高自然环

---

① 慎言：《以典型案例推动环境问题解决》，《中国环境报》2021 年 4 月 25 日。
② 习近平：《推动我国生态文明建设迈上新台阶》，《求是》2019 年第 3 期。

境的能力。上述问题，早在 2016 年第一轮督察时就已被指出，有的在 2018 年督察"回头看"时再次被要求整改。[①] 生态环境问题整改不能光空喊口号，也不能只搞花拳绣腿，需要以最严格的制度、最严密的法治为保障，一个一个盯着干、盯着改，才能确保整改工作落地见效，使问题真正得到解决。因此，要克服生态文明建设差不多和一阵子的思想，充分认识生态文明建设的艰巨性和生态环境保护的长期性，树立长期建设思想，按照生态系统的整体性、系统性及其内在规律，统筹考虑自然生态的各个要素，实施整体保护、系统修复、综合治理，维护生态平衡，提升自然生态系统的稳定性和生态服务功能。

二、发展动力：为什么建设生态文明

新时代，中国进入发展的关键期、改革的攻坚期、矛盾的凸显期，诸多问题相互交织、叠加出现。我国生态文明建设已进入提供更多优质生态产品以满足人民日益增长的优美生态环境需要的攻坚期，也到了有条件有能力解决生态环境突出问题的窗口期。习近平总书记根据新时代中国特色社会主义现代化建设新要求，多次强调建设社会主义生态文明的重要意义，提出建设生态文明的计划、政策、方法、措施和路径，有力地推动生态文明建设快速发展。

中国特色社会主义现代化建设需要。社会主义生态文明代表了人类文明发展的新形态，使社会主义具有超越资本主义社会制度的力量。中国特色社会主义进入新时代，我国社会生产能力和经济发展在很多领域进入世界前列，社会经济快速发展并取得伟大成就。但也存在发展不平衡不充分以及优美环境不能满足人民群众需要等矛盾。解决这些问题就要充分认识生态文明在建设社会主义现代化强国中的极端重要性，积极应对资源和生态环境恶化的挑战，适应加快转变建设模式的需要，顺应我国社会可持续发展的客观形势，不断促进中国特色社会主义现代化。要以建设美丽中国为目标，深化生

---

① 慎言：《以典型案例推动环境问题解决》，《中国环境报》2021 年 4 月 25 日。

态文明体制改革，健全生态文明制度体系，统筹好社会主义现代化与生态环境保护之间的关系，改变传统的发展模式，大力推进国家治理体系和治理能力现代化。建设中国特色社会主义现代化，走欧美国家的老路行不通。先期实现工业化发达国家的英国、美国、德国等大都走过"先污染后治理"的路子。我们要汲取这些教训，坚持新发展理念，积极探索中国特色社会主义现代化发展之路，坚持走资源节约型、清洁生产型、生态保护型、持续发展型之路，加快推进中国特色社会主义现代化建设步伐。

经济社会可持续发展的需要。习近平总书记指出："我们中国共产党人干革命、搞建设、抓改革，从来都是为了解决中国的现实问题。"[①] 目前，我国生态环境质量持续改善，生态文明建设取得显著的成绩。但必须清醒看到，推进生态文明建设还有不少难关要过，还有不少硬骨头要啃，还有不少顽瘴痼疾要治，形势仍然比较严峻。有些地方领导，对为什么建设生态文明认识不高、思想不重视、行动不自觉，不能处理好生态环境保护和发展经济的关系。尤其是在经济建设发展遇到困难时，不是从当地经济长远发展看问题，而是只顾眼前利益，甚至想方设法突破生态保护红线。这种盲目开发、过度开发、无序开发，以及以无节制消耗资源、破坏环境为代价换取一时经济快速增长的发展模式，导致土壤污染、水系污染、环境污染，资源短缺，生态破坏，环境问题越来越突出，不仅严重影响了经济建设，而且制约了社会的可持续发展。只有坚持新发展理念，适应新时代经济高质量发展的需要，大力发展绿色经济，不断优化经济结构，以生态文明建设带动和促进经济建设，才能告别粗放型经济增长模式，实现经济可持续发展。

满足人民对美好生态环境需要。人民群众过去是盼温饱，现在期盼呼吸清新的空气，喝上洁净的水，吃上放心的食品，期盼生活在天蓝、地绿、水清的美丽家园。人民群众对美好生活和优美环境的期盼，对党和国家建设发展提出了新的更高要求。习近平总书记指出，人民对美好生活的向往，就是中国共产党人的奋斗目标。要"把生态文明建设放到更加突出的位置。这也

---

① 《习近平关于全面深化改革论述摘编》，中央文献出版社 2014 年版，第 8 页。

是民意所在。人民群众不是对国内生产总值增长速度不满，而是对生态环境不好有更多的不满。我们一定要取舍，到底要什么？从老百姓满意不满意、答应不答应出发，生态环境非常重要。"[1] 目前，我国的生态保护和环境治理还不能满足人民群众对优美环境的需要，破坏生态、环境污染、生物退化、治理修复等还有诸多问题，与人民群众的要求还有一定差距。新时代生态文明建设必须以解决损害群众健康突出环境问题为重点，坚持预防为主、综合治理，强化水、大气、土壤等污染防治，着力推进重点流域和区域水污染防治，加快重点行业和重点区域大气污染治理，大力推进生态文明建设，提供更多优质生态产品，不断满足人民日益增长的优美生态环境需要。

三、时代要求：怎样建设生态文明

我们党历来高度重视生态环境保护，坚持把节约资源和保护环境确立为基本国策，把可持续发展确立为国家战略，生态文明在我国"五位一体"建设总布局中占有"突出地位"，"全面推进经济建设、政治建设、文化建设、社会建设、生态文明建设，促进现代化建设各个环节、各个方面协调发展。"[2] 这既是我们党的重大理论、实践创新和时代要求，也为新时代怎样建设生态文明指明了方向。

在经济建设方面，要坚持新发展理念，贯彻节约优先、保护优先、自然恢复为主的方针，加快形成推动高质量发展的理论体系，要更加自觉地推进绿色发展、循环发展、低碳发展，在资源利用上将节约放在优先位置、在环境上将保护放在优先位置，正确处理经济与生态环境保护的关系。习近平总书记根据我国经济发展进入新常态的特点规律，强调经济结构调整要从增量为主转向调整存量、做优增量并举，发展动力要从主要依靠资源和低成本劳动力等要素缺口转向创新驱动，坚持以推进供给侧结构性改革和加快转变经济发展方式为主线，不断转变发展方式，培育创新动力，完善经济体系，努

---

[1] 《习近平在十八届中央政治局第六次集体学习时强调　坚持节约资源和保护环境基本国策　努力走向社会主义生态文明新时代》，《人民日报》2013 年 5 月 25 日。

[2] 《习近平关于社会主义生态文明建设论述摘编》，中央文献出版社 2017 年版，第 10 页。

力推动我国经济高质量发展。

在政治建设方面，要大力推进党的政治建设，坚持马克思主义指导地位，始终把政治体制改革摆在改革发展全局的重要位置，确保全党统一意志、统一行动、步调一致向前进。要始终坚持把党的政治建设摆在首位，把准政治方向，夯实政治根基，涵养政治生态，提高政治能力，永葆政治本色，自觉地担负起党和人民赋予的政治责任。坚持和加强党的全面领导，完善党的领导体制，改进党的领导方式，不断增强党的政治领导力，增强"四个意识"，坚定"四个自信"，做到"两个维护"。坚定政治信仰，加强理论武装，筑牢信仰之基，补足精神之钙，把稳思想之舵，始终把准政治方向。坚决站稳人民立场，不忘初心、牢记使命，时刻把人民放在心中最高位置，着力解决人民群众最关心的生态环境问题，不断增强人民群众获得感、幸福感、安全感。

在文化建设方面，要坚持走中国特色社会主义文化发展之路，坚定文化自信，增强文化自觉，大力推动社会主义文化建设健康发展。坚持用社会主义核心价值观引领思想，增强意识形态领域主导权和话语权，弘扬传统文化、继承革命文化、发展先进文化，用中国特色社会主义文化凝心聚力，担负培根铸魂的时代使命。牢固确立马克思主义根本指导地位，充分发挥理论工作者在国家哲学社会科学建设中的主力军作用，创新具有中国特色的文化体系，及时发出中国声音、讲好中国故事、凝聚中国力量。科学把握时代特点，立时代之潮头、通古今之变化、发思想之先声，在守正创新上实现新作为。不断深化文化体制改革，加大文化事业和文化产业发展力度，夯实国家文化软实力，推动社会主义精神文明和物质文明全面发展。

在社会建设方面，要贯彻新发展理念，保持战略定力，站在人与自然和谐共生的高度来谋划经济社会发展，紧紧抓住大有可为的历史机遇期，促进中国特色社会主义建设快速发展。加快推进社会体制改革，围绕社会管理体系，逐步形成党政负责、公众参与、法治保障的社会管理体制，构建政府主导、覆盖城乡、可持续的公共服务体系，完善政治社会分开、权责明确、依法自治的现代社会组织体制。坚持以保障和改善民生为重点，把解决人民群众最关心、最直接、最现实的利益问题作为工作重点，在学有所教、劳有所得、病有所医、老有所养、住有所居上持续取得新进展，努力让人民群众过上更好生活。坚持多谋民生之利，多解民生之忧，着力解决好影响人民生产生活的生态环境问题，维护社会和谐稳定，提高社会文明水平，逐步形成政府为主导、企业为主体、市场有效驱动、全社会共同参与的推动生态文明建设新格局。

在生态文明建设方面，要坚持把生态文明建设放到更加突出的位置，树立尊重自然、顺应自然、保护自然的生态文明理念，大力推进生态环境保护，优化国土空间开发格局，完善生态文明制度建设，着力推进重点行业和重点地区大气污染治理，大力推动颗粒物污染防治，加大长江、黄河流域水污染防治力度，持续抓好重金属污染综合治理和修复，加强农业面源污染治理，更加积极地保护生态，大力推进生态文明建设，为人民创造良好生产生活环境。

总之，整体推进社会主义经济建设、政治建设、文化建设、社会建设和生态文明建设，与中国特色社会主义社会是全面发展、全面进步的社会属性相关，也与社会主义文明具有高度一致性相关，内在地、逻辑地统一于社会主义的本质之中。这是以习近平同志为代表的中国共产党人对中国特色社会主义伟大实践的科学总结，为新时代怎样建设生态文明指明了方向。

四、战略布局：建设什么样生态文明

新时代生态文明建设，要坚持以习近平生态文明思想为指导，以《中华人民共和国国民经济和社会发展第十四个五年规划和 2035 年远景目标纲要》为依据，坚持节约优先、保护优先、自然恢复为主，实施可持续发展战略，推动经济社会发展全面绿色转型，建设美丽中国，以更高的标准、更严的要求、更大的力度、更实的措施，加快补齐生态保护和环境治理亟须提升的短板，推进人与自然和谐共生的现代化。

建设"人与自然和谐共生"生态文明。党的十九届五中全会提出要建设人与自然和谐共生的现代化。生态文明建设是新时代中国特色社会主义的一个重要特征。加强生态文明建设，是贯彻新发展理念、推动经济社会高质量发展的必然要求，也是人民群众追求高品质生活的共识和呼声。人与自然和谐共生是一种科学的自然观，既是生态文明建设的要求，又是生态文明建设追求的结果。中华民族历来讲求人与自然和谐发展，中华文明积累了丰富的生态文明思想。新时代对生态文明建设提出了更高要求，必须下大气力推动绿色发展，努力引领世界发展潮流。自然是生命之母、文明之基，人与自然的关系是关乎人类生存和发展的根本问题。人与自然和谐共生是对人与自然是生命共同体的本质性、科学性表达，是将马克思主义关于自然是人类生存和发展思想与中国的具体实际相结合形成的科学自然观。新时代生态文明建设，要尊重自然、顺应自然、保护自然，还自然以宁静、和谐、美丽，实现人与自然和谐发展的过程，是一个自觉地建构生态文明的过程。目前，我国全面开启社会主义现代化国家建设的新征程，深入把握现代化建设对人与自然和谐共生提出的具体要求，对推动形成人与自然和谐发展的现代化建设格局具有重要意义。

建设"山水林田湖草沙是生命共同体"生态文明。生态是统一的自然系统，是相互依存、紧密联系的有机链条，生态环境保护是一项系统工程。习近平总书记提出的山水林田湖草沙是生命共同体，既是美丽中国建设的思想指引和根本遵循，又是社会主义生态文明建设的目标和要求。生态环境是统一的有机整体，必须按照系统工程的思路，构建生态环境治理体系，着力扩大环境容量和生态空间，大力加强生态环境保护。山水林田湖草沙是生命共同体的科学论断，意味着人的命脉在田，田的命脉在水，水的命脉在山，山的命脉在土，土的命脉在树和草。人—田—水—山—土—树—草—沙之间存在着千丝万缕的生态依赖和物质循环关系；海洋、森林、草原、湿地、沙漠等生态系统之间存在着物质、能量的交换关系；自然要素之间、自然要素和社会要素之间存在着物质、能量的变换关系。这种共同体思想蕴藏着深邃的生态哲学意蕴，深化了人们对于自然界发展规律的整体认知，为推动人与自然和谐共生提供了理论依据。山水林田湖草沙是生命共同体，统筹考虑了自然生态各要素之间、各生态系统之间、自然生态系统与社会生态系统之间相互联系、彼此支撑的关系，是对生态系统的整体性、系统性及其内在演化规律的深刻揭示，彰显了系统发展的内在要求，为新时代我国生态文明建设提供理论指导和实践路径。

建设社会主义"美丽中国"生态文明。党的十八大报告首次提出"努力建设美丽中国，实现中华民族永续发展。"习近平总书记在致生态文明贵阳国际论坛 2013 年年会的贺信中指出："走向生态文明新时代，建设美丽中国，是实现中华民族伟大复兴的中国梦的重要内容。""美丽中国"，其中"美丽"一词富含马克思生态美学的哲理，是将马克思主义的生态美学思维贯穿于人与自然、人与人、人与社会和谐统一发展图谱的生动体现。"美丽中国"是生态文明建设的目标指向，生态文明建设是构筑"美丽中国"的必由之路。从生态文明的角度看，建设"美丽中国"就是要让这个延续五千年悠久历史的文明国度实现生产发展、生态良好和生活富裕，使人们在良好生态环境中生产生活，实现经济社会永续发展。新时代建设"美丽中国"，要深刻认识美丽中国的科学蕴涵：从生态文明建设看，尊重自然、顺应自然、保护自然，是"美丽中国"的基本理念；从经济建设看，推动经济可持续健康发展，是"美丽中国"的兴国之要；从社会建设看，促进社会和谐稳定，是"美丽中国"的基本条件；从文化建设看，充分发挥人民群众的主体作用，是"美丽中国"的力量源泉；从政治建设看，坚持党的领导、人民当家作主、依法治国的有机统一，是"美丽中国"的根本保障。[1]总之，建设社会主义"美丽中国"生态文明，是新时代生态文明建设的目标指向，生态文明建设是通向美丽中国的必由之路。走向生态文明新时代，建设美丽中国，这一全新理念的提出，标志着中国共产党对执政规律的科学把握、对执政目标认知的不断深化、对执政能力建设的高度重视，充分反映了建设社会主义现代化的基本要求，体现了新时代我国建设发展的重要特征，拓展了中国特色社会主义永续事业的发展领域。

---

[1]　全国干部培训教材编审委员会：《建设美丽中国》，人民出版社、党建读物出版社 2015年版，第 6—7 页。

建设"共同构建人类命运共同体"生态文明。人类共有一个地球，建设绿色家园是全球共同的梦想。生态文明是构建人类命运共同体的重要内容。习近平总书记立足于中国立场、世界眼光、人类胸怀，指出生态文明建设关乎人类未来，必须同舟共济、共同努力，构筑尊崇自然、绿色发展的生态体系，推动全球生态环境治理，建设清洁美丽世界。中国在致力于国内生态文明建设的同时，以负责任大国形象维护全球生态安全，用先进的理念和积极的行动诠释全球可持续发展理念和生态保护与环境治理，为共同构建人与自然命运共同体提出了中国方案、贡献了中国智慧、作出了中国贡献。在当前和今后一个时期，世界多极化、经济全球化、文化多样化、社会信息化，世界各国将被紧密地联系在一起，这是世界发展的大趋势。党的十九大报告将"构建人类命运共同体"作为新时代中国特色社会主义思想和基本方略，确立"构建人类命运共同体，建设持久和平、普遍安全、共同繁荣、开放包容、清洁美丽世界"的总体目标。习近平总书记站在人类命运共同体的高度，强调在生态文明领域加强同世界各国的交流合作，主动参与全球环境合作，打造"绿色丝绸之路"，积极应对气候变化，大力加强国际合作，共建生态环境治理新秩序，推动全球可持续发展，并承诺实现从碳达峰到碳中和的时间，远远短于发达国家所用时间。中国同各国共商应对气候变化挑战之策、共谋人与自然和谐共生之道，彰显了中国对气候变化问题的高度重视，以及对全球环境治理的大国担当。这是习近平总书记站在全人类前途命运高度，秉持对世界人民和子孙后代的责任感，为全球环境治理指明了通往清洁美丽世界的金光大道。

第三章　新时代生态文明思想的理论体系

　　马克思、恩格斯曾经说，"一切划时代的体系的真正的内容都是由于产生这些体系的那个时期的需要而形成起来的。"习近平生态文明思想坚持马克思主义基本立场、观点和方法，植根于中国特色社会主义建设的生动实践，聚焦时代课题、擘画时代蓝图、演奏时代乐章。2018年5月，习近平总书记在全国生态环境保护大会上指出："加快解决历史交汇期的生态环境问题，必须加快建立健全以生态价值观念为准则的生态文化体系，以产业生态化和生态产业化为主体的生态经济体系，以改善生态环境质量为核心的目标责任体系，以治理体系和治理能力现代化为保障的生态文明制度体系，以生态系统良性循环和环境风险有效防控为重点的生态安全体系。"习近平生态文明思想理论体系是系统完备、逻辑严密、内在统一的科学体系，开创了马克思主义中国化时代化的新境界，彰显了以习近平同志为核心的党中央对生态环境保护和环境治理经验的科学总结，体现了正确处理人与自然关系和促进经济发展与生态环境协调发展的最新理论成果，书写了当代马克思主义生态思想的新篇章。

第一节　建立生态文化体系

　　文化是一个国家、一个民族的灵魂。文化兴则国运兴，文化强则民族强。生态文化不仅肯定人的价值，而且肯定自然的内在价值，生物和种群之间相互作用的工具价值，生态系统自身所具有的系统价值。①加强新时代社会主义生态文明建设，要持续深化生态文化体制改革，建立健全以生态价值观念为准则的生态文化体系，正确调整环境利益关系，约束人们的行为，改善生态与环境，维护环境公平，推动公众参与，缓解环境问题引发的社会矛盾，形成良好内生动力、强制实施力和严格约束力，促进环境与社会的协同发展，为生态文明社会建设提供理念先导、精神动力、智力支持和制度保证。

一、坚持以生态价值观念为准则

党的十八大报告提出，"建立反映市场供求和资源稀缺程度、体现生态价值和代际补偿的资源有偿使用制度和生态补偿制度"。这是我们党首次提出"生态价值"的概念。生态价值是指自然生态系统对于人所具有的"环境价值"和"自然价值"，即自然物之间以及自然物对自然系统整体所具有的系统"功能"。②生态价值观是人们关于生态环境价值问题的根本观点。习近平总书记关于加快建立健全以生态价值观念为准则的生态文化体系的重要论述，标志着我们党对生态文明建设的认知超越了西方建立在工业文明基础上的不可持续的发展观，成为社会主义生态文明建设的新理论，为新时代我国生态文化体系建设指明了方向。

（一）马克思主义对生态价值哲学的贡献

生态价值是生态哲学的一个基础性概念。马克思主义以唯物史观为理论基础，系统地对人与自身、人与自然、人与社会关系进行了科学论述，既有理论上的研究，又有对生态环境问题解决路径的探索，形成了科学完善的生态价值观，对生态价值哲学的发展作出了重要贡献。在哲学中，价值一方面是指客体对主体的有用性，另一方面是指人赋予自然万物的文化意义。"生态价值的主要来源不在人类自身，不在劳动，而在自然，在自然系统，在人类的自然生态环境。"③生态环境问题在马克思恩格斯时代已经出现，他们对

---

① 刘定平：《生态价值取向研究》，中国书籍出版社 2013 年版，第 106 页。

② 刘福森：《生态文明建设中的几个基本理论问题》，《光明日报》2013 年 1 月 15 日。

③ 胡安水：《生态价值概论》，人民出版社 2013 年版，第 53 页。

生态环境问题都有精辟的论述，对于我们今天理解生态价值哲学仍然具有重要指导意义。

马克思主义生态价值观以辩证唯物主义思想的哲学世界观为基础，在人与自然的关系上完成了对传统和近代自然观的超越，既继承了古代朴素自然哲学和近代自然观中的合理成分，同时又批判了它们的单一性和机械性，实现了生态哲学上的伟大创新。马克思在《资本论》中指出，"一个物可以是使用价值而不是价值。例如，空气、处女地、天然草地、野生林等。要生产商品，他不仅要生产使用价值，而且要为别人生产使用价值，即生产社会的使用价值。"① 马克思虽然没有直接谈到自然物的价值，但是间接地认为自然资源是财富。马克思在其《1844年经济学哲学手稿》中认为，"人是自然界的一部分"；在1866年8月7日写给恩格斯的信中，他引用了比·特雷莫在《人类和其他生物的起源和变异》一文的名句："不以伟大的自然规律为依据的人类计划，只会带来灾难。"马克思关于价值和人与自然关系的论述，在自然环境日益恶化和对人类造福能力呈现下降趋势的今天，为我们正确对待生态价值和处理人与自然平衡关系提供了新的重要启示。

生态价值观的建构是围绕如何看待人类中心主义价值观这一问题展开的。在如何看待人类中心主义价值观的问题上，西方生态中心主义的绿色理论认为，近代以来的人类中心主义价值观把人看作是宇宙中唯一具有内在价值的存在物，人之外的存在物只具有相对于人的需要的工具价值，导致了人对自然的滥用和生态危机。② 马克思主义生态价值观深刻地揭示了生态文明的本质特性和建设规律，为促进人与自然的和谐发展提供了科学的世界观和方法论。马克思和恩格斯针对资本主义工业化时期生态恶化的问题，通过大量的笔墨分析资本主义生产方式导致了人与自然的矛盾的激化，强调人类活动不能以"取得劳动的最近的、最直接的效益为目的"，而要考虑到"那些只是在晚些时候才显现出来的、通过逐渐的重复和积累才产生效应的较远的

---

① 马克思：《资本论》第1卷，人民出版社1975年版，第54页。
② 王雨辰：《论生态学马克思主义的生态价值观》，《北京大学学报（哲学社会科学版）》2009年第5期。

结果"。① 这明确地告诫人们，人类必须以人与自然共生共荣和和谐发展的
观点去从事生产生活活动，要在人类自己的生态限域内，以尊重自然规律为
前提，重视人对自然的道德关怀，才能保持人与自然和睦持久相处。生态价
值是自然界的一部分，不是人类创造的，人类必须约束自己的行为，树立爱
惜和保护生态环境的观念。生态学马克思主义理论家认为，当今世界出现生
态危机是与资本主义社会所奉行的消费主义价值观有直接的关系，只有实现
社会制度的变革和生态社会主义，克服错误的消费价值观，才能正确处理人
与人之间和人与自然之间的相互关系，规范人们的消费行为，树立自然价值
观，推进正确价值观的变革，从根本上解决生态危机。因此，人类要尊重自
然、珍惜环境、保护生态，坚持马克思主义的生态价值观，树立自然资源、
重视循环利用和以生态化为取向的循环经济理念，掌握生态价值观理论意
蕴，加快生态文明建设和实现人与自然和谐发展。

（二）确立科学生态价值观指导地位

价值观是人们评价客观事物善恶是非、真假美丑、效用大小的根本标
准，也是人类文化的核心要素。人类文化思想史上生态价值观的形成发展过
程是人们对人与自然关系的认识不断深化的过程。人类能够根据社会建设需
要不断创造自己的文化，通过文化这种特有的手段，按照自己的意志能动地
作用于自然、影响自然、改变自然，同时随着人类文明进步，人类的感知能
力和思维能力得到全面提高，人的自然本性和社会本性不断得到完善和发
展，从而树立尊重自然、珍惜自然、保护自然的生态价值观念。

2015年5月，《中共中央　国务院关于加快推进生态文明建设的意见》
指出："必须弘扬生态文明主流价值观，把生态文明纳入社会主义核心价值体
系，形成人人、事事、时时崇尚生态文明的社会新风尚，为生态文明建设奠
定坚实的社会、群众基础。"生态文明主流价值观需要通过各种形式的生态价
值观教育来形成，生态价值观教育过程就是文化教育的过程。生态文化教育
旨在培育全社会的生态文明意识，创新社会主义生态文明主流价值观，开创

---

① 恩格斯：《自然辩证法》，人民出版社2015年版，第315页。

社会主义生态文明新时代。当前，人与自然的关系正在发生着深刻的变化，必须正确认识生态环境的价值，树立科学的生态价值观，强化生态价值观的指导地位，树牢正确的世界观、消费观、劳动观和幸福观，以价值认同与观念创新为主要内容，养成正确的生活方式。树立科学的生态价值观，有助于人们更深刻地把握生态环境对人类整体生存和长远发展的积极影响，指导人们按照生态系统自身的演化规律来利用和改造自然，充分发挥人类对生态系统平衡的积极作用，把实现自然、经济、社会的协调发展作为人类实践活动的基本目标。随着我国经济社会的持续发展，人们从祈求温饱到谋求环保、从渴望生存到渴求生态、从讲求生活水平到追求生活品质，对生态环境质量的诉求越来越强烈，必须从生态系统整体出发把握生态环境的价值，不断创造更多、更好的生活品质和优美的生态环境，使人们更加安心、放心、舒心、开心地生产生活。

树立正确的生态价值观，要强化教育引导、实践养成、制度保障，发挥生态价值观的引领作用。在开展生态文化教育上，要多措并举，注重实效。2013年5月，习近平总书记在中共十八届中央政治局第六次集体学习时指出："要加强生态文明宣传教育，增强全民节约意识、环保意识和生态意识，营造爱护生态环境的良好风气。"2015年10月，《中共中央关于制定国民经济和社会发展第十三个五年规划的建议》提出，加强"生态价值观教育"。先进的思想文化一旦被群众掌握，就会转化为强大的物质力量。广泛深入开展生态文化教育活动，大力传播生态文化知识，使人民群众认清我国生态文明的严峻现状，认识生态文明建设的重要意义。采取知识竞赛、公益讲座、企业征文、电视互动等形式，提高思想认识，不断更新观念，增强人们的环境危机意识、环保知识教化与生态情感认同，努力形成健康、环保的现代生活模式。在强化生态文化观念上，由于个别单位和部分民众生态文化观念淡薄，生态文化意识不强，出现破坏生态、污染环境的现象，改变这种状况要认清生态环境保护的重要性、治理环境污染的紧迫性、加强生态文化观念的必要性，强化环保立法意识，加大环保立法力度，健全生态文化体系，增强生态文化观念，促进生态文明建设迈上台阶。在提高生态文化素质上，采取有效措施，提升人民群众科学文化素质，增强人与自然和谐相处意识，充分认识自然的养育力和修复力是有限的，人类应当尊重自然、爱护自然、保护自然，遵循生态规律，合理利用自然资源和环境容量，实现经济活动生态化，坚持节约资源和保护环境的基本国策，形成合理消费的社会风尚，营造爱护生态环境的良好风气，着力从根本上扭转生态环境恶化趋势，大力创建天蓝、地绿、水净、山青的美好生活。

（三）正确认识自然的内在价值

党的十九大报告首倡"人与自然是生命共同体"。习近平总书记指出：要"以自然之路，养万物之生，从保护自然中寻找发展机遇，实现生态环境保护和经济高质量发展双赢，共建地球生命共同体。"① 充分肯定了自然作为生命体的内在价值，标志着我们党对中国特色社会主义规律的认识和进一步深化，表明了我们党解决生态问题的根本态度。我们要以马克思主义生态价值观为指导，充分认识自然的价值，在经济发展与生态保护的博弈中作出正确的价值判断。

人与自然环境的生态价值关系是第一关系，人对环境的生态价值和环境对人的生态价值是最重要的生态价值。马克思主义生态价值观是一种有别于传统人类中心主义价值观的新价值观，超越了传统工业文明的价值理念。自从人类诞生以来，自然界就有了人类在改造自然中的印记，并为人类提供了大量的自然资源和物质财富。社会存在是自然环境、人口因素、物质生产三者的有机统一，正确认识和评价自然资源的生态价值，有利于正确认识生态系统对人类的极端重要性。

树立马克思主义生态价值观，要坚持人与自然的和谐统一，在发展经济过程中正确处理利用自然与保护自然的关系，注重自然环境的平衡性，认识到对生态经济系统投入的劳动既可以使生态系统功能得到改善，也可能因为过度利用而导致生态系统遭受破坏，生态价值下降甚至丧失。由于人类往往是按照自己的意愿改造自然，以满足自己的各种需要。正如黑格尔所指出，

---

① 《习近平在联合国生物多样性保护峰会上发表重要讲话》，《人民日报》2020年10月1日。

人类对自然界的"征服"，不过是凭借文化"理性"的力量，让自然界"按照它们自己的本性，彼此互相影响，互相削弱"，改变自己的面貌，从而实现人类的目的。因此，要认识到人与自然界是一个生命共同体，人类只是自然界的一员，人类的利益已经包含在自然界的整体利益之中，保护自然就是保护人类自身的利益。在承认自然价值和自然资本的基础上谋求发展，才能坚持可持续发展，使绿水青山转化为金山银山，走向生态文明新时代。

二、注重生态文化和道德建设结合

加强生态文化建设，要坚持把培育生态文化作为重要支撑，确立正确的生态价值观，注重生态价值观和生态治理制度建设的有机结合，妥善解决各类社会矛盾，促进人在思想、德性、文化、心理等方面健康发展，从而推动和谐社会建设发展。

（一）正确把握文化与道德辩证关系

自人类文化产生以来，不是消极地适应自然界，而是能动地作用于自然界，自然环境愈来愈受到人类文化的影响。人类文化是在特定的自然环境中形成的，存在着与自然环境相适应的客观必然性，同时也使文化更加具有强大的生命力。文化具有教育、凝聚和整合的功能，有利于培养公民热爱自然、保护自然的良好习惯和文化自觉，为生态文明社会建设提供思想保证、精神动力和智力支持。道德具有教化、熏陶和润浸作用，通过道德教育与养成内化为人们的信念，树立生态环境保护理念和形成良好的生产生活方式，这就决定了在构建以生态价值观念为准则的生态文化体系时，必须使文化和道德相互补充、相互促进、相得益彰。生态价值观融入社会道德文化中，对生态文明制度建立、完善和落实具有重要支撑作用。

健全生态文明制度体系，应以生态文明制度建设为核心，以培育和践行生态价值观为基础，形成建设生态文明的价值指引、文化底蕴、浓厚氛围、道德规范。生态文化是一种人与自然和谐相处、协同发展的新型文化形态。文化建设在社会主义生态文明建设中发挥不可替代的重要作用，社会主义道德是文化建设的风向标，也是文化建设的核心内容。文化在一定意义上就是人化，是对人和人际关系的不同视角和不同程度的解读，所以不懂道德就不懂文化。道德自觉会促使人们真正认识自然物的存在依据和理由，并由此认识建设生态文明的重要意义，从而增强爱护自然和保护环境自觉性，激发生态文明建设积极性。

（二）充分发挥生态文化功能作用

道德自觉是人类的核心，也是道德主体对国家、民族、社会、他人以及对自身的道德责任意识，加强社会主义生态文明建设离不开社会主义的道德自觉。当前，我国生态文化体系建设尚处于形成和发展阶段，人们的生态文化知识较少，对生态文化的科学内涵、历史脉络、中华民族传统的生态文化以及如何在日常的生产生活中采取正确方式方法等知之不多、了解不够，还谈不上正确把握和自觉落实，从而影响了美丽中国的建设。面对思想认识不高、环保意识淡薄、生态环境污染等挑战，培育生态文化就显得更加重要和极为迫切。

在发挥生态思想的熏陶教化功能上，要以科学的态度树立正确的生态文化观，让社会大众具备一定的生态文化知识，使之正确认识人与自然的关系，学会敬畏自然、尊重自然、顺应自然。要认识到自然、生态、环境与自己的生活、生产息息相关，与人类的生存及长远发展密不可分，从而产生尊重自然、节约资源、重视生态、保护环境的思想认知和道德自觉。

在发挥生态文化的调整节制功能上，要按照"推动文化产业高质量发展，健全现代文化产业体系和市场体系，推动各类文化市场主体发展壮大，培育新型文化业态和文化消费模式，以高质量文化供给增强人们的文化获得感、幸福感"① 的要求，大力发展生态文化，加强生态文化传播。积极倡导勤俭节约、绿色低碳、文明健康的生活方式和消费模式，健全生态文化培育引导机制，提高全社会生态文明意识，在全社会形成"保护环境光荣、破坏环境可耻"的浓厚氛围，促使人们自觉地调整、节制和影响生态的行为，用

---

① 《习近平在全国宣传思想工作会议上强调 举旗帜聚民心育新人兴文化展形象 更好完成新形势下宣传思想工作使命任务》，《人民日报》2018 年 8 月 23 日。

生态文化规范人们的行为。

在发挥生态文化的道德约束功能上，要加强生态文化与生态道德的结合，坚持实践环境道德的原则，大力生产和创新丰富多彩的生态文化作品，教育和启发公民提高对保护生态环境重要性的认识，构筑科学完整的生态道德观，健全以生态价值观念为准则的生态文化体系，充分发挥道德在生态文明建设中的规范和约束作用，使每个公民的行为都受到自身道德观念的规范和支配，促进人们道德境界的提升和生态行为的自觉。

（三）加强生态文化与生态道德建设

中国传统文化的生态智慧主要体现在"天人合一"与"贵和"及"和合"文化观念上，这种中国传统文化形成了贵和尚中、善解能容、厚德载物、和而不同的宽容品格，以及人类对自然要取之以时、取之有度生态文化思想。人与自然是生命共同体，人类的道德视野包含着自然界，承认自然的道德地位，这也是人作为最高生命物种对自然应有的道德关怀。生态文化建设和生态道德建设并重的核心是通过生态文化体系和生态制度体系建设，实现生态环境治理体系和治理能力的现代化。

建设生态文化体系建设，要不断强化生态价值观念和行为准则，使公民认识到自然的内在价值，自觉地尊重、呵护、顺应自然规律，激发他们的生态道德意愿，培育对生态问题的道德判断能力，使其主动自觉地对自然承担道德责任，在社会生产和生活中树立珍爱自然的节约意识和环保意识，强化人与自然和谐共生的绿色发展理念，使保护生态行为从外在的强制上升为内在的自觉，从而为实现中华民族伟大复兴中国梦提供强大文化力量和有力道德支撑。

三、健全生态环境保护文化制度

国家之魂，文以化之，文以铸之。文化是民族的血脉，是人民的精神家园。建设生态文明离不开对文化的深入考量，需要用先进生态文化构建生态文明体系。生态文化体系作为生态文明体系的重要组成部分，与生态经济体系、目标责任体系、生态文明制度体系、生态安全体系一起，共同成为实现建设美丽中国目标的重要保障。加快生态文化体系建设，既要推进我国生态文明建设制度的自身改革，又要不断健全生态文化制度，充分发挥其在生态文明建设中的重要作用，为新时代推进生态文明建设注入新的活力。

（一）高度重视生态文化培育工作

党的十九大强调，没有高度的文化自信，没有文化的繁荣兴盛，就没有中华民族伟大复兴。要激发全民族文化创新创造活力，建设社会主义文化强国。生态文化是生态文明建设的灵魂，它以人与自然、人与人、人与社会的生态关系为基本对象，体现人与自然和谐发展的创新性文化，是生态文明建设的核心。培育先进生态文化，推进生态文明建设，既是历史的必然，又是现实的客观需要。生态文化是促进人与自然和谐相处的重要精神动力，弘扬生态文化是推进生态文明建设的必然要求。建设中国特色社会主义强国，必须加强社会主义文化建设，健全现代文化制度体系，实现文化治理能力的现代化。

培育生态文化，要加强中国特色社会主义文化制度建设。环境保护，人人有责；改善生态环境，人人有责。一个国家、一个民族能否真正实现绿色发展，是未来综合国力竞争的关键之一。必须加强科学规划，统筹安排，长期坚持，遵循科学性、群众性、创新性和时代性的原则，通过宣传教育，动员全社会力量共同参与生态环境保护，形成政府、学校、媒体、社会、家庭等多方联合的宣传教育机制，利用各种传播手段，充分调动一切积极因素，广泛宣传生态知识、生态理念、生态行为，通过多种方式的生态文化宣传教育，加强绿色产品标准、认证等相关政策理解，维护公众的绿色消费知情权、参与权、选择权和监督权，增强公民环保意识。加快培育生态文化，要把生态文明教育作为素质教育的重要内容，不断深化民众对生态文明的认识和理解，让每个公民成为节约资源、保护环境的宣传者、实践者和推动者。合力打造生态文化示范精品，满足公众生态文化需求，不断提高全民族生态道德素质，人对自然的道德责任感，提升人类发展文化价值，为生态文明建设奠定坚实的文化底蕴和道德基础。

（二）大力加强生态文化制度建设

加强生态文化建设，既是一项用制度保障生态文明建设的创新性工作，又是对现有制度安排的继承、完善与发展。要充分认识构建生态文化体系重要性、紧迫性、复杂性，采取有效措施，积极探索，大力培育生态环境保护的制度文化，为推进生态文明建设提供制度保障。

制度是一个社会为决定人们的相互关系而人为设定的约束，具有长期性、稳定性、根本性、整体性和指导性等特点。生态文明建设要重视生态文化的培育和加强生态文化体系建设，是由生态意识文明、生态制度文明、生态行为文明等内容和性质决定的。生态文明内容涉及人对自然的价值认知、生态道德的约束力、社会生产方式生态化的价值导向，以及把文化理念融入生态发展战略，生态文化是生态文明建设的重要组成部分，大力发展生态文化是新时代建设美丽中国的重要任务之一。

加强生态文化制度建设，要紧密结合我国国情和生态文明建设实际，立足当前、着眼发展、面向未来，积极发展社会主义生态文化，正确调整和处理经济发展与保护环境关系，约束人们的行为，改善生态环境，维护环境公平，不断提高人民群众的生态意识、道德水平、文明素养，大力推动我国优秀传统生态文化创造性转化、创新性发展、开拓性运用，促进环境与社会的协同发展，使生态文化继承和超越中国传统文化及西方文化，达到新的时代高度，铸就中华生态文化新的辉煌。

中国特色社会主义文化制度建设的核心，在于弘扬和彰显生态文明价值意蕴的社会主义核心价值观和价值体系。当前，我国文化产业面临着高质量发展的需求，在文化与科技等行业融合趋势凸显、文化产业内部结构调整升级、文化消费模式和需求发生变化的新时期，文化产业体系和市场体系的构建完善也面临着新的挑战。生态文明制度建设，应力求做到在内容上体现全面性、程度上突出威严性、过程上注重关联性、落实上强化实效性，努力形成全社会的制度认同与制度思维。推进社会主义文化建设，要坚持以生态文明制度建设为导向，健全现代文化产业体系，通过顶层设计与区域创新相结合、理念支撑与制度范式相衔接、行为典范与物质外化相契合，大力推动生态文化教育的补位、生态文化宣传的到位、生态文化示范的进位，有效增强价值共识，树立生态文明意识，推进生态文化创新，用中国特色社会主义生态文化引领全国人民在思想认识及道德观念上不断进步，为构建中国特色社会主义生态文明提供精神保证。

（三）建立适应市场经济生态文化体系

良好的生态环境为文化大发展大繁荣提供和谐的外部环境和坚实的物质基础。建设适应中国特色社会主义经济需要的生态文化，要坚持改革与创新，处理好经济建设与文化制度的关系，建立符合可持续发展原则的、适应社会主义市场经济客观需要的生态管理体制，形成坚持绿色、倡导文明、多元参与、系统完整的生态文化制度体系。构建生态文化体系，要把生态文明建设和生态环境保护摆在更加突出位置，将生态文明建设融入文化建设，完善生态文化体系。

在文化产业领域，要坚持以绿色、循环、低碳发展为指导，坚持文化产业发展与低碳经济模式相融合，坚定不移走生态型、环保型发展之路，拓宽生态产业发展路径，生产更多蕴含绿色环保理念的文化产品，积极营造生态文化氛围，形成制度建设和政策制定的生态文化导向。

在科技领域，要坚持走绿色科技创新发展道路，加强关键核心技术攻关，不断推出节约资源、保护环境的先进技术，提高绿色标准、能效标准和油品标准，促进绿色技术研发和推广应用，加大科技成果转化力度，扩大成果应用范围，积极引导社会力量投资绿色技术、参与绿色产品的研发与推广，形成推动绿色科技发展的合力。

在制造业领域，要坚持以发展高效益、低消耗的先进制造业为主攻方向，加快发展新能源与节能环保、新材料、生物技术、高端装备制造、新一代信息技术新兴产业，实现我国制造业高质量创新发展。

在服务业领域，要以发展高品质、低成本的现代服务业为主攻方向，加大市场体制改革和建设力度，积极顺应消费升级趋势扩展和制造业发展趋势需要，做大做强生产性服务业，不断提升生活性服务业的适应力和竞争力。

在农业领域，要以发展高产、优质、高效、安全的现代农业为主攻方向，坚持不懈推动农业产业化经营、标准化生产和品牌化建设，聚焦特色产业，突出品牌培育，全力打造高效生态的农业，做实做强做大产业生态化与生态产业化，推进质效升级，引导持续发展，守护绿水青山，打造金山银山。

构建中国特色社会主义生态和谐文化，建设社会主义文化强国，增强国家文化软实力，要深化文化体制生态化改革，发展中国特色社会主义生态文化，为中国特色社会主义现代化建设强基固本。

在生态文化发展战略制定上，要按照建设美丽中国的要求，坚持生态文明建设的原则和要求，从文化建设发展政策及战略导向上实现生态化，推动生态文化健康发展。

在文化建设实践上，要贯彻生态文明理念，健全发展和完善生态化文化产业与产权制度、生态化文化企事业制度、生态化文化调控制度、生态化文化传播制度等，发挥社会主义文化建设多元合作的主体作用。

在生态文化推广交流上，要突出中国特色生态文化特点，体现生态文化的中国特色，讲好中国生态故事，传播中国环保声音，展现美丽中国魅力。建立生态文化开放制度，积极扩大对外文化交流，弘扬中华优秀文化，借鉴世界优秀文化成果，建设具有中国特色的生态文化，为促进世界生态安全、推动世界生态文化建设作出中国贡献。

第二节　健全生态经济体系

习近平总书记指出："要加快构建生态文明体系，加快建立健全以产业生态化和生态产业化为主体的生态经济体系。"[1]构建生态经济体系，要统筹规划，科学部署，全面深化改革，坚持把生态环境保护摆在更加突出的位

---

[1]　《习近平在全国生态环境保护大会上强调　坚决打好污染防治攻坚战　推动生态文明建设迈上新台阶》，《人民日报》2018 年 5 月 20 日。

置，坚持把生态文明建设融入经济建设全过程，在发展中保护、在保护中发展，实现经济社会发展与人口、资源、环境相协调，推动生态文明制度更加完善。习近平总书记关于加强生态经济建设和加快构建生态经济体系的重要论述，充分反映了党对新时代经济社会发展规律认识的深化，为新时代我国经济发展提供了根本遵循。

一、坚持经济发展与生态环境保护相统一

党的十八大以来，我们党高举改革开放伟大旗帜，坚持以经济建设为中心，加快完善社会主义市场经济体制，成功实现了从高度集中的计划经济体制到充满活力的社会主义市场经济体制的伟大转变，推动了经济制度体系的生态化建设，为我国从站起来到富起来、再到强起来提供了强大动力和体制保障，我国的经济建设发生历史性变革、取得历史性成就。

（一）创新经济建设发展思路

思路决定出路，出路源于思路。新发展理念是中国特色社会主义经济发展理论的最新成果，是改革开放以来我国经济建设经验的理论总结，集中反映了我们党对我国经济社会发展规律认识的深化，是我国经济社会发展必须长期坚持的重要遵循。习近平总书记指出，在经济建设时必须创新发展思路和发展手段，经济发展"关键在人，关键在思路""关键是要树立正确的发展思路，因地制宜选择好发展产业。"①生态经济是环保经济、低碳经济、绿色经济、循环经济，生态经济体系是生态文明建设的物质基础，也是生态文明建设的重要保障。新时代经济建设，必须贯彻新发展理念，创新经济建设思路，坚持节约优先、保护优先、自然恢复为主的方针，科学把握绿色生产力在经济社会发展中的基础性定位，完善现代化绿色生产力体系，促进绿色发展、循环发展和低碳发展，实现经济社会发展和生态环境保护协同共进。

推动经济科学持续发展，是一项长期、复杂、艰巨的历史任务，首先要端正发展理念。经济建设要树立正确发展理念，充分认识良好生态环境的经

---

① 《习近平关于社会主义生态文明建设论述摘编》，中央文献出版社 2017 年版，第 23 页。

济价值，充分发挥生态环境在创造经济财富中的重要作用。不断强化自然资本意识，推动自然资本大量增值，改变以国内生产总值增长率论英雄的做法，经济建设绝不能走西方一些国家先污染后治理的老路、也绝不能走以破坏生态环境为代价的歪路，必须走出一条符合经济建设规律和人民期盼的发展新路，为子孙后代留下蓝天、绿地、清水，让良好生态环境成为人民美好生活的增长点、经济社会持续健康发展的支撑点、展现我国良好形象的发力点，让老百姓呼吸上新鲜的空气、喝上干净的水、吃上放心的食物，生活在宜居的生态环境之中。

（二）完善生态友好型发展方式

党的十九大报告提出，必须树立和践行绿水青山就是金山银山的理念，坚定走生产发展、生活富裕、生态良好的经济发展道路。新时代要坚定不移贯彻新的发展理念，坚持节约资源和保护环境的基本国策，着力转变发展生产方式，实现经济发展与环境保护的协同共进和协调发展。

习近平总书记指出："生态环境问题归根到底是经济发展方式问题……这是利国利民利子孙后代的一项重要工作。"[1] 强调向绿色发展方式转变的必要性和紧迫性，指明了新时代我国经济建设发展的方向。在经济建设过程中，要处理好产业与生态内在地统一于人与自然的对象性关系。生态过程是人与自然的相互作用及其发展，人与自然关系的社会性建构是通过产业实现的。产业发展的内在机理是人与自然对象性关系的不断改变与重构。[2] 我国经济建设实践表明，生态文明建设从根本上取决于经济结构是否能由传统粗放型转向现代集约型，经济发展方式是否能由高能耗高污染转向低能耗低污染。新时代经济建设必须树立新的发展观念，积极转变生产方式，建立健全绿色低碳循环发展的经济体系，扶植和壮大各种节能环保和清洁生产产业，形成清洁低碳、安全高效的能源体系，促进产业升级换代，推动新型经济建设模式，形成经济发展与生态文明建设相得益彰的发展格局。

---

[1]　《习近平关于社会主义生态文明建设论述摘编》，中央文献出版社 2017 年版，第 25—26 页。

[2]　靳媛媛、彭福扬：《产业发展机理与生态建设》，《自然辩证法研究》2018 年第 11 期。

构筑生态友好型的新型生产发展方式，必须坚持创新、协调、绿色、开放、共享的发展理念，改变我国经济发展高消耗、低产出、粗放型的现象。一般来说，"生态文明和发展方式是一对矛盾。其中，发展方式是因，生态文明是果，生态文明程度是发展方式科学合理程度的函数，生态文明化程度与发展方式科学化程度，两者是正相关的关系，生态文明建设的推进程度与发展方式的转变程度也是正相关的关系。"[①] 从这一对函数关系中不难看出，生态文明建设的成果是否显著，取决于我们生产和发展方式是否科学合理。因此，转变生产方式，必须树立大局观、长远观、整体观，坚持节约资源和保护环境的基本国策，大力推进供给侧结构性改革，加强资源节约和生态环境保护，调整和优化产业结构，做强做大绿色经济，坚定走绿色生产发展道路，让良好生态环境成为经济社会持续健康发展的支撑点。

（三）拓宽环境保护和经济发展协调路径

习近平总书记指出："要正确处理好经济发展同生态环境保护的关系，牢固树立保护生态环境就是保护生产力、改善生态环境就是发展生产力的理念。"[②] 深刻揭示了生态环境与经济发展的内在逻辑关系，生动阐明了生态环境本身具有生产力的属性，对社会主义生产力理论具有开创性意义，为新时代我国经济高质量发展指明了方向。

近年来，我国经济建设坚定不移贯彻创新、协调、绿色、开放、共享新发展理念，坚持稳中求进工作总基调，以推动高质量发展为主题，以深化供给侧结构性改革为主线，以改革创新为根本动力，处理好发展和保护关系，统筹经济发展和生态保护协调发展，加快构建具有中国特色的经济发展新格局。实际上，经济发展和环境保护是一体的，离开保护的发展是"竭泽而渔"，离开发展的保护是"缘木求鱼"。坚持走经济发展与生态环境保护相结合的发展道路，就是要在矛盾中找到统一之法、在对立中找到转化之机、在两难中找到"双赢"之路，这是对经济发展与环境保护辩证关系的理性取

---

① 赵凌云等：《中国特色生态文明建设道路》，中国财政经济出版社 2014 年版，第 164 页。
② 《习近平关于社会主义生态文明建设论述摘编》，中央文献出版社 2017 年版，第 20 页。

舍，也是对生态环境内化为生产力要素之一的充分肯定。

在经济建设过程中，要坚持科学规划，统筹兼顾，既追求环境效益，又追求经济效益和社会效益，如果只追求一时的经济发展和提高生产总值，而不注意保护生态环境，这种建立在过度资源消耗和环境污染基础上的经济发展和增长，既得不偿失，又难以持续。我们绝不能以牺牲生态环境为代价换取一时的经济增长，经济建设只有坚持协同推动高质量发展与生态环境高水平保护，才能推动高质量持续发展。要强化"宁要绿水青山，不要金山银山"理论，坚持绿色经济、低碳经济和循环经济的发展思路，按照存量调结构腾空间和以增量优结构扩展空间的思路，及时调整产业结构，推动淘汰落后和过剩产能。鼓励发展优质产能，大幅提高经济绿色化程度，以循环低碳构建绿色经济体系，形成新的增长点。优化和解决能源结构、产业体系、空间布局等问题，将优美的生态环境构筑为经济社会可持续发展的基础和保障。进一步发挥生态环境保护的倒逼作用，减少污染物排放，改善生态环境质量。推动结构调整优化，促进经济高质量发展，加快推动经济结构转型升级、新旧动能接续转换，在高质量发展中实现高水平保护、在高水平保护中促进高质量发展。

二、全力打造绿色、低碳、循环生态经济

当前，我国调整经济结构和产业结构，优化区域流域产业布局，壮大节能环保产业、清洁生产产业、清洁能源产业，健全生态经济体系，必须牢固树立绿色发展理念，优化产业结构，淘汰落后产能，调整能源结构和运输结构，减少污染物排放总量，打好污染防治攻坚战，改善生态环境质量，推动形成绿色低碳循环发展新方式。

（一）倡导绿色生态经济

1989 年，英国环境经济学家皮尔斯等在《绿色经济蓝图》中，首次提出了"绿色经济"概念，强调通过对资源环境产品和服务进行适当的估价，实现经济发展和环境保护的统一，从而实现可持续发展。绿色化既是目标也是过程，是人与自然相互作用、相互促进的过程，既包括保护生态环境和经

济可持续发展，又包括以改善生态环境为目的的经济发展。习近平总书记在2018年5月全国生态环境保护大会上强调，"要全面推动绿色发展。绿色发展是构建高质量现代化经济体系的必然要求，是解决污染问题的根本之策。"绿色发展是现代化经济体系的重要组成部分，其核心目标是形成人与自然和谐发展现代化建设新格局。

生态文明建设的核心是处理好保护环境与经济发展的关系，在"绿色"与"发展"的有机结合中找到新的平衡点，全方位转变经济发展方式，在优化经济结构上下功夫，实现资源节约和环境保护。要充分应用资源节约和环境友好的技术与产品，以市场为导向，高效、文明地实现对自然资源的利用，使生态环境持续改善和生活质量持续提高。建立健全环境与健康监测、风险评估制度，重点抓好空气、土壤、水污染的防治，加快推进国土绿化。大力推进能源生产和消费革命，优化能源结构，落实节能优先方针，推动重点领域节能，走出一条经济发展和生态环境保护相辅相成、相得益彰的路子。

坚持绿色发展是发展观的一场深刻革命。推进绿色发展是一项系统工程，既涉及经济社会发展的考核评价制度，也涵盖全面的资源生态环境管理制度。当前，健全绿色生态经济体系，要在加强资源环境监测体系建设、完善生态环境监管体制、建立资源环境承载能力监测预警机制等关键环节上做文章、下功夫、求实效。要按照绿色发展环保、循环、互惠、高效的要求，坚定不移实施主体功能区制度，建立国土空间开发保护制度，坚持主体功能区定位，走绿色发展之路。注重科技制度创新，优化产业结构，构建发展绿色建筑和低碳交通，减少单位产出的物质消耗和排放。建立完善和严格的环境保护制度，以最少资源投入换取最大产出，推进生产系统和生活系统循环链接，形成激励与约束相结合的环境治理长效机制和绿色发展制度体系。

（二）发展循环生态经济

循环经济是指在生产、流通和消费等过程中进行的减量化、再利用、资源化活动的总称。循环经济遵循生态学规律，以提高资源利用率与改善生态环境为核心，以资源的高效与循环利用为手段，以实现社会的可持续发展为目标，是有利于构建生态文明社会的经济发展模式。①

新时代发展生态化经济，必须创新发展思路和手段，打破旧的思维定式和条条框框，坚持循环发展理念，树立正确发展思路，因地制宜选择好发展产业，深入推进供给侧结构性改革，实施创新驱动发展战略，培育壮大新产业、新业态、新模式等发展新动能。制定循环经济战略，要将创造物质财富以及绿色财富作为社会发展的基本财富理念，保护生态环境，使生产活动成为"资源—产品—废弃物—再生新产品"的循环流动模式，实现资源节约、环境协调和节能减排，以提高人们的生活综合质量。运用互联网、大数据、人工智能等新技术，促进传统产业智能化、清洁化改造，加快发展节能环保产业，提高能源清洁化利用水平，发展清洁能源。倡导简约适度、绿色低碳生活方式，推动形成内需扩大和生态环境改善的良性循环。制定资源分类回收利用标准，完善资源再生产品和原料推广使用制度。健全限制一次性用品使用制度，落实资源综合利用和促进循环经济发展的税收政策，在生产、流通和消费等过程中减少资源消耗和废物产生，努力走一条资源消耗低、环境污染小、经济效益好的新型工业化路子。

在资源再利用上，要构建循环生态经济体系，正确处理人与社会以及人与自然之间的相互关系，注重废物的修复、翻新、改进和再利用。要坚持和创新以"资源—产品—再生资源"增长模式为基础，以清洁生产、循环利用、高效回收为特征的生态经济，优化生态产业配置，完善工业化废水、废物、废气的处理和循环系统。要注重从源头上减少生产的污染要素，推动经济增长的可持续，最大限度地降低对环境的破坏和利用自然资源，促进生态系统与经济系统的和谐统一。

在优化生态经济结构上，要大力发展高新技术产业，构建资源配置效率递增机制，从注重效率提升向节约资源转变，降低资源密集型工业产业比重。改进资源配置机制，大力推广清洁生产、循环经济以及污染物排放处理和降解等生产技术。不断减少对自然资源和能源的需求，加快生态型产业快

———————
① 沈月：《生态马克思主义价值研究》，人民出版社 2015 年版，第 47 页。

速发展。加大物质循环利用力度，降低资源消耗强度，以较少的资源环境代价获得较高的经济生态效益。

在生态经济体系建设上，要进一步健全和完善循环经济法律法规，制定节能、节水、资源综合利用等促进资源有效利用以及各种废旧物资源化利用的法规和规章。加强节能、节水等资源节约标准化工作，出台固定资产投资项目节能评估和审查管理办法，抓紧完成城镇排水与污水处理条例的审查完善。建立生产者责任延伸制度、资源节约管理制度，依法加强对各种资源集约利用、节能、资源综合利用、再生资源回收利用的监督管理工作，通过构建生态经济体系，努力形成门类齐全、功能完备、措施有力的循环经济法规标准，纳入法治化轨道，推动循环经济建设发展迈上一个新的台阶。

（三）大力发展低碳经济

低碳发展是以低碳排放为特征的发展模式，即在温室气体减排约束的前提下，达到经济社会发展与应对气候变化双赢的一种发展形态。低碳发展是新时代产业变革的方向和最有前途的发展领域，也是生态经济建设发展新的增长点，对于优化能源结构，发展节能环保绿色产业，加快绿色清洁生产和资源综合利用具有重要意义。

发展低碳经济，要坚持以资源节约为基础、环境保护为导向、提升效能为抓手，统筹运用相关支持政策，加大财政资金统筹整合力度，依靠科技进步和创新，大力推进清洁生产，积极发展低碳经济，优化产业布局，提升生态系统自身容量。凝聚各级政府、各类企业和社会组织的力量，更好地发挥各自的优势。要按照生态优先、绿色发展的思路，以系统生态安全为目标加强生态环境治理，出台鼓励政策，完善长期发展规划，健全法规制度，大力发展水能、风能、太阳能等可再生能源，实现绿色低碳发展。大力推进节能降耗，健全节能、节水、节地、节材、节矿标准体系，创新可再生能源产业化发展的新模式，大力推动节能减排，促进再生能源和经济快速发展。

发展低碳经济要注重能源的高效利用和能源的结构优化，通过低碳能源技术创新、制度创新和人们消费发展观念的根本性转变，大力推广清洁能源，提高能源利用效率。贯彻国家产业政策，坚决不上高能耗、高污染、低水平的落后产业项目，逐步化解传统制造业产能过剩问题，严格控制高能耗、高排放项目和新增过剩产能，从源头上把产业能效关，严格执行能耗准入限额。不断优化产业布局，加快推进装备制造业向着高科技含量、高附加值、高投资密度、低污染、低消耗方向发展，增强产业内生动力，降低环境污染。大力扶持节能环保产业发展，不断更新高效锅炉、余热余压利用、大气污染防治等节能环保装备，加快高效节能电器、绿色建筑材料等节能环保产品更新换代。发展"互联网 +"固体废物处理产业，实现线上交废与线下回收有机结合，强化信息交换。健全绿色低碳循环发展经济体系，调整产业结构格局，加快企业现有环保升级改造，在控制规模总量的基础上，完善优化现有内部产业链，不断改善生态环境，促进产业转型发展。

加大宣传教育力度，充分认识绿色低碳生活和消费的重要性必要性。支持发展共享经济，减少资源浪费，加快推进快递业绿色包装应用。推行垃圾计量收费，创建绿色餐厅、绿色餐饮企业，减少浪费，倡导"光盘行动"。节约水资源，少用可降解材料，加强生活垃圾源头减量和资源化利用。加强建筑垃圾全过程管理，开展建筑垃圾治理。购买绿色低碳消费品，使用环保可循环的生活物品，减少家庭私家车使用，鼓励乘坐公共交通工具，普及新型能源动力车辆，减少汽车尾气的排放。在全社会形成绿色低碳的文明消费模式，建立人与自然和谐相处的良性互动关系，构建经济与环境协调发展的生态经济体系。

三、以生态产业化推动经济的高质量发展

当前，"我国经济发展进入了新时代，基本特征就是我国经济已由高速增长阶段转向高质量发展阶段。"[1] 推动高质量发展，是新时代我国保持经济持续健康发展的必然要求，也是遵循经济发展规律的必由之路。

（一）生态经济是高质量发展基础

高质量发展涉及经济稳定增长、产业结构优化升级和生态环境改善，其

---

① 习近平：《正确认识和把握中长期经济社会发展重大问题》，《求是》2021 年第 2 期。

中生态环境改善对我国的经济实现高质量发展尤为重要。我国改革开放四十多年来经济高速增长，但也出现了重经济发展忽视生态环境保护的问题，带来了巨大的资源环境压力，生态修复和环境保护成为现阶段制约经济高质量发展的最大瓶颈。适应新时代生态化经济发展需要，必须贯彻新发展理念，从生态系统的整体性和系统性出发，正确把握和处理整体推进和重点突破的关系，以生态环境保护为前提，整合相关资源，找准经济发展存在的问题，加快形成推动高质量发展的政策体系、标准要求、绩效评价和政绩考核，推动我国经济在实现高质量发展上不断取得新成就。

近年来，我国经济在稳步增长的同时，绿色 GDP 也在稳步发展，而且我国的绿色 GDP 增长速度已经开始超越同期 GDP 增长速度。这说明我国经济发展把准了方向、走对了路子。随着绿色经济发展意识不断强化，人们对生态环境重要性的认识逐步提升，行动自觉性不断增强，创新绿色治理机制日益完善，全社会开展绿色发展的协同治理力度不断加大。实践表明，生态经济发展需要向投入要收益，而生态环保是为了促进经济的高质量发展、提高人民的生活福祉，其自身的经济性同样需要关注和支持。要坚持以全面推进产业绿色转型升级为主线，增加和完善复合型、综合性指标，在追求高质量快速发展的过程中体现生态要素的生产效率、注重环境效益的经济产出、突出生态系统恢复的整体治理能力等，将传统的经济密度指标转化为"生态经济密度"指标，不断优化生态环保规划，全面科学统筹，加强建设项目的全流程、全周期生态环境管理，促进经济发展与生态环境保护、资源节约的高效统一和发展。

（二）健全高质量发展经济体系

"十四五"时期是我国开启全面建设社会主义现代化国家新征程的第一个五年，对于保持经济社会持续健康发展具有十分重要的意义。目前，我国经济已由高速增长阶段转向高质量发展阶段，处在转变发展方式、优化经济结构、转换增长动力的攻关期，经济运行面临复杂形势，高质量发展已经成为新时代我国经济建设发展的必然选择。推进高质量发展，必须建立健全现代产权制度，加强产权保护。完善各类国有资产管理体制，改革国有资本授权经营体制，加快国有经济布局优化、结构调整、战略性重组。深化国有企业改革，发展混合所有制经济，完善支持民营企业发展的政策举措，为民营经济营造更好发展环境。狠抓各项改革措施落实，推动经济体制重点领域和关键环节改革不断迈出新步伐。

党的十九大报告指出："坚持质量第一、效益优先，以供给侧结构性改革为主线，推动经济发展质量变革、效率变革、动力变革……着力构建市场经济有效、微观主体有活力、宏观调控有度的经济体制，不断增强我国经济创新力和竞争力。"为新时代我国经济建设指明了发展路径。建设现代化经济体系，是当前我国经济发展跨越由"量"到"质"关口的迫切要求，也是建设社会主义现代化国家的坚实基础。新时代协同推进经济高质量发展，必须在新发展理念指导下，加快转变经济发展方式，不断深化供给侧结构性改革，健全现代化经济体系，加快建设创新性国家，实施区域协调发展战略，推动形成全面开放新格局。要紧紧围绕改善生态环境质量这一关键，持续打好生态保护和污染防治攻坚战，做到统筹兼顾，既追求环境效益，又追求经济效益和社会效益，不断改善生态环境质量，推动经济结构调整优化，带动引领整体高质量发展。大力发展生态农业、生态工业、生态旅游，不断壮大节能环保产业、清洁生产产业、清洁能源产业，优化绿色产业结构，持续改善民生，着力稳定宏观经济大盘，保持经济运行在合理空间，加快经济不断提质增效升级，推动我国经济高质量健康发展。

（三）以优美环境促进高质量发展

生态文明建设关系我国经济高质量发展和中国特色社会主义现代化，高质量发展是体现新发展理念的发展，是绿色发展成为普遍形态的发展。习近平总书记指出："要坚持不懈推动绿色低碳发展，建立健全绿色低碳循环发展经济体系，促进经济社会发展全面绿色转型。"[①]当前，我国生态文明建设正处于关键期、攻坚期、窗口期，虽然有强大的物质基础作保障，但生

---

① 《习近平在中共中央政治局第二十九次集体学习时强调　保持生态文明建设战略定力　努力建设人与自然和谐共生的现代化》，《人民日报》2021 年 5 月 2 日。

态文明自觉性有待增强、生态环境保护任务艰巨、建设美丽中国任重道远。必须牢牢把握基本国情、立足实际，坚持以经济建设为中心，坚定不移把发展作为党执政兴国的第一要务。坚持以推动高质量发展为主题，以深化供给侧结构性改革为主线，以改革创新为根本动力，大力推动高质量经济发展，不断满足人民日益增长的美好生活需要，努力探索生态环境保护和经济发展协同推进的新路径。

根据我国经济高质量发展情况，"要抓住资源利用这个源头，推进资源总量管理、科学配置、全面节约、循环利用，全面提高资源利用效率。"[①]建立生态环境协同治理长效机制，大力拓展各类资金渠道，加大对生态修复的支持力度。推进资源全面节约和循环利用，实现生产和生活系统循环链接，加大财政投入力度，夯实高质量经济发展的可持续基础。建立资源环境承载能力监测预警长效机制，健全权责明确的自然资源资产产权体系，实施自然资源统一确权登记。完善能充分反映资源消耗、环境损害和生态效益的生态文明绩效评价考核和责任追究制度，构建市场导向的绿色技术创新体系，建立符合地区特点的功能定位，健全多样化生态补偿制度和企业环境风险评级制度。完善政府内部自上而下的纵向问责制度，落实绿色发展和生态文明建设责任，通过行政问责，落实绿色发展责任。充分发挥生态环境保护的倒逼作用，加快推动经济结构转型升级、新旧动能接续转换，在高质量发展中实现高水平保护，用高水平保护促进经济高质量发展。

第三节　建立环境质量目标责任体系

习近平总书记在 2018 年 5 月召开的全国生态环境保护大会上强调，"加快建立健全以改善生态环境质量为核心的目标责任体系，要通过加快构建生

---

① 《习近平在中共中央政治局第二十九次集体学习时强调　保持生态文明建设战略定力　努力建设人与自然和谐共生的现代化》，《人民日报》2021 年 5 月 2 日。

态文明体系，确保到 2035 年，生态环境质量实现根本好转，美丽中国目标基本实现。"加快新时代生态文明建设，必须全面推进绿色发展，加快生态保护和修复工作，完善目标责任体系，全方位、全地域、全过程开展生态保护和环境治理，改善和提升生态环境质量。

一、持续抓好环境污染防治工作

习近平总书记指出："要深入打好污染防治攻坚战，集中攻克老百姓身边的突出生态环境问题，让老百姓实实在在感受到生态环境质量改善。要坚持精准治污、科学治污、依法治污，保持力度、延伸深度、拓宽广度，持续打好蓝天、碧水、净土保卫战。"①新时代抓好我国生态保护和环境治理工作，要在巩固蓝天保卫战、碧水保卫战、净土保卫战成果的基础上，认真落实"精准治污、科学治污、依法治污"的方针，按照以人为本、防治结合、标本兼治、综合施策的原则，以改善生态环境质量为核心，以防控生态环境风险为底线，以压实地方党委和政府及有关部门责任为抓手，科学规划，周密部署，协同作战，不断满足人民群众日益增长的优美生态环境需要，增强获得感、幸福感、安全感。

（一）继续打好重污染天气攻坚战

打好污染防治攻坚战是党的十九大提出的政治任务，也是我国生态环境治理的重大举措。要坚持把人民对美好生活的向往作为我们的奋斗目标，将解决突出生态环境问题作为民生优先领域，持之以恒抓紧抓好生态文明建设和生态环境保护，还老百姓蓝天白云、繁星闪烁。

加强我国污染天气攻坚，要坚持以打好污染防治攻坚战为主要抓手。各级党委和政府领导要高度重视，列入重要议事日程，细化重点任务，制定分工方案，完善协作机制。相关部门要履行好生态环境保护职责，使各部门守土有责、守土尽责，分工协作、共同发力，不断增强防治污染的责任意识、

---

① 《习近平在中共中央政治局第二十九次集体学习时强调　保持生态文明建设战略定力　努力建设人与自然和谐共生的现代化》，《人民日报》2021 年 5 月 2 日。

动力和决心。深入推进钢铁等行业超低排放改造、"散乱污"企业及集群综合整治等重点工作，落实柴油货车污染治理攻坚战工作方案，统筹"油、路、车"治理，调整运输结构，减少公路运输量，增加铁路运输量，推动重点区域运输"公转铁"。突出加强工业、燃煤、机动车"三大污染源"治理，不断调整产业结构和能源结构，减少煤炭消费，增加清洁能源使用。坚持以污染的重点区域为主战场，突出治污、控煤、管车、降尘，扎实做好重点行业超低排放改造，采取各种有效措施，深入实施大气污染防治。大力推进清洁取暖工程，加强散煤综合治理，严格管控柴油车、散装物料车，严厉打击黑加油站点，严格施工扬尘监管。稳妥推进散煤治理，加大钢铁等行业超低排放改造、"散乱污"企业及集群综合整治、工业炉窑综合整治、重点行业挥发性有机物污染治理的力度。加快燃煤污染治理，因地制宜做好"煤改气""煤改电"双替代工作。开展大气重污染成因与治理等领域科技攻关，改善大气环境质量，增加优质生态产品供给，改善生态环境质量，让人民群众在优美的生态环境中享受幸福生活。

（二）持续实施水污染防治行动计划

习近平总书记指出，"统筹水资源、水环境、水生态治理，有效保护居民饮用水安全，坚决治理城市黑水系"[①]，还给老百姓清水绿岸、鱼翔浅底的景象。自国务院 2015 年 4 月印发《水污染防治行动计划》和中共中央、国务院 2018 年 6 月发布《关于全面加强生态环境保护坚决打好污染防治攻坚战的意见》以来，我国水污染防治坚持系统治理、改革创新理念，按照"节水优先、空间均衡、系统治理、两手发力"的原则，采取有效措施，多方综合发力，突出重点污染物、重点行业和重点区域，充分发挥市场机制的决定性作用、科技的支撑作用和法规标准的引领作用，有力地推进了我国水环境质量的好转和提升。

做好新时代我国水源保护和水污染防治工作，要坚持深化改革和创新驱

[①] 《习近平在中共中央政治局第二十九次集体学习时强调　保持生态文明建设战略定力　努力建设人与自然和谐共生的现代化》，《人民日报》2021 年 5 月 2 日。

动的理念，深入实施水污染防治行动计划，全面实施水源地保护、黑臭水体治理、江海保护和综合治理、农业农村污染治理等攻坚战行动实施方案，全面落实河长制和湖长制，加快工业、农业、生活污染源和水生态系统整治，消除城市黑臭水体，保障饮用水安全。加强自然资源用途管制，重点强化水源水、出厂水、管网水、末梢水的全过程管理，全面控制污染物排放。加大对沿河环湖生态的保护力度，做好人工湿地水质净化工程。加快淘汰落后产能，合理确定产业发展布局、结构和规模，注重工业水、再生水和海水利用，大力推动循环发展。实施最严格水资源管理制度，控制用水总量，提高用水效率，加强水量调度，保证重要河流生态流量。重视水环境质量监控和污染源监管，加大资金、项目支持力度，加强对不达标水体专项治理，加快水源地清理整治和规范化建设。清理非法排污口，推进海洋垃圾防治和清理，强化陆海污染联防联控，确保海洋水质安全。

加大碧水攻坚力度，各级党委政府和党政主要领导要高度重视，认清意义，认真负责，逐级压实主体责任，健全"政府牵头、部门联动、分工协作、责任清晰"的工作机制，按照"一个水源地、一套整治方案、一抓到底"的原则，科学谋划，狠抓落实，创新工作机制，强化部门联动，严格按章督办。坚持以问题为导向，紧盯存在问题，及时开展督查，保证真查真改，问题不解决不放手。要主动下沉到一线了解情况，细查严问，坚持精准指导，真抓真管，标本兼治，打好水源地保护、城市黑臭水体治理攻坚战，促进生态环境质量全面改善，保持生态系统的良性循环。

（三）加大推进保护净土攻坚力度

习近平总书记指出："要全面落实土壤污染防治行动计划，突出重点区域、行业和污染物，强化土壤污染管控和修复，有效防范风险，让老百姓吃得放心、住得安心。"[1]为加快生态文明建设提供了理论遵循，为新时代推进净土保护指明了方向。

---

[1] 《习近平在全国生态环境保护大会上强调　坚决打好污染防治攻坚战　推动生态文明建设迈上新台阶》，《人民日报》2018 年 5 月 20 日。

加强土壤污染防治工作，应当坚持预防为主、保护优先、分类管理、风险管控、污染担责、公众参与的原则，按照土壤风险管、防、控为主的污染防治思路，贯彻落实《土壤污染防治法》，突出重点区域、行业和污染物，有效管控农用地和城市建设用地土壤环境风险。大力推进土壤污染防治，有效严格管控农用地和建设用地土壤污染风险。加强重度污染耕地的治理与修复，严禁在重度污染耕地种植食用农产品。实施耕地土壤环境治理保护重大工程，开展重点地区涉重金属行业排查和整治。大力开展"无废城市"建设试点和废铅蓄电池污染防治行动，加快推进地方危险废物集中处置设施建设，不断完善危险废物经营许可、转移等管理制度，建立信息化监管体系，提升危险废物处理处置能力。积极开展化学品环境风险评估，严格淘汰或限制公约管控化学品的生产和使用，扎实开展农业面源污染防治工作。深入推进化肥、农药使用量零增长行动，抓好畜禽粪污资源化利用，积极推进农村人居环境整治，努力建立统一、协调、高效的土壤污染防治新格局，推动新时代土壤保护工作不断取得新进展、再上新台阶。

二、多措并举提升生态环境质量

生态环境质量是指生态环境的优劣程度，以生态学理论为基础，在特定的时间和空间范围内，从生态系统层次上，反映生态环境对人类生存及社会经济持续发展的适宜程度。加快新时代生态保护和环境治理，要以改善和提升生态环境质量为核心，加大治理力度，多措并举，综合施策，为人民创造天更蓝、地更绿、水更清的生产生活环境。

（一）加强生态环境质量管理

目前，我国生态文明建设和生态环境保护制度体系加快形成，特别是随着大气、水、土壤污染防治行动计划深入实施，生态系统保护和修复重大工程进展顺利，生态环境质量显著改善。但是，生态文明建设和生态环境保护还面临新的挑战，特别是污染环境的现象没有根本杜绝，生态环境质量还不能满足人民群众对优美生态环境的需要。加强生态环境质量管理，对于持续打好污染防治攻坚战和改善生态环境质量具有重要意义。

改善生态环境质量，要树立长期作战思想，充分认识生态保护和环境治理的持久性艰巨性重要性，加大力度、加强措施、加快步伐。生态环境质量已经达标的地区和单位，要防止自满松懈的现象，克服"生态文明建设差不多了，该松口气、歇歇脚"的思想，再接再厉，继续努力，以更高的标准、更严的要求、更实的举措加强生态环境质量管理，改善和保持生态环境质量的持续稳定。生态环境质量不达标的地区，一方面，要克服畏难退缩和着急浮躁的情绪，保持理性淡定，力避浮躁冒进，脱离实际，层层加码、级级提速的现象；另一方面，要从本地区和本单位实际出发，坚持问题导向、目标导向、能力导向，认真查找问题，分析具体原因，制定整改措施，坚定信心，克坚攻难，按照客观规律办事，抓好各个阶段的具体工作，一步一个脚印地推进生态环境质量改善，实现生态环境质量达标的目的。

生态环境系统要强化政治担当，坚持高位推动，强化责任意识，以高度的思想自觉、政治自觉、行动自觉，全力抓好生态环境质量管理工作。要加强环境质量目标管理，明确生态环境保护目标，逐一排查达标状况。未达到环境质量要求的要制定达标方案，将治污任务逐一落实到排污单位，明确防治措施及达标时限，并定期向社会公布进展情况。对生态环境不达标的区域实施挂牌督办，必要时采取区域限批等措施。健全法律法规体系，严格依法监督管理，完善生态环境质量监测预警体系，妥善应对重污染天气。不断完善国家监察、地方监管、单位负责的环境监管体制，加强对地方人民政府执行环境法律法规和政策的监督，加大环境监测、信息、应急、监察等能力建设力度，达到标准化建设要求。环境保护部门要加强并定期对重点监管企业和工业园区周边开展监测，根据工矿企业分布和污染排放情况，确定生态环境重点监管企业名单，实行动态更新，并向社会公布。针对一些地区和企业存在的突出生态环境问题，开展机动式、点穴式专项生态环境质量督察，对重点污染环境的企业和单位，不定期地开展"回头看"，推动督察问责，公开约谈生态环境质量不达标单位领导，实现督察全覆盖，以科学严格的管理保障和提高生态环境质量。

（二）加快改善生态环境质量

进入新时代，人民群众对干净的水、清新的空气、安全的食品、优美的生态环境要求越来越高，只有大力加强生态文明建设，为人民群众提供更多、更好、更优的优质生态产品，才能满足人民日益增长的优美生态环境的需要。提高生态环境质量是一项系统工程，必须认清改善生态环境重要意义，不断提高环境治理水平，采取综合措施，加快改善进度，提升治理质量，真正下决心把环境污染治理好，不断提高生态环境质量，使人民群众在优美的环境中生产生活。

以改革创新推进生态环境质量提升。提高生态环境质量是一项系统工程，涉及单位多、时间持续长、牵扯面广、影响重大。必须更新思想观念，加快改革步伐，创新治理思路，周密部署，整体施策，多措并举，持续深化生态环境质量管理体制改革，完善生态环境管理制度，加快构建生态环境质量体系，不断提升生态环境质量。要以生态环境保护倒逼产业结构调整升级，构建绿色产业链体系，逐步建立常态化、稳定的财政资金投入机制，健全多元环保投入机制。加快简政放权方面的改革，注重发挥各地区、各部门的作用，推进从天空到地面、从山顶到海洋、从山区到平原的全地域和源头严防、过程严管、后果严惩的全过程生态环境保护建设，加快"散乱污"企业治理，构建市场供求健康关系，促进产业结构转型升级，提高发展质量和效益。加强科技创新引领，大力提高节能、环保、资源循环利用等绿色产业技术装备水平，抓紧攻克关键技术与装备，为提高生态环境质量提供技术支持。

以政绩考核促领导干部抓环境质量。加强污染防治工作，提高生态环境质量，要健全领导干部政绩考核机制，调动各级党委、政府和领导干部真靠前抓、动真格抓的积极性主动性创造性。加强生态环境保护和提高生态环境质量，决不能说起来重要、喊起来响亮、做起来挂空挡。必须把重视生态环境保护作为检验领导干部"四个意识""四个自信""两个维护"的重要标尺，各级党委和政府主要领导要自觉将改善生态环境质量摆在重要位置，坚决担负起生态文明建设的政治责任，自觉做生态保护和环境治理的领导者和践行者。对造成生态环境损害负有责任的领导干部，不论是在职、调离、提拔或者退休，都要真追责、敢追责、严追责，做到终身追责。用严格的政绩考核和制度机制，提高生态环境质量，还老百姓蓝天白云、繁星闪烁、清水绿岸、鱼翔浅底的景象，为子孙后代留下美丽家园，为中华民族赢得美好未来。

（三）以质量体系促进环境质量改善

提升生态环境质量，要用科学系统思维和方法，不断提升管理水平，加快构建包括政府、企业、社会组织和公众为主体的生态环境质量体系，增强生态环境体系的系统性科学性完整性，改善和提升生态环境质量。

强化政府主体责任。抓好环境染防治工作，提高生态环境质量，既是重大的经济问题，也是重大的社会和政治问题。习近平总书记指出："要提高生态环境治理体系和治理能力现代化水平，健全党委领导、政府主导、企业主体、社会组织和公众共同参与的环境治理体系，构建一体谋划、一体部署、一体推进、一体考核的制度机制。"[①]地方各级党委和政府要贯彻落实党中央的决策部署，不断强化主体责任，坚持把生态文明建设放到更加突出的位置，科学部署，统筹规划，分工明确，责任到人。将生态环境保护列入政府重要议事日程，从政府主体出发，通过转变政府经济职能，改革市场经济体制，以更好地发挥政府的作用。强化政府的能源及减排和任期绿化目标等工作责任制，领导干部要树立正确的发展观和生态观，健全主体功能区制度，推进节能减排工作，加快重大生态保护和修复工程，促进生态环境治理。加快建立循环型工业、农业、服务业体系，提高全社会资源产出率。严格执行责任追究制度，着力解决生态环境方面突出问题，加快改善生态环境质量，让人民群众不断感到生态环境的改善。

发挥企业主体作用。企业是现代经济建设与社会发展的重要支柱，要从自身生产与发展的实际出发，坚持以人为本、防治结合、标本兼治、综合施

---

① 《习近平在中共中央政治局第二十九次集体学习时强调　保持生态文明建设战略定力　努力建设人与自然和谐共生的现代化》，《人民日报》2021年5月2日。

策的原则，自觉践行生态文明理念，带头保护环境、承担社会责任，完善企业生产制度与经营体系，注重经济发展与生态保护相协调，建立以保障经济发展为中心、以改善环境质量为目标、以防控环境风险为基线的环境管理机制，加快环境治理和生态环境质量体系构建。企业要增强生态环境保护意识和责任感，严格守法，培育壮大绿色新兴产业，推动传统产业智能化、清洁化改造，在追求经济效益和社会效益的同时，追求生态环境效益。主动承担社会责任，塑造良好的企业信誉和形象，积极推动循环、低碳、绿色经济的发展，注重从源头上解决污染问题。加快清洁能源发展，用制度倒逼企业提升技术水平，降低污染和能耗。加快培育生态环保市场主体，不断完善环境治理和生态保护市场化机制。建立自然资源资产有偿使用制度，推动国有资本对环境治理和生态保护方面投入。加大技术研发力度，推动技术进步，提高生产效率，减少对生态环境的破坏。

壮大社会组织力量。习近平总书记指出："生态文明建设同每个人息息相关，每个人都应该做践行者、推动者。要加强生态文明宣传教育，在全社会牢固树立生态文明理念，形成全社会共同参与的良好风尚。"① 社会民间组织和团体是保护生态环境和提高环境的重要力量，要充分发挥社会主义全民动员的优越性，使社会团体在生态文明建设中发挥重要作用。不断健全和完善生态文明建设的社会参与机制，壮大社会组织的力量，充分调动社会各界参与生态文明建设的积极性主动性创造性。大力营造良好的社会环境，激发社会组织的创造活力，广泛而充分地调动社会组织的一切积极因素，发挥各方面的创造活力，推动生态文明建设。鼓励发展环境保护公益社会组织，完善法律和政策环境，不断提高自身专业化服务水平，加强和改善内部管理。加强社会组织建设，要坚持健全组织、强化责任、主动服务的原则，在提高生态环境水平与质量、参与生态环境咨询与建议、信息交流与沟通等方面发挥服务、桥梁和促进作用。健全民间环保组织的规范和引导机制，鼓励民间环保组织积极、理性、合法、深入地参与生态文明建设，使其成为推动环境

---

① 《习近平关于社会主义生态文明建设论述摘编》，中央文献出版社2017年版，第122页。

保护和生态文明建设的重要力量。①

　　鼓励公众积极参与。提高生态环境质量，要充分发挥人民群众的积极性，鼓励公众参与生态环境治理，不断强化生态环境意识，把对美好生态环境向往转化为思想自觉和行动自觉，成为美好环境的坚定捍卫者、美丽中国建设的积极践行者。一方面，要加强生态文明宣传教育，把生态环境保护纳入国民教育体系和党政领导干部培训体系，培育普及生态文化，提高生态文明意识。在公民中大力倡导简约适度、绿色低碳的生活方式，开展创建绿色家庭、绿色学校、绿色社区、绿色商场、绿色餐馆等行动，提倡绿色居住，节约用水用电，发展公共交通，鼓励自行车、步行等绿色出行，以实际行动共同维护生态环境。另一方面，要坚持问需于民、问计于民，充分激发广大市民群众的参与热情。及时准确披露各类环境信息，扩大公开范围，保障公众知情权，维护公众环境权益。在建设项目立项、实施、后评价等环节，有序增强公众参与程度。引导生态文明建设领域各类社会组织健康有序发展，发挥民间组织和志愿者的积极作用。② 建立健全利益相关方的协商机制，使政府在做出环境治理决策时，能充分体现和反映民心民意，鼓励有条件的社会组织提起环境公益诉讼，更好地落实环保法律法规，用制度和法治保障生态文明建设。

三、强化环境质量为核心目标责任

　　习近平总书记指出：我们的"发展不仅要追求经济目标，还要追求生态目标、人与自然和谐的目标。"③ 加快建立健全以改善生态环境质量为核心的目标责任体系。建立生态文明建设目标指标体系是量化生态文明建设水平的有效手段，是保证生态文明各领域建设活动有效开展和落实的重要途径。加快新时代我国生态文明建设，必须树立新发展理念，彻底转变思想观念，健全领导干部考核评价机制，压实责任、强化担当，全面推进绿色发展，不断

---

① 王雅卓、郑素娟：《探索完善生态文明建设的机制保障》，《光明日报》2013 年 8 月 25 日。
② 《中共中央　国务院关于加快推进生态文明建设的意见》，《人民日报》2015 年 5 月 6 日。
③ 《习近平关于社会主义生态文明建设论述摘编》，中央文献出版社 2017 年版，第 32 页。

提升环境质量。

（一）增强领导干部环境目标责任意识

党的十八大以来，我国全面推进生态文明体制改革，生态文明建设目标责任体系基本形成，生态环境责任目标构建不断完善，既是做好环境污染防治工作的内在要求和有效抓手，也是从责任政府维度推动国家治理体系和治理能力现代化的重要内容。

从我国生态文明建设实践看，环境保护的重点是领导，关键在落实。目前，还有一部分党政领导干部对打好污染防治攻坚战的重要性、治理任务的艰巨性、工作进展的不平衡性、自然因素影响的不确定性等问题，思想认识不高、重视程度不够、位置摆放不对，有的不能正确处理抓经济与保生态的关系，单纯追求经济效率，忽视生态环境保护；有的不思进取、不敢担当、不抓落实，遇到问题不解决、碰到困难绕道走、出现阻力知难而退；有的在取得一定成绩后产生松懈情绪，甚至出现认为生态环境治理工作"差不多了，该松口气、歇歇脚"的倦怠情绪，等等。

加强领导干部环境目标责任，强化党对生态文明建设的坚强领导，要认真贯彻《党政领导干部生态环境损害责任追究办法（试行）》和《关于开展领导干部自然资源资产离任审计的试点方案》要求，改革党政领导干部评价考核体系，构建产权清晰、多元参与、激励约束并重、系统完整的生态文明制度体系。要严格落实"党政同责、一岗双责"，严格考核问责，建立分工明确、责权清晰的环境监管和环境保护工作体系，推动建立常态化的跨部门协调机制。规范与完善环保督察问责程序，建立和完善问责过程中相关责任人的申诉制度，推动问责制度法治化、制度化、规范化。"对那些不顾生态环境盲目决策、造成严重后果的人，必须追究其责任，而且应该终身追究。"①这些制度措施和政策法规的制定和贯彻，不仅体现了我党用制度保护生态环境的理念、鲜明的问题导向、从严追责的坚定决心，也促进了各级党委政府和领导干部树立正确的政绩观，推动了党政领导干部评价考核体系建

---

① 《习近平关于社会主义生态文明建设论述摘编》，中央文献出版社 2017 年版，第 100 页。

设和生态文明建设的健康发展。

（二）构建绿色发展目标体系

习近平总书记多次在重要场合强调要坚持绿色发展，形成人与自然和谐发展现代化建设新格局，这是在总结国内外发展经验教训的基础上提出的科学论断，集中反映了我们党对经济社会发展规律的深刻认识，为实现经济社会发展和生态环境保护协调统一、人与自然和谐共处指明了可行路径，开拓了我国经济高质量发展的新境界。

绿色发展注重解决人与自然和谐问题。新时代加快我国生态文明建设，必须坚持绿色发展理念，健全人与自然和谐的绿色发展目标体系，坚持党委领导、政府主导、企业主体、公众参与，自觉把经济社会发展同生态文明建设统筹起来，不断强化能耗、水耗、建设用地等总量和强度"双控"行动，加大企业节能环保技术改造力度，大力发展节能和环境服务业，积极探索区域环境托管服务等新模式，全面节约能源资源，协同推动经济高质量发展和生态环境高水平保护。推进资源全面节约和循环利用，实现生产系统和生活系统循环链接。支持企业共建资源综合利用设施、污水及废弃物处理设施、能源梯级利用设施。按照主体功能定位控制开发强度，调整空间结构，实现发展与保护的内在统一、相互促进。

绿色发展是关系我国发展全局的一场深刻变革。树立绿色发展理念，按照主体功能定位控制开发强度，调整空间结构，平衡好经济发展和环境保护的关系，培育和壮大新兴的绿色产业。加强对重点区域、重点流域、重点行业和产业布局开展规划环评，不断优化产业布局、规模和结构。加强对国家级新区、工业园区、高新区等进行环境污染整治。加快城市重点流域的重污染和危险化学品企业的搬迁改造，促进传统产业优化升级，构建绿色产业链体系。实行最严格的土地保护、节约用地制度，大幅降低重点行（企）业的能耗、物耗，实现生产系统的循环链接。加强生态文明宣传教育，认清绿色生活的重要意义，大力倡导简约适度、绿色低碳的生活方式，注重从点滴小事做起，在衣、食、住、行、游等方面，更加勤俭节约，更加绿色低碳，更加文明健康，努力做一个"绿色达人"。

（三）把解决生态环境问题作为民生优先目标

习近平总书记在 2018 年 5 月全国生态环境保护大会上强调，"发展经济是为了民生，保护生态环境同样也是为了民生。既要创造更多的物质财富和精神财富以满足人民日益增长的美好生活需要，也要提供更多优质生态产品以满足人民日益增长的优美生态环境需要。要把解决突出生态环境问题作为民生优先领域。"新时代加强生态文明建设，必须坚持以人民为中心的理念，不断改善生态环境质量，把民生作为经济发展和解决生态环境问题的重点目标，为人民群众创造优美的生态环境，提供更多的优质生态产品，开创社会主义生态文明新时代。

习近平总书记在十九大报告中指出："人民是历史的创造者，是决定党和国家前途命运的根本力量。一定要永远与人民同呼吸、共命运、心连心，永远把人民对美好生活的向往作为奋斗目标。"在纪念马克思诞辰 200 周年大会上，习近平总书记宣示，"我们要始终把人民立场作为根本立场，把为人民谋幸福作为根本使命"。2021 年 7 月 1 日，在庆祝中国共产党成立 100 周年大会上的讲话中强调："江山就是人民、人民就是江山，打江山、守江山，守的是人民的心。中国共产党根基在人民、血脉在人民、力量在人民。"习近平总书记始终站在新的历史方位上，指出我们共产党人要坚定不移地贯彻以人民为中心的发展思想，坚持人民的主体地位，尊重人民的首创精神，依靠人民创造历史伟业。新时代加强生态环境保护，要坚持以人为本理念，坚持绿水青山就是金山银山理念，切实增强责任感和使命感，加快转变经济发展方式，不断提高发展质量和效益，加大污染治理和攻坚力度，积极为人民群众创造良好的生产生活环境。

习近平总书记多次强调，"人民对美好生活的向往就是我们的奋斗目标"。改善生态民生是当前党和政府的重大责任，要树立以人民为中心的发展思想，把解决生态环境问题作为民生发展的优先目标，重点解决损害群众健康的突出环境问题。要强化山水林田路综合治理，支持农村环境集中连片整治，开展农村垃圾专项治理，加大农村污水处理和改厕力度。我们只有积极回应人民群众所想、所盼、所急，加大力度、加快治理、加紧攻坚，大力推进生态文明建设，提供更多优质生态产品，才能不断满足人民日益增长的优美生态环境需要，促进形成"绿水青山就是金山银山"的良好局面，实现生产发展、生活富裕、生态良好的美好生活愿景。

第四节　完善生态文明制度体系

法者，天下之准绳也。孟子曰："车无辕不行，人无信不立。"制度是调节人与人、人与社会、人与自然之间关系的体制机制和法律法规，关系党和国家事业发展的根本性、全局性、稳定性、长期性问题。习近平总书记指出："保护生态环境必须依靠制度、依靠法治。要加快制度创新，增加制度供给，完善制度配套，强化制度执行，让制度成为刚性的约束和不可触碰的高压线。"我国生态文明建设实践表明，没有科学完善的制度保障，就难以推进生态保护及提高环境治理效果。只有重视制度建设，才能坚持守正创新，永葆生机活力，为生态保护与环境治理提供"四梁八柱"，促进生态文明建设走向新时代。

一、不断完善现代化环境治理体系

近年来，我国加大全面深化改革力度，加快推进生态文明顶层设计和制度体系建设，不断完善科学系统的生态文明制度体系，有力地推进了生态文明领域国家治理体系和治理能力现代化，促进了新时代生态文明建设发展。

（一）以严格的制度保障生态环境

为适应新时代生态文明建设需要，近年来我国自然资源资产产权制度、生态环境损害赔偿制度、国家环保督察制度等生态文明制度陆续出台，有效保护了生态环境，遏制了破坏生态环境现象，有力推动了发展方式转变和美丽中国建设。

生态环境问题是一个多样复杂的问题，也是长期形成的，从根本上解决尚需较长的时间和过程。但是，"如果现在不抓紧，将来解决起来难度会更高、代价会更大、后果会更重。我们必须咬紧牙关，爬过这个坡，迈过这道坎。"①目前，我国经济从高速增长向高质量发展转变，绿色循环低碳发展深入推进，为生态环境保护营造良好的宏观环境。加强生态环境保护与修复，要科学规划，周密安排，远近结合，统筹兼顾，注重源头预防、扩大容量、强化保障，集中人力、财力、物力、精力打好环境污染防治攻坚战。

在生态环境保护制度上，要按照中共中央和国务院《关于全面加强生态环境保护坚决打好污染防治攻坚战的意见》要求，严格落实生态环境保护制度，发挥制度鼓励绿色发展、倡导绿色生活的作用，加强总体规划和顶层设计，明确不同制度的目标、任务、重点内容、责任主体、实施方式和保障措施。在污染物排放环境保护管理上，严格执行污染物排放许可证制度，禁止无证排污和超标准、超总量排污，对违法排放污染物、造成或可能造成严重污染的，要依法进行处理，不断优化产业结构、能源结构、运输结构。在改善环境空气质量上，要采取受污染耕地安全利用、严格建设用地用途管制、加快推进垃圾分类处置、全面禁止洋垃圾入境等措施，突出重点区域、行业和污染物。在环境污染源头预防上，要不断强化生态意识、绿色意识、环保意识，促进经济绿色低碳循环发展、推进能源资源全面节约。不断变革生活方式，完善绿色生产体系，全面提升生态文明建设水平，加快生态环境质量改善步伐。

（二）制度是生态文明建设重要保证

生态文明建设是一项艰巨复杂的系统工程，需要从体制建设入手，建立与之相适应的生态文明制度体系，为我国经济建设和提升生态环境保驾护航。

生态文明制度建设是生态文明建设的根本保障，改善和保护生态、提高环境质量，必须健全生态文明建设制度，充分认识依靠制度和法治保护生态环境的重要意义，科学规划、制度先行，确保生态文明建设的针对性、计划性和实效性。目前，我国一些地方和部门还存在对生态环境保护认识不到

---

① 《习近平在全国生态环境保护大会上强调 坚决打好污染防治攻坚战 推动生态文明建设迈上新台阶》，《人民日报》2018 年 5 月 20 日。

位，经济建设与生态环境保护的矛盾仍然存在，城乡区域统筹不够，新老环境问题交织，区域性生态环境风险凸显，以及破坏生态环境等现象。这些问题，已经成为人民群众对优美生态环境期盼和经济社会可持续发展的明显短板，必须采取措施，多方发力，综合治理，以适应新时代生态文明建设和经济发展的需要。

加强生态文明制度建设，要强化生态红线的意识，用制度明确目标、规范行为、落实奖惩，用制度为生态文明持续健康发展提供有力保障。目前，由于生态保护制度存在贯彻不自觉、落实不到位的现象，少数领导和企业，对生态环境保护的认识不全面、行动不自觉，致使在污染和环境综合治理等方面的违法犯罪行为时有发生。出现这种情况的一个原因是法规制度不健全，破坏生态、污染环境的处罚成本低，导致个别单位和领导"宁愿交罚款，不愿治污染"，顶风作案，以身试法。健全生态环境治理体系，要着重从完善生态环境监管、生态环境保护法治、生态环境保护能力保障等方面，周密部署，科学安排，逐步完善，以健全生态环境治理体系，解决我国生态环境问题，保护自然资源和环境，为促进环境保护与经济社会协同发展提供制度保障。

（三）健全生态环境保护管理体制

加强新时代生态文明建设和生态环境保护，要树立绿色发展理念，也要完善制度化、常态化的生态环境保护管理体制，以科学完善的管理制度为生态环境保护提供支撑和保障。

在严格生态环境质量管理上，提高治理能力素质。生态环境治理要运用行政、市场、法治、科技等手段，加快生态环境质量治理，提高环境治理能力素质，推进生态环境质量持续改善。加大生态环境保护管理体制改革力度，以环境治理机制推进生态环境治理。完善资源环境价格机制，将生态环境成本纳入经济运行成本，推进生态环境保护市场化进程，进一步优化环境管理，完善环境保护考核机制，不断提高环境管理水平。加强对排污单位和企业的把关、审查、监督，严格实行排污许可证制度，从源头上减少和杜绝污染问题，并实行严惩重罚等制度。对逾期不能完成整改任务的企业要依法予以停产或关闭，对执法不力、监督缺位、徇私枉法等行为，要依法追究有关主管部门和执法人员的责任。

在完善生态环境监管体系上，提升环境监测能力。环境保护是一个关系全社会的系统问题，建设好、运用好、落实好环境保护督察制度，不能仅靠环保部门的力量，需要全社会共同参与和支持，健全环境保护社会监督机制。加强生态环境监管，强化生态保护修复和污染防治统一监管，建立健全生态环境保护领导和管理体制、激励约束并举的制度体系、政府企业公众共治体系。对污染源的监管，要重点对工业点源、农业面源、交通移动源等污染源实施全时域、全天候、全过程监管。对污染物的监管，要着重对化学需氧量、二氧化硫、PM2.5、重金属等污染物加强统一监测和管理。对产排污的监管，要建立区域联防联控机制，增强区域环境保护合力，对生产、流通、分配、消费的大生产全过程进行实时监管和综合管理，实现污染治理全防全控，做到发现一起、查处一起、处罚一起，以科学完善的监管制度为实行统一监管和提升执法效能提供保障。

在建设生态环境保护法治体系上，不断强化法治意识。习近平总书记在全国生态环境保护大会上指出："对破坏生态环境的行为不能手软，不能下不为例。"要根据我国生态环境治理情况，进一步完善生态环境保护体系，开展形式多样的宣传教育，大力宣传生态环境保护各项法规制度，增强人民群众的保护意识和法律观念。围绕大气污染、水污染、土壤污染和农村环境综合治理等方面的违法犯罪行为开展监督，为深入推进生态文明建设提供司法保障。不断强化环境保护案件办理机制创新探索，集中办理污染环境犯罪案件，实行"捕、诉、监、防"一体化办案模式，探索建立环境检察跨区划协作机制，积极开展生态恢复检查工作，并综合考虑实际修复等因素，对案件作出相应处理。建立生态环境保护综合执法机关、公安机关、检察机关、审判机关信息共享、案情通报、案件移送制度，加大生态环境违法犯罪行为的制裁和惩处力度。

二、用最严密的法治保护生态环境

近年来，党中央和国务院先后出台和提出实行最严格的生态环境保护制度，不断完善环境治理体系，用最严格制度最严密法治保护生态环境，加快制度创新，强化制度执行，让制度成为刚性的约束和不可触碰的高压线，有力保障生态文明建设健康有序发展。

（一）完善生态环境治理制度保障

制度是一个根源性的动力，抓好生态环境保护的制度建设，也就抓住了"牛鼻子"。完善生态环境保护制度，要以我国生态文明建设实际为基础，以现有生态文明制度为基础，以强化制度的约束性、创造性、高效性为目的，进一步完善生态文明制度体系，推进生态保护和环境改善快速发展。

目前，我国环境法律体系仍然难以为环境治理体系构建提供完善具体的支撑，要进一步修订和完善生态保护和环境治理制度体系，以适应新时代我国生态文明建设的需要。要改革生态环境保护法治体系，深化生态环境保护管理体制改革，完善生态环境保护制度，加快构建生态环境治理体系，健全保障举措，增强系统性和完整性，大幅提升治理能力。[①]为保护好生态环境提供法律支持，创造不想污染、不能污染、不敢污染的刚性约束。

健全生态环境保护制度，要根据我国生态环境治理情况，针对制度动态性、更替性、发展性的特点，完善和创新制度体系，增强制度的指导性、可行性、有效性。要从系统工程和全局角度寻求新的保护和治理之道，既要考虑当前环境保护需要，又要兼顾未来生态环境发展变化的要求。要根据经济社会发展、环境质量变化、环境管理需求，不断调整和完善环境治理制度。注重从源头防控、综合治理，完善行政、经济、技术等政府与市场相结合的治理机制，推进生态文明建设机制市场化。强化生态保护修复和污染防治统一监管，构建资源有偿使用、生态税、碳排放权、排污权、水权交易、生态

---

① 《中共中央　国务院关于全面加强生态环境保护坚决打好污染防治攻坚战的意见》，《人民日报》2018 年 6 月 25 日。

补偿、生态转移支付等生态经济制度，综合考虑环境保护制度在地方的执行落实情况，强化制度的实用性和可操作性。完善生态法律运行制度，充分发挥生态立法指引、规范经济发展模式转型和产业结构升级的功能，促进环境改善和生态保护，确保生态保护与经济发展共赢。

（二）实行最严格生态环境保护制度

法令行则国治，法令弛则国乱。法治，既是治国理政的基本方式，也是推进生态文明建设的重要保障。习近平总书记在掌握和运用马克思主义生态观的基础上，根据我国生态环境建设情况，相继提出了一系列加强生态文明制度建设文件，谋篇布局推进绿色发展和绿色生活，丰富和发展了马克思主义的法治思想。

党的十八大以来，以习近平同志为核心的党中央十分重视生态文明建设特别是制度建设，先后制定了《生态文明体制改革总体方案》《环境保护督察方案（试行）》《生态环境监测网络建设方案》《关于开展领导干部自然资源资产离任审计的试点方案》《生态环境损害赔偿制度改革试点方案》《建立以绿色生态为导向的农业补贴制度改革方案》《关于划定并严守生态保护红线的若干意见》《自然资源统一确权登记办法（试行）》《生态环境损害赔偿制度改革方案》和《公民生态环境行为规范（试行)》等一系列法规制度，推进了环境治理体制机制改革走向"深水区"，体现了党中央推进我国生态文明建设的坚定决心与决策部署，进一步健全和完善了生态文明制度体系，把生态文明建设纳入法治化、制度化轨道，有力地推动我国生态文明建设健康快速发展。

（三）用史上最严法律保护生态环境

令在必信，法在必行。习近平总书记指出，制度的生命力在于执行，关键在真抓，靠的是严管。只有环境监管部门发挥最大效能，依法从重从严治理，才能真正起到警示和震慑作用。

生态文明建设是一场全方位系统性的变革，保护生态和改善环境必须依靠制度、依靠法治。习近平总书记在党的第十九大上强调，要"实行最严格的生态环境保护制度"，"坚决制止和惩处破坏生态环境行为"。"提高污染排放标准，强化排污者责任，健全环保信用评价、信息强制性披露、严惩重罚等制度""构建国土空间开发保护制度"，对破坏生态环境的行为，不能手软，不能下不为例。2018年5月18日，他在全国生态环境保护大会上强调，要严格用制度管权治吏、护蓝增绿，有权必有责、有责必担当、失责必追究，保证党中央关于生态文明建设决策部署落地生根见效。决不能让制度规定成为"没有牙齿的老虎。"对增强环保刚性约束提出了新的要求。习近平总书记多次强调，生态环境保护必须加大保护力度，严格遵守法规制度。领导干部要认真落实生态文明建设责任制，对那些不顾生态环境盲目决策、造成严重后果的人，必须追究其责任。企业要坚决摒弃损害甚至破坏生态环境的增长模式。同时，要大幅度提高违法违规成本，对造成严重后果和破坏生态环境的行为，要依法追究责任。

自2010年出台《环境行政处罚办法》和2015年实行被誉为"史上最严"的新《环境保护法》，将违法企业所获得的经济利益纳入重要内容以来，随着"公益诉讼""按日计罚""查封扣押"等撒手锏法规制度的实施，扩大了污染环境罪适用范围，降低了入罪门槛。同时，环境执法有了更大的"杀伤力"，使"违法成本低，守法成本高"这些生态环境保护领域长期存在的不合理现象得到有效改变，有力地保护了生态环境，从而使污染环境、破坏生态和浪费自然资源的现象显著减少，生态环境质量持续好转，呈现出稳中向好的趋势。

三、健全生态环境修复和监督机制

生态环境治理是一项综合工程，要多措并举，运用保护修复、实时监督、综合评价等制度体系，"要加大环境督查工作力度，严肃查处违纪违法行为……加强自然资源和生态环境监管，推进环境保护督察。"[①] 不断加强纪律约束，规范执法行为，通过加快构建完善生态环境修复、监督和评价机

---

① 《习近平关于社会主义生态文明建设论述摘编》，中央文献出版社2017年版，第109—110页。

制，实现生态环境质量根本好转，推进生态环境领域国家治理体系和治理能力现代化。生态环境修复和完善监督制度犹如硬币的两面，是生态文明建设的"两轮"和"双翼"，必须两手齐抓、协同推进。要使环境修复顺利实施和达到预期目的，离不开有力的监督制度保障。同时，生态是一个大系统，环境修复和检查监督不能各管一摊、相互掣肘，而是要系统性修复、制度性督察，实现"双赢"。

（一）完善生态环境修复制度

习近平总书记指出，要打好生态保护修复攻坚战，在生态保护修复上强化统一监管，坚决守住生态保护红线。生态环境修复，要坚持自然恢复为主，统筹开展生态保护与修复，全面划定并严守生态保护红线，提升生态系统质量和稳定性。

加快生态环境修复工作，要按照整体保护、系统修复、综合治理的思路，科学筹划，综合施策，统筹山水林田湖草沙一体化修复，以岸线、矿山和土地整治为重点，加大修复力度，改善生态环境。严格管控重度污染耕地，严禁在重度污染耕地种植食用农产品。采取有效措施，打通地上和地下、岸上和水里、陆地和海洋、城市和农村、一氧化碳和二氧化碳，贯通污染防治和生态保护，加强生态环境保护统一监管，确保生态环境阈值底线不被突破。深化山水林田湖草沙生态保护修复试点，推动耕地草原森林河流湖泊休养生息。完善污染物排放许可证制度，禁止无证排污和超标准、超总量排污，对违法排放污染物、造成或可能造成严重污染的，要依法进行处理。

划定并严守生态保护红线，要依照法律规定和相关程序，征求利益相关方意见，考虑合理范围、可操作性和保障能力，科学划定生态红线，促使自然资源得到可持续开发利用，保护和修复土地、河湖等各类资源的生态功能。对生态严重退化地区实行封禁管理，稳步实施退耕还林还草和退牧还草，扩大轮作休耕试点，全面推行草原禁牧休牧和草畜平衡制度。依法依规解决自然保护地内的矿业权合理退出问题。全面保护天然林，推进荒漠化、石漠化、水土流失综合治理，强化湿地保护和恢复。加强休渔禁渔管理，推进长江、渤海等重点水域禁捕限捕，加强海洋牧场建设，推动耕地草原森林河流湖泊海洋休养生息。全面完成全国生态保护红线划定、勘界定标，实现一条红线管控重要生态空间。

加快我国环境修复制度创新，要逐步建立政府主导、多方参与、过程严管、系统完整的制度体系，为环境修复提供强有力的制度保障。在建立专职领导机制上，要建立省级联席会议制度，合力推进环境修复工作。由市县政府牵头，党政"一把手"任组长，主要负责协调各地修复项目实施，督促检查重要修复工作落实情况，压实责任，主动对标，扎实推进工作落地生根。在健全生态保护修复监管机制上，要按照"省级联席统一协调、部门按职能各负其责、市县政府负责推进实施"的分级管理原则，不定期对修复项目进展、质量、问题和绩效指标完成情况进行监督检查，发现问题和遇到困难，要及时协调解决，并运用通报、推进清单等形式，督办试点项目，确保环境修复任务按期完成。在拓宽资金投融资渠道上，要开阔思路，多方筹措，拓宽市场化融资渠道。生态环境修复工作是一项重大系统工程，不仅修复时间长，而且资金需求量大，必须采取多样化筹措方式，包括中央专项奖补、省级配套、市县级配套，以及地方债券、银行贷款、义务人投资以及其他社会资本，以确保环境修复工程的顺利实施。

严格查处生态破坏行为，要持续开展"绿盾"自然保护区监督检查专项行动，严肃查处各类违法违规行为，限期进行整治修复。健全举报制度，鼓励公民、法人和其他社会组织对生态环境问题进行举报，切实保护举报人合法权益。全面实施环保举报投诉热线畅通工程，精心做好环境权益被侵害群众来信来访工作，加大受理督办落实力度。对顶风作案、屡不改正、偷排污染物造成严重后果的，要依法从重从快追究刑事责任。坚持"按日计罚"制度，对持续性的环境违法行为进行按日、连续的罚款，确保生态环境保护法规的贯彻落实。

（二）健全生态环境督察制度

习近平总书记指出："中央环境保护督察制度建得好、用得好，敢于动真格，不怕得罪人，咬住问题不放松，成为推动地方党委和政府及其相关部门落实生态环境保护责任的硬招实招。"①不断完善生态环境督察工作各项规章制度，完善和建立独立而统一的环境监管体系，促进生态环境督察工作健康快速发展。

强化生态环境保护督察。适应新时代生态环境建设需要，健全"统一监管、分工负责"和"国家监察、地方监管、单位负责"的监管体系，有序整合不同领域、不同部门、不同层次的监管力量，完善监管的法律授权，建立独立而统一的环境监管体系。加大惩治力度，让违法者付出沉重代价。新修订的《中华人民共和国环境保护法》，增加了"按日计罚"制度，对持续性的环境违法行为进行按日、连续的罚款，违反时间越久，罚款越多，而且对情节严重的环境违法行为适用行政拘留等处罚，为严格执法提供法律依据。

加强生态环境监督。要不断创新形式，多管齐下，用好派驻、巡视等行之有效的监督方式，使生态环境监督更加聚焦、更加精准、更加有力，决不让生态环境监督出现空白。加大环境执法力量的整合力度，强化环境执法权威，做到严格执法、敢于碰硬，对各类环境违法行为发现一起，查处一起，绝不手软。当前，要根据我国生态环境监察体制形成和运用情况，让新的生态环境保护监察体制释放最大治理效能，必须做好纪律法律贯通、纪法衔接工作，妥善解决生态环境监察法本身的适用问题，推动监察对象全覆盖，监察力量向基层延伸。进一步抓好巡视巡察工作，构建巡视巡察上下联动格局，高质量推进巡视巡察全覆盖，深化成果运用，强化巡视整改。对于生态环境巡视中发现的问题，要切实查明苗头、分析原因、提出整改意见，强化环境执法权威，做到严格执法、敢于碰硬。对各类环境违法行为发现一起，查处一起，绝不手软，不断提升巡察工作的针对性和实效性。

创新环境修复督察制度。2021年4月30日，习近平总书记在中共十九届中央政治局第二十九次集体学习时讲话指出："生态环境修复和改善，是一个需要付出长期艰苦努力的过程，不可能一蹴而就，必须坚持不懈、奋发有为。推进山水林田湖草沙一体化保护和修复，更加注重综合治理、系

---

① 习近平：《推动我国生态文明建设迈上新台阶》，《求是》2019年第3期。

统治理、源头治理。"我们要清醒认识生态环境保护和修复面临的矛盾和挑战，坚持系统观念、保护为主、保修结合、综合施策、标本兼治，突出生态保护与环境修复，认真搞好环境保护和修复实施计划，着力夯实生态环境重要屏障基底。高标准推进生态文明建设，实行最严格保护，保持自然生态完整性原真性，制定生态示范区建设水平评价指标体系，推进草原湿地等重点生态功能区生态保护修复。统筹推进山水林田湖草沙的系统治理，全面推进河（湖）长制，打好河湖保护和修复人民战争。抓好废弃露天矿山生态修复等国家重大工程，治理水土流失。深入推进绿化行动，加快草原生态修复治理，提高森林覆盖率，进一步夯实我国绿色发展的生态根基，奋力谱写美丽中国新篇章。

严格生态环境保护执法。要将环境保护相关指标纳入地方各级党委政府考核评价体系，实行环境保护"一票否决"。建立生态环境损害责任终身追究制，对那些不顾生态环境盲目决策、造成严重后果的人，无论升职、离职或者退休，必须一查到底。绝不能容忍出现把一个地方环境搞得一塌糊涂，然后拍拍屁股走人，官还照当的现象。对环保部门中失职渎职、不作为甚至充当"保护伞"的，应追究其责任，并进一步加大力度查办环境领域的职务犯罪，确保生态环境保护执法的严肃性，促进生态环境保护工作。

第五节　构建生态安全体系

习近平总书记在 2018 年 5 月全国生态环境保护大会上强调，"加快建立健全以生态系统良性循环和环境风险有效防控为重点的生态安全体系"。2021 年 7 月 9 日，他在中央全面深化改革委员会第二十次会议上强调："要坚持守好底线，妥善处理、防范化解涉及国家安全的各类风险，切实维护边疆安宁和团结发展的良好局面。""图之于未萌，虑之于未有。"加强新时代生态文明建设，强化安全风险意识，要始终保持高度警觉，以生态系统良性循环和环境风险有效防控为重点，系统构建全过程、多层级生态环境风险防范体系，着力提升突发环境事件应急处置能力，为经济建设和社会发展提供安全保障，让人民群众享受社会主义美好生活。

一、强化政府生态安全责任

新时代加强我国生态环境风险管理，要从维护社会稳定和保证人民群众安全的高度，强化各级政府的环境安全责任，把抓好生态环境风险列入重要议事日程，纳入常态化管理、完善监管机制，健全风险防范体系，提升风险管理能力，确保生态环境的安全万无一失。

（一）采取有效措施加强生态环境风险防控

有效防范生态环境风险，必须高度重视，采取相应措施，不断健全生态环保法制建设，严厉打击环境违法犯罪行为，不断改善我国生态环境，减少和防范生态环境安全风险。

搞好环境风险管理顶层设计。树立全局、整体、系统理念，充分体现动态性、有效性和操作性特点。根据不同区域、流域的经济社会发展和环境管理承载能力，加强环境风险防控顶层设计。充分体现环境保护工作的整体功能，考虑危险废物环境风险防控，危险废物减量化、资源化、无害化，固体废物与大气、水、土壤污染等防治的协同与整体推进，加强固体废物和各种污染的防治，以严格科学的环境保护系统设计，促进生态环境质量整体改善，提高环境风险预防水平和应对环境突发风险的管理能力。

健全环境安全法律法规制度。近年来，党中央和国务院为加强环境风险防范工作，先后出台了《突发环境事件应急管理办法》《企业突发环境事件风险评估指南（试行）》《突发环境事件应急管理办法》《关于做好2019年突发环境事件应急工作的通知》等一系列规章办法和规范性文件，在保障我国生态安全方面发挥了重要作用。要根据新时代我国生态安全风险的发展变化，进一步完善环境风险相关的法律制度，明确在建项目环境风险评价、环境应急预案管理、重点行业环境风险检查与等级划分，以及做好环境突发事件的预防和处置法规，形成以行政管制制度为主、以资源财产权制度与经济激励制度和社会参与制度为辅的法律制度体系，有效降低生态环境风险，减少环境事故的发生。

完善环境监测和预警体系。生态环境变化的监测和预警是实施国土资源开发利用与环境监管的基础。适应生态环境保护和监测的需要，要不断完善我国的生态环境监测工作，大力提升监测技术水平，健全环境风险预警体系，不断增强预警能力，进一步建立涵盖陆地和海洋的国土空间天—空—地的一体化监测体系，积极服务国家应对气候变化、水土气生物污染的动态变化、监测、评估、预报和预警，为防止环境突发事件的发生提供理论支撑、技术手段和基础数据，有效地预防生态环境突发，更好地掌握生态环境预防的主动权。

（二）做好环境风险管控和应急准备工作

目前，我国要把生态环境风险纳入常态化管理，加强全过程、多层级生态环境风险防范体系建设。各级政府和领导干部要做好充分思想准备，坚持预防为主原则，牢固树立风险防范意识，强化风险监测、风险评估和供应链管理，最大限度消除不安全风险，提高风险发现与处置能力。做好生态环境风险防控工作，政府要提高思想认识，始终保持清醒头脑，自觉提高政治站位，立足当地实际，切实做好环境风险管控和突发环境事件应急工作，从源头上抓好风险的防控工作，避免突发环境事件的发生。

做好生态环境风险防范和环境风险管控工作是一个系统和完整的体系。要科学规划，全盘考虑，周密计划，抓好落实，把握好各项建设发展走向，重视自然生态用地的保护，避免出现引发环境风险及灾害现象。要始终保持环境保护思维和忧患意识，做到未雨绸缪，妥善应对，打好防范化解风险的有准备之仗。充分认识防范化解重大风险的重要性和紧迫性，进一步增强防范化解重大风险的政治自觉和责任担当，切实做好应对任何风险挑战的思想准备和各项工作，坚持应急值守工作，明确各方责任，及时掌握突发环境事件信息，随时做好信息报告和通报工作。政府要认真做好相关工作，借助专家和科技的力量，精准研判，及时、高效、科学做好环境风险应急处置。整合现有安全、环保、交通公安等各部门和机构涉及安全生产管理的行政监管职能，建立环境保护和安全部门统一监管、独立监管的体制。

不断完善资源环境承载能力监测预警机制，定期分析区域和企事业单位的资源消耗、污染排放、生态影响等情况。当监测值接近红线时，对有关区域和单位提出警告警示，督促其采取措施。各级生态环境部门要建立健全市级辐射事故专项应急预案，制定严格的应急管理制度体系，实现每件应急仪器专人管理、多人会用。加快预案修订工作，明确突发环境事故应急内容与应对处置措施。严格各级环境应急指挥调度平台与生态环境部中心平台的定期联调对接制度，不定期组应急平台联调联试，确保指挥调度平台畅通，自觉做到应对风险心中有数、制定措施切实可行、化解隐患方案可靠，努力将矛盾消解于未然，将风险化解于无形。

（三）提高解决突发环境事件及风险化解能力

生态环境风险具有高度的多样性和复杂性，做好生态环境风险防范是一项系统工作，要采取可行措施，提高应对突出风险的能力，才能搞好环境治理和生态修复，化解环境突出事件的风险。

做好环境风险防范和风险化解工作，各级党委和政府要强化风险意识，认清生态环境风险防控的重要性，树立新的管理理念，健全国家环境风险防控与管理体系。要增强忧患意识，未雨绸缪，精准研判、妥善应对生态环境可能出现的重大风险问题，切实落实保安全、护稳定、化风险的各项措施。要采取计划、组织、协调、监督等管理手段，以经济有效的方式降低环境危害，下大气力解决好环境污染及危害人民群众切身利益问题，降低环境风险，减少环境风险，实现环境保护目标。要维护生态系统的完整性、稳定性和功能性，确保生态系统的良性循环。处理好涉及生态环境的重大问题，包括妥善处理好经济发展面临的资源环境瓶颈、生态承载力不足的问题，要将防范风险的先手与应对和化解风险挑战的实招结合起来、将打好防范和抵御风险的有准备之战与打好化险为夷、转危为机的战略主动战结合起来，不断提高化解风险能力，保持社会大局稳定。

完善风险防控机制，对风险产生、发展的全过程进行监控，对风险的发生诱因与事前防范、风险的事中演进与有效控制、风险的化解与事后治理等进行全方位管理，不断提升应急处置水平。充分发挥集体的智慧，借助专家的力量，精准研判，明确政府在应急处置过程中的职责和应当采取的处置措施，指导政府及时、高效、科学做好环境应急处置工作。一旦发生环境突发事故，政府领导要第一时间赶赴事件现场，了解情况，加强现场指导协调，采取有效措施，及时应急处置。要及时主动地公开信息，利用传统媒体和新媒体等渠道，客观、公正、全面公开事件信息，说明情况，积极回应民众关切，减少负面消息传播，消除不良影响。在事后管理上，要开展调查评估和总结教训，查明事故原因，分清责任，提出整改措施，并翔实上报相关部门。

二、加强企业环境风险防控

企业要充分认识环境安全工作重要性，坚决扛起防范生态环境风险政治责任，全力保障环境安全。在提高政治站位方面，要坚决把防范化解生态领域重大风险作为重要的政治责任，不断强化企业环境安全全过程管理，有效提升环境风险管控意识和能力。在企业生产过程中，要盯紧排污重点环节，全面完成生态领域重大风险化解，扎实开展安全生产专项整治行动，推动提高防范化解环境风险的能力。在企业日常环境风险管理上，要抓好生态环境领域安全隐患排查整治，扎实做好突发环境事件应急演练，切实抓紧抓好环境风险防控工作，确保环境领域社会稳定。

（一）增强企业环境风险防范责任意识

当前，我国生态文明建设和生态环境总体良好，但是个别企业的环境风险防控形势还较严峻，突发环境事件时有发生，对经济建设、社会稳定以及生态环境保护造成一定的影响，现有的环境风险防控与管理体系已经无法满足新形势下环境风险防范的需求。企业要不断提高对环境风险防控重要性的认识，坚持把防范化解生态环境重大风险作为重要问题，列入企业重要议事日程，分工明确，责任到人，定期召开会议，分析生态环境情况，查找存在问题，制定解决方案，不断提高风险化解能力，逐步完善风险防控机制，把防范化解重大风险的要求抓紧抓好、落到实处，牢牢把握生态环境安全工作主动权。通过生态环境保护，遏制生态环境破坏，减少自然灾害危害，促进自然资源的合理科学利用，实现自然生态系统良性循环，维护生态环境安全和社会稳定。

企业要明确自己承担环境风险与突发环境污染事件应急处置的主体责任，主要负责人是第一责任人，发生环境事故应完全由企业来承担经济损失、环境安全责任和社会责任。就企业而言，要增强环境风险防范意识，健全分类管理、分级负责、条块结合、属地为主的应急和风险管理体制，明确各自职责，建立统一指挥、功能齐全、反应灵敏、运转高效的应急机制。明确环境风险防范与突发环境污染事件要由企业负总责，努力形成有效防范环境风险、处置突发环境事件的合力。坚持生产计划与生态环境保护相结合，避免只重经济效益，忽视生态保护的现象，健全企业环境风险制度，不断提高风险管理体系运行质量，确保生态环境和企业生产安全有序。

（二）健全环境安全保障长效机制

保护生态环境安全，必须严格落实企业环境安全主体责任，强化政府环境安全监管责任，健全企业治理污染责任配置和安全保障机制，加强企业的环境安全日常监管，对环境风险企业实施全过程管理，确保生态环境和企业生产的安全。

企业是治理大气污染、环境风险防控的主体力量。企业治污要从关系人民福祉、关乎民族未来的高度，自觉抓好抓实环境安全，从被动转向主动，责任从部分转向全面，措施从当前转向长远，健全环境安全保障机制，完善企业的治污责任体系，促进守法环境明显改善。要充分发挥环境风险防控的实施主体作用，企业是环境风险的源头，必须做好风险防范工作。存在环境风险的企业要加强风险源评估、监控、管理和运输处置等工作，以规范化管理提高风险防控成效。要严格按环境要求实施项目建设、运行和生产，及时编制和报备预案并及时排查整治环境风险隐患。严格守法，落实资金投入、物资保障、生态环境保护措施和应急处置主体责任。建立突发环境事件和重大环境风险隐患整改落实情况跟踪督办制度，严格按照环境影响评价和环境风险评估的结果，完善相关制度措施，对出现的问题要查找原因，调整计划，制定措施，及时解决。

企业要在上级环境风险评估的基础上，对可能引起突发环境事件危险因素进行认真分析，对于排查发现的环境安全隐患，应当立即消除，不能立即消除的要制定并实施环境安全隐患治理方案，落实整改措施、责任、资金、时限以及控制措施。开展定期自检制度，实施全过程环境风险管理，建立事前风险防范、事中应急响应、事后损害评估与环境修复管理体系，及时排除存在的环境安全隐患，保障企业的环境安全。

（三）加强企业日常环境监管能力建设

习近平总书记指出："要坚持标本兼治和专项整治并重、常态治理和应急减排协调、本地治污和区域协作相互促进原则，多策并举，多地联动，全社会共同行动。"[1]应以重点风险源的综合性、实时性监控为主要手段，结合环境风险防范，强化管控体系和技术体系建设，加强环境安全与风险防范。

针对我国企业环境风险防控的需求，制定加强企业环境风险的产生、传播、防控机制，环境风险评估与管理的法规、政策、措施，环境风险防控与管理体系、环境风险防控与管理规划等，加快企业环境监管能力建设，提高环境风险防控能力。

在企业的日常环境风险监管上，要转变工作作风，加大对企业自身的日常环境监管力度，严格遵守污染防治标准体系，加强环境风险管理，对查处过程中发现的环境问题，要采取可行的改进措施，及时解决，抓好落实。

在应急防范信息平台建设上，应以公众知情权为基本出发点，规范企业对环境风险与环境安全等信息的发布制度，做好突发性环境污染事件的跟踪和动态响应工作，建立舆情专报制度，并及时向相关部门通报。

在环境安全隐患排查上，定期对企业进行环境风险隐患排查，制定环境安全隐患排查的内容、方式和要求，对发现的重大环境安全隐患实行公示，并提出强化防控的要求。

在危废处置的安全监管上，严格执行相关法规制度，减少生产控危废品，加强对危废集中处理处置和设施的管理，实现日常管理和监督管理相结合，力求将生态环境风险降到最低程度，以完善的制度和有效的措施确保生

---

[1]　《习近平关于社会主义生态文明建设论述摘编》，中央文献出版社 2017 年版，第 87 页。

态环境防控工作迈上新台阶。

三、提升公众安全防范意识

美丽中国建设离不开每一个人的努力。2021 年 4 月 30 日，习近平总书记在中共十九届中央政治局第二十九次集体学习时讲话指出，"要增强全民节约意识、环保意识、生态意识，倡导简约适度、绿色低碳的生活方式，把建设美丽中国转化为全体人民自觉行动。"既对公民积极参与生态环境建设提出新要求，又强调要自觉践行绿色低碳生活方式，守护好祖国的绿水青山，不断提高人民生活品质。

（一）提高公众对环境风险的认知能力

2019 年 1 月 21 日，习近平总书记在省部级主要领导干部研讨班开班式上讲话指出，"深刻认识和准确把握外部环境的深刻变化和我国改革发展稳定面临的新情况新问题新挑战，坚持底线思维，增强忧患意识，提高防控能力，着力防范化解重大风险。"这一讲话具有很强的思想性针对性指导性，对于提高环境防范化解重大风险的能力，牢牢把握生态文明建设的主动权具有重大意义。

搞好生态环境保护，要加强生态文明宣传教育，大力营造爱护生态环境的良好风气。政府和相关部门要运用好报纸、电视、网络等媒体，加强对公众环境风险的产生、危害以及防范的宣传教育，加强公众实施突发环境事件应急逃生和自我救护培训，提高公众对环境风险的认知，不断增强公众对突发环境事件的自我辨别能力和应急防护能力，降低突发环境事件对公众健康、财产造成的影响。调动群众参与环境保护的积极性，保障他们的话语权，群策群力，共治共享，形成环境共治模式。

充分发挥环保社会组织和志愿者队伍的作用，不断完善公众监督、举报反馈机制，保护举报人的合法权益。引导公众正确认识参与环境风险管控的重要性，发挥公众的监督作用，提升公众应急自我救护能力。加强环境风险信息公开，促进有关政府管理部门、企业及时、准确、主动地公开环境风险信息，保证公众对环境风险的知情权，充分发挥公众对环境风险的自我防范与社会监督作用，形成全社会环境监督的氛围。当出现环境安全风险时，公众应获得相应的关心和保护，在他们的环境权益遭到侵犯时，政府应当提供及时、有力和低成本的援助，切实保障公民的知情权以及做好安全防范工作。

（二）构建环境保护社会监督机制

生态环境风险防范是一个系统和完整的体系。生态环境风险具有高度的多样性和复杂性，搞好生态环境保护，促进生态文明建设，只有政府支持、公众参与、社会监督，才能有效防控突发环境事件风险。

我国目前尚未形成一个良好的预防和应对突发事件的社会基础，公民的环境防范意识还不够强，社会广泛参与突发环境事件应对工作的机制不健全，自救与互救的能力还有待提升。要进一步健全环境保护举报制度，完善公众监督、举报反馈机制，广泛实行信息公开，鼓励公众积极参与环境监督，发现危害环境的现象要及时向有关单位进行举报，保护举报人的信息安全和合法权益，鼓励设立有奖举报基金。健全生态环境新闻发布机制，完善环境信息公开制度，对涉及群众切身利益的重大项目及时主动公开。不断提高和保障公众知情权，广泛运用各种新媒体手段和方式，扩大公众知情的信息获取途径，提升公众应对突发环境事件的防护能力与保护意识，进而实现全面有效的社会监督。

加强风险认知的引导，政府部门应充分运用各种有效方式引导公众正确认识环境风险的危害性，提高公众对环境风险的科学认知程度。建立透明的风险防范机制，将利益相关方纳入风险管理，形成多主体共同参与的环境风险交流体系，用专业知识告知公众环境风险源、暴露途径、造成危害以及如何防控等。逐步健全生态安全系统的制度体系，加强生态环境危机管控，提高抵御极端风险和应对紧急状态能力，确保不发生重大危机，切实维护好我国生态系统和国家民族的根本利益。

（三）完善公众自防自治和群防群治体系

环境保护是一个关系全社会的系统工程，建立和完善严格的环境保护制度，减少生态环境风险，加强环境风险管控，需要全社会关注，全民共同参与，增强公众的环境保护意识和自防自治能力，更好地应对环境风险。

习近平总书记指出："要强化公民环境意识……加强生态文明宣传教育，把珍惜生态、保护资源、爱护环境等内容纳入国民教育和培训体系，纳入群众性精神文明创建活动，在全社会牢固树立生态文明理念，形成全社会共同参与的良好风尚。"①环境保护涉及面很广，要加强环境保护的广泛宣传，大力普及环境安全知识、环境应急管理知识、灾害知识、防灾救灾知识和自我救治常识等，提高群众参与环境应急管理的积极性和应对突发环境事件时的自救、互救能力。完善社会动员机制，积极整合社会资源，建立群众自防自治、社区群防群治体系，进一步增强全社会的环保意识，在全社会形成保护环境的良好氛围。要健全公众参与环境管理的长效工作机制，保障社会公众对环境信息的知情权、参与权与监督权，增加决策的透明度，提高环境管理的质量和效率。

积极引导环保社会组织依法开展生态环境保护公益诉讼等活动，激发社会公众监督环境保护的热情，增强全社会环境保护的责任感和使命感，推动环保社会组织和志愿者队伍规范健康发展。不断提升和强调公众参与意识，把公众的监督能力发挥到最大化，让他们能够熟知在环境风险发生的时候如何进行自我救护，以及如何发挥在群防群治中的作用。要系统构建全过程、多层级生态环境风险防范体系，保护生态环境，规避环境风险，确保美丽中国愿景的实现。

---

① 《习近平关于社会主义生态文明建设论述摘编》，中央文献出版社 2017 年版，第 122 页。

第四章 新时代生态文明思想的哲学蕴含

　　马克思指出，"任何真正的哲学都是自己时代的精神上的精华。"历史唯物主义认为，人类社会历史是一部人类不断探索人与人关系、人与自然关系、人与社会关系的思想和实践的发展史。习近平总书记从建设中国特色社会主义现代化和实现中华民族伟大复兴"中国梦"的战略高度，以人类文明发展的宏阔视野，深刻把握新时代生态文明建设的本质特征、内在规律和发展趋势，运用马克思主义哲学思想，科学回答了生态文明建设的时代课题，指明了生态文明建设的发展方向，实现了马克思主义中国化的新飞跃，蕴含着深厚的科学内涵、方法创新和哲学底蕴，展现出强大的真理力量和独特的思想魅力。

第一节　生态文明思想的本体论之源

　　本体论是一个基本的哲学概念，通常是指哲学中研究世界的本原或本性问题的理论。西方哲学从古希腊起就对本体论进行研究。18世纪德国启蒙哲学家沃尔夫首次对本体论进行论述，认为本体论属于"哲学的理论科学"，在哲学知识体系中居于最高级的地位。一般而言，本体论意指存在者之为存在的终极基础和根本，是存在物得以存在的前提和依据。马克思主义哲学把本体论当作关于存在发展的最一般规律的学说，也就是研究存在本质的哲学问题。从本体论的角度认识生态文明，是从最基本的问题出发，回答人们对生态文明的认知、意涵、作用及意义。习近平生态文明思想，根植于传承千百年的历史文化，是在吸收、借鉴中华民族传统丰厚的文化滋养和现代生态思想基础上形成的理性认识与理论升华，将生态文明置于国家发展的宏大蓝图中，充分表明了人本身源于自然，自然本体是人类生产和生活不可或缺的一部分，体现了优秀传统文化的品格，彰显了中国特色，承载着厚重的生态内涵，内含着对本体论的深邃思考。

一、人与自然处在同一场域之中

人与自然同为宇宙主体。寻求新时代生态文明思想的本体论之源，核心就是要认识到人与自然处于同一场域之中，同为宇宙的主体。人类与天地万物本是同源同根，是相互平等、相互依存的有机整体。习近平总书记着眼人类文明发展的历史进程，从中华传统文化的宏阔视角和世界发展走向的战略高度，深刻阐述了"世界大同、天下一家""大道之行、天下为公""贵和""重和"等文化精髓，强调世界各国人民生活在同一片蓝天下，应努力把人类星球建成一个和睦的大家庭，把人们对美好生活的向往变成现实。绿色发展，就其要义来讲，是要解决好人与自然和谐共生问题。努力维护好人类与自然关系的和谐发展是生态价值观形成和发展的重要基础。习近平生态文明思想用清晰的理性逻辑表达了人类与自然的共生关系，丰富了中国传统哲学生态思想的内涵，传承了中国传统生态哲学理念，为新时代生态文明建设思想的形成及发展提供了丰厚的文化滋养和源流。

人与自然的关系体现着"天人合一"的宇宙观。我国传统文化中的生态思想，包含着丰富深厚的传统文化和深刻的生态智慧。人与自然不是主客二分的关系，在人与自然的关系上，道家主张"天人合一"，"天地与我并生，而万物与我为一。"但道家与儒家的"天人合一"有所不同。儒家思想提倡的"天人合一"带有人类中心主义的倾向，主张以满足人类需要为价值中心，是一种"贵己贱物"的态度；而道家从不主张对自然界"制天命而用之""物畜而制之"，也不把自然看作是人类索取和控制的对象，而是把人看作是自然界的一部分，追求人的自然化，强调人与自然万物和谐相处。老子曰："人法地，地法天，天法道，道法自然"。这种合天地万物规律而生存与发展的价值理念，强调人们要尊重自然，宇宙自然是大天地，人则是一个小天地。自然界是有规律的，人应该遵循自然规律，"顺天"不"逆天"，人与自然可以和谐相处。2017 年 1 月，习近平主席在联合国日内瓦总部演讲时指出，"我们应该遵循天人合一、道法自然的理念，寻求永续发展之路。"这继承和发展了中华民族的传统优秀文化，改变了中国传统哲学"天人合一"观念以及万物平等价值观内涵模糊性的缺陷，用清晰的语言和逻辑表达了人类与自然的共生关系，是对中国传统哲学"天人合一"观念的继承和发展，为生态文明思想注入了传统基因。

人与自然是一个生命共同体。中华传统文化中"天人合一"哲学思想，视人与自然为一个生命共同体，以实现人与自然的和谐为最高理想。圣人孔子曾说："知天命，畏天命"。张载《西铭》篇中的"民吾同胞，物吾与也"的思想，深刻表达了"共同体"价值理念的本质。认为人不仅要意识到人与宇宙万物的合一，而且要积极主动地关爱这一场域中的所有存在。从道德价值观来说，人与宇宙万物应该是德性上的合一。《周易》言："生生之谓易"，而生的核心在于"与天地准"，即合天地万物的规律性。孟子提出"仁民而爱物""天行有常""万物各得其和以生，各得其养以成"的生态哲学思想。这就是说，人要根据自然发展变化的规律，发挥主观能动性，有目的、有意识地改造自然界，使人与自然达到和谐统一的状态。生动地体现了古人的生态哲学理念以及"仁者乐山，智者乐水"的生态情怀。人与自然界共处在同一个生命共同体之中，人类只能尊重自然、顺应自然、保护自然，爱护大自然的一草一木、一山一水，对自然常怀敬畏之心，才能与自然和谐相处。如果只知索取、不知保护，恣意妄为地掠夺自然资源和破坏自然，就会打乱自然界的秩序和规律，人类就会遭到大自然的无情报复。

二、人同万物是同一律的存在

习近平总书记在纪念马克思诞辰 200 周年大会上的讲话指出，自然是生命之母，人与自然是生命共同体，人类必须敬畏自然、尊重自然、顺应自然、保护自然。《周易》曰："一阴一阳之谓道"。程颢言："天人本无二，不必言合。"《易经》的乾卦，表示天道创造的奥秘，称作万物之父；坤卦表示万物生成的物质性原则与结构性原则，称作万物之母。人与自然共生是宇宙间的"常道"和"常理"，是天地间的普遍规律。墨家"兼爱""非攻"的思想内含着人与自然和谐的意蕴，其中"兼爱"指人与自然要和谐统一、相互爱护；"非攻"指人是自然界的一部分，应该顺应自然、保护自然，而不是把自然当成敌人，恣意破坏。人作为自然的一部分，与自然是平等的，应当相互尊重，和谐相处。从这个角度讲，佛家的"众生皆平等"就是在间接地反对"人类中心主义。"这就是说，大自然中的一切事物都是平等的，没有高低贵贱之分，倡导人与自然和谐共处。习近平总书记指出，"人因自然而生，人与自然是一种共生关系，对自然的伤害最终会伤及人类自身。只有尊重自然规律，才能有效防止在开发利用自然上走弯路。"①强调要坚持人与自然是生命共同体的理念，以对人民和子孙后代高度负责的态度，加快建设社会主义生态文明，推动人与自然和谐共生。

自然物构成人类生存的自然条件。人类是自然界的重要组成部分，自然界先于人类而存在，自然界具有不依赖于人类的内在创造力，它创造了地球上适合于生命生存的环境和条件，构建了各种生物物种以及整个生态系统。道家的"道法自然""无为顺天"观点强调人应该遵循"道"，顺应自然的"自然而然"的规律；提倡"仁者以天地万物为一体"，把人与自然看成是统一体。《吕氏春秋》中说："竭泽而渔，岂不获得？而明年无鱼；焚薮而田，岂不获得？而明年无兽。"人作为自然存在物，依赖于自然界，自然界为人类提供赖以生存的生产资料和生活资料。在同自然的互动中生产、生活、发展，人类善待自然，自然也会馈赠人类，但"如果说人靠科学和创造性天才征服了自然力，那么自然力也对人进行报复。"②人类发展活动必须尊重自然、顺应自然、保护自然，这是人类必须遵循的客观规律。习近平总

① 《习近平关于社会主义生态文明建设论述摘编》，中央文献出版社2017年版，第11页。
② 习近平：《在纪念马克思诞辰200周年大会上的讲话》，《人民日报》2018年5月5日。

书记强调人与自然和谐相处，一切均应顺乎自然规律，将人心和善、宽容平和、亲仁善邻理念融入生态文明思想，高度契合人和自然在本质上是相通的这一哲学思想。

人与自然在本质上相通的。中华文明传承五千多年，积淀了丰富的生态智慧。张载明说："儒者则因明至诚，因诚至明，故天人合一"。程颢曰："仁者以天地万物为一体。"习近平总书记多次赞誉的近代思想家王阳明，在《传习录》卷中（答顾东桥）说："夫圣人之心，以天地万物为一体，其视天下之人，无处内远近，凡有血气，皆其昆弟赤子之亲，莫不欲安全而教养之，以遂其万物一体之念。"王阳明不仅强调人与自然为一体，而且倡导人与万物的诚爱无私，和谐相处。他主张"天下一家""圣人之心，以天地万物为一体"这些优秀传统文化，是中华文明得以传承和繁荣的精神支柱，今天我们虽然不能完全照搬，但其合理性成分对当代国家治理和生态文明建设仍有积极作用和价值。习近平总书记指出，"'劝君莫打三春鸟，儿在巢中望母归'的经典诗句，'一粥一饭，当思来处不易；半丝半缕，恒念物力维艰'的治家格言，这些质朴睿智的自然观，至今仍给人以深刻警示和启迪。"① 习近平总书记汲取了中华民族传统仁爱、和谐、共享思想的合理因素，实现了时代升华，对当代我国生态文明建设具有重要的哲学启示作用。

三、人与自然要合其德与合其律

天地人是统一的有机整体。早在两千多年前，中国古代哲学家就以朴素的形式阐述人与自然和谐统一问题。认为人与自然是统一不可分割的整体，人是自然的一部分而不是超自然物。周代就有天、地、人的表述，认为天地人是相互统一的一个整体。《易传》指出："易之为书也，广大悉备，有天道焉，有地道焉，有人道焉。"老子说："有物混成，先天地生，吾不知其名，故强曰之道。……道大，天大，地大，人亦大，域中有四大，而人居其

---

① 《习近平关于社会主义生态文明建设论述摘编》，中央文献出版社2017年版，第6页。

一焉。"① 老子强调的是天道与人道的和谐统一。他还指出："道生一，一生二，二生三，三生万物"②。这强调"道"不仅是人的本源，而且是天下万物的本源，是宇宙的普遍规律，这是人与自然和谐统一观点的另一种表述。古人强调贵中尚和、和而不同、神形合一、协和万邦，就是说要重视人与自然、人与人、人与社会、人与自然，以及主张国家之间、民族之间的和谐。中华民族的传统文化所蕴含的"天下大同"天下观、"和为贵""和而不同"的和合观、"天下一家""天人一体"的人类发展整体观等生态价值观，以其超越时代的生命力和内化于心、外化于行的潜隐性，已与当代中国生态文明建设形成了共鸣和契合，为习近平生态文明思想的形成和发展提供了深厚的历史文化理论滋养。

合理而有节地获取自然资源。中国古代文明中孕育着丰富的生态智慧，我们的先人们早就认识到了生态环境的重要性。如"知天命，畏天命""仁者乐山，智者乐水"等哲学思想，强调人与自然和谐统一。"子钓而不纲，弋不射宿。"意思是不用大网打鱼，不射夜宿之鸟。《中庸》提出："诚者，天之道也；诚之者，人之道也"，是指人要主动实现"与天地参"，帮助天地培育万物，达到在信念上、精神上与天地并立。儒家强调要"可持续性""取之有时"以及"取之有度"。孟子曰："不违农时，谷不可胜食也；数罟不入洿池，鱼鳖不可胜食也；斧斤以时入山林，材木不可胜用也。谷与鱼鳖不可胜食，材木不可胜用，是使民养生丧死无憾也。"③ 荀子曰："草木荣华滋硕之时则斧斤不入山林，不夭其生，不绝其长也；鼋鼍、鱼鳖、鳅鳝孕别之时，罔罟、毒药不入泽，不夭其生，不绝其长也。"《吕氏春秋》中说"竭泽而渔，岂不获得？而明年无鱼；焚薮而田，岂不获得？而明年无兽。"这些关于对自然要取之以时、取之有度的思想，有十分重要的现实意义。④《周礼》指出："草木零落，然后入山林。"遵循农时节气，

① 《老子》第二十五章，上海古籍出版社 2002 年版。
② 《老子》第四十二章，上海古籍出版社 2002 年版。
③ 方勇：《孟子译注》，中华书局 2010 年版，第 5 页。
④ 《习近平谈治国理政》第二卷，外文出版社 2017 年版，第 209 页。

合理而有节制地利用自然资源，可以使民众不用为生计而发愁，也可以使自然获得再生的时间和空间，使自然和人类社会的发展获得良性的循环。这些关于对自然要取之以时、取之有度的思想，在当代仍然具有十分重要的现实意义。

探寻人类社会永续发展之路。从本体论的角度来看，走人、自然、社会和谐发展的道路，追求"和合"境界被古人视为安身立命、为人处世的理想境界，通过不偏不倚、过犹不及、从容中道的处世为人方式，实现人与自然、人与社会、人自身之间的和谐宁静，达到儒家所说的"随心所欲而不逾矩"、道家所说的"道法自然"、佛家所说的"除一切苦，终究涅槃""得大自在"的精神境。习近平总书记指出，"贵和尚中、善解能容、厚德载物、和而不同的宽容品格，是我们民族所追求的一种文化理念，自然与社会的和谐，个体与群体之间的和谐，我们民族的理想正在于此"。[①]古人有"天育物有时，地生财有限，而人之欲无极"的说法，反映了人与自然的矛盾。"建设资源节约型社会已成当务之急，是一场关系到人与自然和谐相处的社会革命"。[②]习近平总书记吸取了传统的"民胞物与""阴阳冲气而生万物""化育万物"思想，认识到人与自然、社会、自身之间是平等、和谐、统一的，是马克思主义生态哲学思想在当代的理论创新，为建设美丽中国和实现中华民族永续发展提供了行动指南。

生态文明理论的产生是一个辩证发展的历史过程，是对以往生态思想的继承、发展和创新。习近平生态文明思想根植于世界民族土壤和长达千年的生态实践，包含着崇尚自然的精神风骨和文化基因，显示出中华民族特有的宇宙观、自然观和生态文明观，其理论根源从实践中来，经过实践的检验，又指导实践，构成了新时代生态文明思想的本体论来源。

---

① 习近平：《干在实处 走在前列》，中共中央党校出版社 2014 年版，第 296 页。

② 习近平：《之江新语》，浙江人民出版社 2007 年版，第 118 页。

第二节　生态文明思想的辩证法之论

人类社会历史是一部不断探求人与人、人与自然、人与社会的发展史。习近平生态文明思想继承马克思主义生态理论，从认识论的角度看，蕴含着丰富的辩证思维，生动体现了对自然规律、社会规律、人类文明发展规律的深刻认知和科学把握。

一、用对立统一规律科学认识人与自然的有机统一

对立统一规律即矛盾规律，是事物发展的动力和源泉。矛盾存在于一切事物之中，并且贯穿于事物发展的全过程，社会发展进步的过程就是不断出现矛盾、不断解决矛盾的过程。对立统一规律是唯物辩证法体系的实质和核心，也是自然界、事物、社会和思维发展的根本规律，只有把自然界的各种运动、各种存在形式与人以及由人构成的社会密切地联系在一起，才能真正地做到人与自然的统一。习近平生态文明思想丰富和发展了关于人类文明发展规律、自然规律和社会发展规律的认识，强调要辩证地看待和处理人与自然的矛盾关系，充分体现了其蕴含的对立统一思想理论特色。

（一）人与自然之间的斗争性

矛盾的斗争性是指矛盾着的对立面之间互相排斥的属性，体现着对立双方互相分离的倾向和趋势。斗争精神是马克思主义所具有的精神特质，这一精神只有深深植根实践、努力服务实践，才能不断创新发展。马克思指出，"只要有人存在，自然史和人类史就彼此相互制约。"[①]"在这种自然的、类的关系中，人同自然界的关系直接就是人和人之间的关系，而人和人之间的关系直接就是人同自然界的关系，就是他自己的自然的规定。"[②]恩格斯在《自然辩证法》导言中指出："只有一种有计划地生产和分配的自觉的社会组织，

---

① 《马克思恩格斯文集》第1卷，人民出版社2009年版，第516页。
② 《马克思恩格斯全集》第42卷，人民出版社1979年版，第119页。

才能在社会方面把人从其余的动物中提升出来，正像一般生产曾经在物种方面把人从其余的动物中提升出来一样。"①人类社会演进发展的漫长历史进程，说到底就是人类存在状态不断提升的过程。人由自然界分化而来，并通过人来认识自身。从人与自然的关系出发，选择从自然界发展出的一般生产实践把人从物种关系上提升出来，所形成的人与自然界的矛盾作为认识世界、改造世界的逻辑起点。

一部人类文明的发展史，就是一部人与自然以及自然与社会的关系史。人类发展实践表明，顺自然规律者兴、逆自然规律者亡。自然生态的变迁决定着人类文明和社会的兴衰更替。人类在原始文明时期，人与自然关系是在生产水平极其低下状态下的"和谐"，人只能消极地适应自然。农业文明时期，人类开始初步认识和改造自然，对自然已有所影响但影响有限。工业革命以来，人类为了自身的发展，开始大量地攫取自然资源，造成人与自然的关系的对立，引发了生态危机，影响了社会发展。尤其是人类进入资本主义社会后，随着工业文明蓬勃兴起，科学技术的飞速进步，机器大生产带来生产力的快速发展，促进了资本主义的繁荣。但与此同时，资本的无休止扩张，对自然资源造成严重破坏，导致自然资源短缺，人与自然的矛盾日益显现。特别 20 世纪以来，全球性生态问题日益凸显，并随着资本主义的发展日益加剧，最终导致了生态危机的频发，而且也使人与人之间矛盾的斗争性日益凸显。人类社会面临着严重的威胁，正确处理人与人及人与自然之间的矛盾，必须摒弃机械思维和二元对立思维，坚持马克思主义唯物辩证的科学思维方式，实现人与自然之间的矛盾的真正解决。

2021 年 4 月 30 日，习近平总书记在中共十九届中央政治局第二十九次集体学习时讲话指出，"我国建设社会主义现代化具有许多重要特征，其中之一就是我国现代化是人与自然和谐共生的现代化，注重同步推进物质文明建设和生态文明建设。要坚持不懈推动绿色低碳发展，建立健全绿色低碳循环发展经济体系，促进经济社会发展全面绿色转型。"这明确了我们在新时

---

① 恩格斯：《自然辩证法》，人民出版社 2015 年版，第 23 页。

代所采用的现代化模式的基本维度和重要遵循，是对西方现代化模式的超越。我们应避免走西方国家的传统工业化模式的老路，绝对不走先污染、再治理的歪路，必须彻底摆脱"先发展后治理"的思维模式。要坚持新发展理念不动摇，力避只顾眼前、不顾长远的短视行为，积极推进具有环保意义的经济社会与人的全面发展。习近平总书记从人类文明发展演进的宏阔视野出发，运用马克思主义辩证唯物主义和历史唯物主义的世界观和方法论，深刻指出必须解决好生态环境与人类发展的矛盾关系，提出了化解矛盾的许多新思想、新观点和新要求，体现了思维逻辑与历史进程的高度统一。

（二）人与自然之间的同一性

唯物辩证法认为，同一关系存在于对立关系之中，对立是同一中的对立，同一是对立中的同一。马克思和恩格斯在阐明人与自然之间辩证关系时，提出了"人与自然和谐统一"的光辉思想。指出"人靠自然界生活。这就是说，自然界是人为了不致死亡而必须与之处于持续不断地交互作用过程的、人的身体。所谓人的肉体生活和精神生活同自然界相联系，不外是说自然界同自身相联系，因为人是自然界的一部分。"①"人并不是上帝创造的，而是在大自然中孕育而生的，是自然界长期进化发展的产物。自然环境是人类生存和发展的物质前提，人首先依赖于自然。"马克思在《1844 年经济学哲学手稿》中指出："人作为自然的、肉体的、感性的、对象性的存在物，和动植物一样，是受动的、受制约的和受限制的存在物。"②"我们连同我们的肉、血和头脑都是属于自然界和存在于自然之中的……"③ 马克思 1866 年 8 月 7 日在致恩格斯的信中特意提到了这一点："不以伟大的自然规律为依据的人类计划，只会带来灾难。"④ 人类对自然界的胜利，最后都遭到了报复。强调自然界是人类赖以生存的基础，人与自然之间是相互依存、相互适应、相互转化的关系，是不可分割的有机统一体，深刻揭示了人与自然和谐统一

---

① 《马克思恩格斯文集》第 1 卷，人民出版社 2009 年版，第 161 页。
② 《马克思恩格斯文集》第 1 卷，人民出版社 2009 年版，第 209 页。
③ 恩格斯：《自然辩证法》，人民出版社 2015 年版，第 314 页。
④ 《马克思恩格斯全集》第 31 卷（上），人民出版社 1972 年版，第 251 页。

的本质内涵，是人类历史上对人与自然关系认识的一次质的飞跃。

马克思主义始终强调人与自然的内在统一，"环境的改变和人的活动的一致"。① 自然界不仅是人存在和发展的前提条件，也是社会存在发展的基础与社会文明进步的重要前提。生态可载文明之舟，亦可覆舟。恩格斯在《自然辩证法》中指出，由于人们为了得到耕地，毁灭了森林，自然生态受到严重的破坏。1874 年爱尔兰因马铃薯遭受病害而发生了大饥荒，有 100 万吃马铃薯或差专吃马铃薯的人进入了坟墓，并有 200 万人逃亡海外。② 这就充分说明，自然生态和社会经济是一个相互依存、相互制约、相互融合的生态经济社会有机统一整体，离开自然的社会同离开社会的自然一样，都是不可能存在的，离开了自然界这个生态基础，人类文明就不可能存在，也就根本谈不上社会经济的发展。人类发展的历史，充分证明和显示了马克思主义人与自然之间辩证关系理论的正确性和强大的生命力。

自然不仅仅是人类无机的身体，更是人类有机的生命力。2020 年发生的新冠肺炎疫情告诉我们：人类要恢复对自然的敬畏，进而真正维系人与自然的和谐共生关系。习近平总书记强调"生态环境是人类赖以生存的源泉"，"良好的生态环境是人和社会可持续发展的根本基础"。自然是我们的眼睛、是我们的生命，我们必须像爱护自己的身体一样爱护自然，否则受伤的将会是人类和自然。"你善待环境，环境是友好的；你污染环境，环境总有一天会翻脸，会毫不留情地报复你，这是自然界的客观规律，不以人的意志为转移"。人类的发展和自然的发展相互包含，在人的主观能动性的正确发挥中，实现着人类社会与自然之间的统一。只有正确发挥人的主观能动性，才能推进社会的发展，也才能推动自然的发展。习近平总书记关于人与自然的重要论述，坚持以历史唯物主义和辩证唯物主义思想为指导，蕴含着对人类文明发展经验教训的历史总结，贯穿了马克思主义历史唯物主义和辩证唯物主义的哲学思维。

---

① 《马克思恩格斯选集》第 1 卷，人民出版社 1995 年版，第 59 页。

② 恩格斯：《自然辩证法》，人民出版社 2015 年版，第 314 页。

（三）人与自然之间的统一性

人与自然的关系是一切哲学自然观关注的共同主题。人世间的一切事物之间既对立又同一，矛盾解决得好，就能实现统一，促进不断发展；解决得不好，就会形成对立，引发更多矛盾。人类发展的实践证明，人类文明和社会持续发展，就要正确认识人与自然之间是一个有机统一整体，它们相互联系、相互渗透、相互转化，只有处理好二者之间的关系，才能实现相互融合，共荣共享，和谐发展。

人类在认识和改造自然的实践活动中，曾形成了人类中心主义和自然中心主义两种对立的观点，人为地割裂了人与自然的关系。人与自然共生是人类社会最基本的关系，人首先是自然存在物，人依靠自然生活，自然是人类社会存在和发展的客观前提和物质基础。人类善待自然，自然也会回馈人类。实现人与自然和谐发展，人类必须通过社会实践活动有目的地利用自然、改造自然，但绝对不能凌驾于自然之上，形成人与自然的对立。要坚持按照自然规律办事，及时协调影响人与自然关系的各种因素，正确处理各种矛盾，坚持以对立统一规律认识和解决好人与自然的关系问题。改革开放以来，我国经济发展取得巨大成就。但在处理经济发展与生态环境保护关系上，一度出现过"先污染后治理"、以牺牲生态环境为代价换取经济增长的现象。习近平总书记指出，这种发展思路既是不可持续的，也是得不偿失的。要重点解决损害群众健康的突出环境问题，不断满足人民日益增长的优美生态环境需要。习近平总书记继承了马克思主义关于人与自然的思想，准确地把握了新时代我国人与自然关系的新形势、新矛盾、新特征，与时俱进地提出了新时代建设人与自然和谐共生的现代化强国的新理念新思路新战略，为我国走生产发展、生活富裕、生态良好的发展道路指明了方向。

马克思主义生态观，为维系人与自然和谐共生关系提供了哲学基础和科学的方法论。习近平总书记以马克思主义生态哲学为基础，对中国传统生态智慧进行了创造性转化和创新性发展，提出"人与自然和谐共生""自然是生命之母，人与自然是生命共同体，人类必须尊重自然、顺应自然、保护自然。""要大力推进生态文明建设，提供更多优质生态产品，不断满足

人民群众日益增长的优美生态环境需要。"①"人与自然是一种共生关系，对
大自然的伤害最终会伤及人类自身。只有尊重自然规律，才能有效防止在
开发利用自然上走弯路，这个道理要铭记于心、落实于行。"②这充分体现了
习近平总书记对马克思主义关于人与自然关系的创新性发展，进一步丰富和
发展了马克思主义人与自然观，为推进新时代生态文明建设和生态环境保护
事业发展提供了根本遵循，是21世纪马克思主义人与自然关系认知新的跃
升，是马克思主义基本原理与我国具体实际相结合的生动实践。

二、用联系观点谋划经济建设与环境保护协调发展

唯物辩证法认为，自然界是普遍联系的、变化发展的。所谓联系就是事
物之间以及事物内部诸要素之间的相互影响、相互制约和相互作用的关系，
联系是事物存在和发展的条件。"世界上的事物总是有着这样那样的联系，
不能孤立地静止地看待事物发展，否则往往会出现盲人摸象、以偏概全的
问题。"③习近平总书记指出，生态本身就是经济，保护生态，生态就会回馈
你，科学地论述了经济与环境的联系，生动地说明了自然与社会之间既相互
制约又相互影响，只要处理好自然与社会的双向互动关系，经济发展和生态
环境保护就能实现协调发展。

（一）经济建设与环境保护相互联系

世界上没有孤立存在的事物，一事物总与它事物之间存在着相互影响、
相互制约的关系。用联系的观点认识和处理经济发展与环境保护关系，既能
掌握经济建设与环境保护联系的客观性和联系上的辩证性，而且有助于我们
正确认识和处理两者之间的相互关系，实现生态环境保护与经济高质量发展
的"双赢"。

---

① 《习近平在全国生态环境保护大会上强调　坚决打好污染防治攻坚战　推动生态文明建
　　设迈上新台阶》，《人民日报》2018年5月20日。
② 《习近平关于社会主义生态文明建设论述摘编》，中央文献出版社2017年版，第11页。
③ 《习近平关于"不忘初心、牢记使命"重要论述选编》，中央文献出版社、党建读物出
　　版社2019年版，第103页。

改革开放以来，我国经济建设取得伟大成就，但也因过快发展带来了严重的环境问题。习近平总书记指出，"我们在生态环境方面欠账太多了，如果不从现在起就把这项工作紧紧抓起来，将来付出的代价会更大。"①我们要扭转只要经济增长不顾其他各项事业发展的思路，改变为了经济增长数字不顾一切、不计后果、最后得不偿失的做法，如果不从现在起就把这项工作抓紧抓好，将来会付出更大的代价。

人与自然是相互影响的，对自然界不能只讲索取不讲投入、只讲利用不讲保护，要把生态环境保护放在更加突出位置。"现在，我们已到了必须加大生态环境保护建设力度的时候了，也具备解决好这个问题的条件和能力了，保护生态环境就应该而且必须成为发展的题中应有之义。"②这既是重大经济问题、社会问题和政治问题，也是从我国经济建设实践中总结出来的经验教训。在经济发展时，必须自觉遵守人与自然的平等地位，认真算好环境与效益、当前与长远、局部与整体、一时与永续、单一与综合之间的政治账、经济账、社会账和环境账，这样才会做到真正保护自然、尊重自然和尊重自然规律，形成人与自然、社会的良性互动和相互融合，深刻揭示了经济发展与环境保护的辩证关系。

（二）用联系观点看待环境保护和经济发展问题

世界上的事物都是互相影响、互相作用的，这就要求我们观察事物、分析问题、解决矛盾都要从客观事物本身的联系出发。解决经济建设和环境保护问题，要运用联系的观点，揭示两者之间的联系和变化发展规律，促进新时代我国经济高质量发展与生态环境保护协调发展。

从人类历史发展的历程看，保护自然就是保护人类，生态兴则文明兴，生态衰则文明衰，保护生态环境就是保护生产力，改善生态环境就是发展生产力。我国经济建设的实践表明，生态环境保护的成败，归根结底取决于经济结构和经济发展方式。加快经济建设，要树立热爱和保护自然的理念，自

---

① 《习近平关于社会主义生态文明建设论述摘编》，中央文献出版社2017年版，第3页。
② 《习近平关于社会主义生态文明建设论述摘编》，中央文献出版社2017年版，第14页。

觉推动绿色发展、循环发展、低碳发展，决不以牺牲环境为代价去换取一时的经济增长。要"落实创新、协调、绿色、开放、共享的发展理念……坚定不移走绿色低碳循环发展之路，构建绿色产业体系和空间格局，引导形成绿色生产方式和生活方式，促进人与自然和谐共生。"①坚持环境保护与经济协同发展，要坚持节约资源和保护环境的基本国策，贯彻节约优先、保护优先、自然恢复为主的方针，不断强化生态观念、完善生态制度、维护生态安全、优化生态环境，努力形成节约资源和保护环境的空间格局，实现经济发展和生态环境保护协同推进，为子孙后代留下天蓝、地绿、水清的生产生活环境。科学认识和正确处理环境保护与经济高质量发展的关系，是新时代我国经济高质量发展理念和生产方式的深刻转变，标志着我们党对人类社会发展规律认识的进一步提升。

习近平总书记指出，"经济发展不应是对资源和生态环境的竭泽而渔，生态环境保护也不应是舍弃经济发展的缘木求鱼，而是要坚持在发展中保护、在保护中发展，实现经济社会发展与人口、资源、环境相协调，不断提高资源利用水平，加快构建绿色生产体系，大力增强全社会节约意识、环保意识、生态意识。"②"坚持节约资源和保护环境的基本国策，坚持节约优先、保护优先、自然恢复为主的方针，把生态文明建设融入经济建设、政治建设、文化建设、社会建设各方面和全过程……形成节约资源和保护环境的空间格局、产业结构、生产方式、生活方式。"③这就要求我们牢固树立"绿水青山就是金山银山"理念，正确处理发展与环保的关系，坚持从环境保护与经济发展两个方面同时发力、相向而行，努力实现两者有机融合和良性互动。

（三）实现环境保护与经济建设协同发展

唯物辩证法认为，世界上一切事物都不是孤立存在的，而是和周围其他事物相互联系着的，整个世界就是一个普遍联系着的有机整体。

---

① 《习近平关于社会主义生态文明建设论述摘编》，中央文献出版社 2017 年版，第 31—32 页。

② 《习近平关于社会主义生态文明建设论述摘编》，中央文献出版社 2017 年版，第 19 页。

③ 《习近平关于社会主义生态文明建设论述摘编》，中央文献出版社 2017 年版，第 19 页。

自然与社会是双向互动的、联系紧密的整体。用联系的观点看待生态文明建设问题，既要看到经济高质量发展建设与生态环境保护内部各种事物之间的联系，更要看到与其他建设之间的联系，从我国建设发展的整体全局上思考和促进两者的协调发展。我国改革开放四十多年的实践证明，生态环境保护的成败，归根结底取决于经济结构和经济发展方式。习近平总书记将生态文明建设纳入中国特色社会主义事业总体布局，把生态文明建设放到更加突出的位置，强调要实现科学发展，坚持把生态文明建设融入经济建设、政治建设、文化建设、社会建设各方面和全过程，不仅把加强生态文明建设、加强生态环境保护、提倡绿色低碳生活方式等作为经济问题，而且作为文化问题、政治问题、社会问题。要坚持绿色发展理念，贯彻节约优先、保护优先、自然恢复为主的基本方针，加快转变经济发展方式，在坚持以经济建设为中心的同时，全面推进经济建设、政治建设、文化建设、社会建设、生态文明建设，促进现代化建设各个环节、各个方面协调发展。生态环境保护，要坚持保护优先的原则，坚持节约资源和保护环境的基本国策，树立绿水青山就是金山银山理念，认真落实生态保护红线、环境质量底线、资源利用上线的硬约束，深化供给侧结构性改革，不断完善经济体系，推动生态环境保护与经济发展协调统一。

推进我国生态文明建设和生态环境保护工作，要牢固树立"四个意识"，正确认识和处理经济发展与环境保护的关系，以解决损害人民群众健康的突出生态环境问题为重点，在加强环境治理基础上推动经济发展。要按照"资源节约型、环境友好型"要求，加快经济社会发展，实现由经济发展与环境保护的"两难"向两者协调发展的"双赢"转变，做到经济发展与生态建设同步推进，产业竞争力与环境竞争力同步提升，物质文明与生态文明同步发展。多法并举，综合施策，加强生态系统保护和修复，不突破经济安全运行的底线，坚持在发展中保护、在保护中发展，健全生态环境保护经济政策体系，完善生态环境保护法治体系，明确生态环境保护的重点和着力点，确定攻坚具体行动和各项举措，以正确的认识、明确的目标、严格的标准、有效的措施，切实加强新时代生态环境保护工作。

三、用辩证思维处理绿水青山与金山银山之间关系

发展的观点是唯物辩证法的一个总特征。唯物辩证法认为，无论是自然界、人类社会还是人的思维都是在不断地运动、变化和发展的。发展的实质就是事物的前进和上升，是新事物代替旧事物。2005 年 8 月 15 日，时任浙江省省委书记的习近平同志在安吉县余村考察时首次提出："我们过去讲，既要绿水青山，也要金山银山。其实，绿水青山就是金山银山。"担任总书记后，他又多次阐述这一理念："我们既要金山银山，也要绿水青山，宁要绿水青山，不要金山银山，而且绿水青山就是金山银山。"习近平总书记对绿水青山和金山银山关系的科学阐释，体现了新时代生态文明思想不断发展的历程，标志着生态文明思想的发展与完善。

（一）"既要绿水青山，还要金山银山"体现了生态文明建设新理念

"绿水青山"和"金山银山"是人类经济社会发展的重要因素，两者不可偏颇，相互兼顾，协调发展。我们在中国特色社会主义建设过程中，如果片面地讲"绿水青山"而不注重"金山银山"，那么就会影响群众生活水平、经济发展和综合国力，还会陷入"越贫穷越破坏自然生态，越破坏环境越贫穷"的怪圈。而如果一味追求"金山银山"不考虑"绿水青山"，就会出现为了一时的经济增长，不顾一切和不计后果地消耗生态资源及不惜破坏绿水青山来换取所谓的经济效益，这样无异于饮鸩止渴、竭泽而渔，将来会付出更大的代价，遭到自然界的报复。在经济社会发展过程中，要辩证地看待和处理好绿水青山和金山银山的关系，形成节约资源和保护环境的空间格局、产业结构、生产方式、生活方式。

马克思主义自然理论认为，人类社会的存在与发展，以自然环境为基础。习近平总书记关于"既要绿水青山，也要金山银山""绿水青山和金山银山决不是对立的，关键在人，关键在思路"的重要论述，深刻体现了尊重自然、以人为本的价值理念和治理经验，科学指明了经济发展与生态环境的统一性，是对马克思主义自然观的继承与发展，为我们建设生态文明和美丽中国提供了根本遵循。从人类社会发展过程看，经济发展与生态环境保护是

相互统一的。"对人的生存来说，金山银山固然重要，但绿水青山是人民幸福生活的重要内容，是金钱不能代替的。"① 生态环境作为生产要素，主要体现在对生产效率的改善与提高上，要牢固树立绿水青山就是金山银山的理念，让绿水青山充分发挥经济社会效益，推进经济发展与生态环境的协调发展。

当前，随着科学技术的飞速发展，社会生产力显著提高，对自然资源的需求不断增加，导致生态破坏和环境污染，有些地方出现了青山不在、绿水不流、天空不蓝、地表不绿的现象，如不采取有效措施加以改变，不但使自然资源和环境遭到严重破坏，不会有"金山银山"，而且经济发展也难以持续，人类的生存也会受到严重的威胁。习近平总书记指出，"正确处理好生态环境保护和发展的关系，也就是我说的绿水青山和金山银山的关系，是实现可持续发展的内在要求，也是我们推进现代化建设的重大原则。"② 绿水青山是宝贵的自然资源，应该充分发挥其经济社会效益，我们要科学认识保护生态环境和经济发展之间的统一性，用辩证统一观点处理好经济发展与生态环境的关系，在加快经济发展的同时保护好生态环境。

（二）"宁要绿水青山，不要金山银山"开创了生态文明建设新阶段

唯物辩证法认为，自然界的变化，主要是由于自然界内部矛盾的发展；社会的变化，主要是由于社会内部矛盾的发展，其中最根本的是生产力和生产关系的矛盾发展。随着我国经济社会和生产力的发展与提升，生态文明建设也进入了一个新阶段。

新中国成立初期，我国的生产力发展水平还比较落后。1956 年，党的八大报告指出："我们国内的主要矛盾，已经是人民对于建立先进的工业国的要求同落后的农业国的现实之间的矛盾，已经是人民对于经济文化迅速发展的需要同当前经济文化不能满足人民需要的状况之间的矛盾。"这个对社会发展主要矛盾的表述深刻地反映出对当时国情的正确认识。在社会发展的

---

① 《习近平关于社会主义生态文明建设论述摘编》，中央文献出版社 2017 年版，第 4 页。
② 《习近平关于社会主义生态文明建设论述摘编》，中央文献出版社 2017 年版，第 22 页。

初级阶段，生产力水平比较落后，生态文明建设处于初级阶段：只有绿水青山，没有金山银山。尽管生态环境比较好，但如果不能解决人们生活中的物质文化需求，当大家都饿着肚子的时候，谁也不会有心情去欣赏原生态的自然景观，即使是"绿水青山"，在人们眼中也只是"贫水穷山"。通过一段时间的不懈努力，1981年党的十一届六中全会通过的《关于建国以来党的若干历史问题的决议》，对我国社会主要矛盾作了规范的表述："在社会主义改造基本完成以后，我国所要解决的主要矛盾，是人民日益增长的物质文化需要同落后的社会生产之间的矛盾。"此时，我国的生产力已经有了一定的发展，人们的生活水平得到一定程度的提升，但对于人民日益增长的物质文化来说，当时的生产力依然处于相对落后状态。为了快速地发展生产力，曾一度出现了"涸泽而渔"的粗放式发展模式。这种经济增长的实质是以数量的增长速度为核心，资源消耗高，建设成本高，一些地方为了"金山银山"，不惜毁了"绿水青山"。粗放式的发展模式在生产要素质量、结构、使用效率和技术水平不变的情况下，仅仅依靠生产要素的简单投入和扩张来谋求经济增长，显然不利于经济的可持续发展。

2017年，习近平总书记在党的十九大报告中强调，中国特色社会主义进入新时代，我国社会主要矛盾已经转化为人民日益增长的美好生活需要和不平衡不充分的发展之间的矛盾。随着我国生产力水平的不断提升，综合国力已经跃居世界第二，基本的温饱问题已经得到解决，人们对生活开始有了更高更全面的审视和要求。生态文明建设也步入了新的发展阶段：宁要绿水青山，不要金山银山。这一科学论断，是对生态环境与经济发展的关系给出的科学定位，明确了生态文明建设的战略地位。生态文明建设是关系中华民族永续发展的根本大计，关乎中华民族永续发展和"两个一百年"奋斗目标的实现。习近平总书记指出："绿水青山既是自然财富、生态财富，又是社会财富、经济财富。"[①]"我们必须把生态文明建设摆在全局工作的突出地位，既要金山银山，也要绿水青山，努力实现经济社会发展和生态环境保护协同

---

① 习近平：《推动我国生态文明建设迈上新台阶》，《求是》2019年第3期。

共进。"①生态环境是关系党的使命宗旨的重大政治问题，也是关系民生的重大社会问题。我们宁可不过分地追求经济发展速度也要保护生态环境，深刻指明了生态环境保护与经济发展在更高层次上的辩证统一。

当前，做到"宁要绿水青山，不要金山银山"，必须彻底改变粗放式发展模式，坚定不移走路绿色低循环发展之路，坚持在保护中开发、在开发中保护的原则，大力发展以"减量化、再利用、资源化"的循环经济，有效减少消耗、降低污染、治理环境，决不能以牺牲后代人的幸福为代价换取当代人的所谓"富足"。要坚持把生态环境优势转化为经济优势，努力建设资源节约型和环境友好型社会，既恢复绿水青山，又不失金山银山，使绿水青山变成金山银山。

（三）"绿水青山就是金山银山"指明了生态文明建设新路径

习近平总书记关于"绿水青山就是金山银山"的科学论断，是对马克思主义自然观的继承和发展，深刻揭示了我国在社会主义初级阶段发展生产力是首要任务，是对传统发展方式、生产方式、生活方式的根本变革，促进和形成了生态文明发展的中国范式，为加快推动绿色发展提供了方法论指导和路径化对策。

绿水青山就是金山银山理念是习近平生态文明思想的重要组成部分，成为我们党治国理政的重要理念。要求人们按照生态规律和经济规律办事，树立尊重自然、顺应自然、保护自然的生态思想，阐述了自然资源和生态环境在人类生存发展中的基础性作用，从方法论角度确立了生态文明建设的基本法则，明确了生态文明建设的目标方向、途径方法和规范要求。贯彻落实这一理念，要充分认识绿水青山的生态价值、经济价值、社会价值，生态就是资源，就是生产力，要克服把生态保护与经济发展对立起来的思维，使两者有机统一、协同推进，更好实现生态美和百姓富，更好地促进经济社会协调可持续发展。坚持绿色发展，要按照绿色发展理念，建立健全环境与健康监

---

① 《习近平在十八届中央政治局第四十一次集体学习时强调　推动形成绿色发展方式和生活方式　为人民群众创造良好生产生活环境》，《人民日报》2017 年 5 月 28 日。

测、调查、风险评估制度，把不断满足人民群众对良好生态环境和美好生活的向往作为奋斗目标，采取多种有效措施，全面整治工业污染源，积极为人民群众提供更多优质生态产品，让人民群众共享生态文明建设成果，切实解决影响人民群众健康的突出环境问题，充分认识自然资源和生态环境是经济发展重要基础与制约条件，着重在科学统筹上下功夫，"要深入实施大气、水、土壤污染防治三大行动计划。要以壮士断腕的决心、背水一战的勇气、攻城拔寨的拼劲，坚决打好污染防治攻坚战。"①在重点上求突破，大力推进绿水青山向金山银山转化，严格保护、合理利用绿水青山这一优质自然资源和优美生态环境，积极把生态优势变成经济优势，努力做到绿水青山常在，金山银山常有。

绿水青山是大自然赐给人类的财富。习近平总书记指出："为什么说绿水青山就是金山银山？'鱼逐水草而居，鸟择良木而栖。'如果其他各方面条件都具备，谁不愿意到绿水青山的地方来投资、来发展、来工作、来生活、来旅游？从这一意义上说，绿水青山既是自然财富，又是社会财富、经济财富。"②要充分认识保护生态环境的重大意义，坚持节约资源和保护环境的基本国策，自觉把生态环境保护摆在更加重要位置，不断提高资源利用水平，加快构建绿色生产体系，坚定不移保护绿水青山这个"金饭碗"，利用自然优势发展特色产业，因地制宜壮大"美丽经济"。在一些生态环境资源丰富但又相对贫困的地区，要解放思想，勇于创新，完善生态资源保护政策，采取有针对性措施，打破旧的思维定式和条条框框，调动人民群众的积极性主动性，加大生态资源保护力度。重视培育和合理利用自然资源，加强自然资源和生态环境的保护，守护好生态环境，让资源变资产、资金变股金、群众变股东，增加生态价值和自然资本，真正把绿水青山蕴含的生态产品价值转化为金山银山，充分发挥生态环境资源的内部价值，加快摆脱贫困，促进经济健康发展。

---

① 习近平：《推动我国生态文明建设迈上新台阶》，《求是》2019年第3期。

② 《习近平关于社会主义生态文明建设论述摘编》，中央文献出版社2017年版，第23页。

第三节　生态文明思想的方法论之思

方法是关于认识世界和改造世界的必要工具，有助于人们真实客观地认识事物的本质和规律，在指导实践的过程中能取得事半功倍的预期效果。方法论是关于认识世界和改造世界的方法的理论，有助于人们真实客观地认识事物的本质和规律，在指导实践的过程中会取得事半功倍的预期效果。掌握和运用科学方法论，是马克思主义政党思想理论建设的重要内容。习近平生态文明思想的方法论，蕴含着丰富的包括历史思维方法、战略思维方法、底线思维方法等，是对辩证唯物主义基本原理的深化和发展，是马克思主义中国化最新成果，丰富了我们党的思想理论宝库，为新时代生态文明建设提供了方法论遵循。

一、用历史思维方法强化生态兴则文明兴发展理念

以史为鉴，可以知兴替。历史唯物主义认为，历史虽不以人的意志为转移，但可以从历史中总结和认识规律，利用规律为人类造福，学习历史就是了解和掌握其中包含的历史规律，知古鉴今。习近平总书记指出："历史唯物主义，是马克思主义立场、观点、方法的集中体现，是马克思主义学说的思想基础。"[①]运用历史思维方法，提高历史思维能力，要善于运用历史眼光认识生态文明兴衰的发展规律，指导新时代生态文明建设实践。

（一）充分认识生态环境保护长期性复杂性艰巨性

环境污染是伴随着人类生产生活而产生的，尤其是进入工业文明之后，随着人类对资源能源开发利用强度的加大，发展与保护之间的矛盾日益尖锐。生态文明建设是发展方式的转变，涉及经济社会发展各个方面，必须对生态文明建设的长期性和艰巨性有清醒的认识。习近平总书记指出："现在，

---

① 《习近平关于"不忘初心、牢记使命"重要论述摘编》，中央文献出版社、党建读物出版社 2019 年版，第 98 页。

环境承载能力已经达到或接近上限，难以承载高消耗、粗放型的发展了。"①如何解决这些问题直接关系到生态文明建设的效果及成败、关系到我国经济社会的长远发展、关系到中国特色社会主义现代化目标能否顺利实现。

我国生态环境存在的问题，其产生和形成有一个历史过程，这些问题不可能在较短时间彻底得到解决。必须树立长期保护和修复思想准备，要从生态文明建设是重大社会和政治问题的高度，认识生态文明建设是关系人民福祉、关系经济建设、关系民族未来发展的重大问题。我们必须牢固树立生态文明建设的大局观、长远观、整体观，清醒认识保护生态环境、治理环境污染的紧迫性和艰巨性，清醒认识加强生态文明建设的重要性和必要性，清醒认识推动形成绿色发展方式、生活方式的长期性和复杂性，善于算大账、算长远账、算整体账、算综合账，坚持把生态环境保护放在更加突出位置，像保护眼睛一样保护生态环境，像对待生命一样对待生态环境，加强生态环境保护，绝不能以牺牲生态环境为代价发展经济，下决心把环境污染治理好，为人民创造良好生产生活环境。

历史思维突出历史的生成过程，要求以"从过去到现在、从现在到未来"的动态思维去看待历史，也是一种面向未来的创新性思维。新时代生态文明思想正是以创新的姿态，自觉担负起续写社会主义新篇章的历史使命，开创生态文明新时代，它不仅是一种思想的变化，更是人类生存方式的历史抉择和思维模式及其价值观念的深层变革。我们必须牢固树立生态文明建设的大局观、长远观、整体观，清醒认识保护生态环境、治理环境污染的紧迫性和艰巨性，清醒认识推动形成绿色发展方式、生活方式的长期性和复杂性，善于算大账、算长远账、算综合账，坚持把生态环境保护放在更加突出的位置，绝不能以牺牲生态环境为代价发展经济，采取有效措施，下决心以对人民、对子孙后代、对历史负责的态度，高质量、高标准地搞好生态文明建设。

---

① 《习近平关于社会主义生态文明建设论述摘编》，中央文献出版社 2017 年版，第 25 页。

（二）把握"生态兴则文明兴，生态衰则文明衰"历史规律

一部人类的发展史，就是一部人类与自然如何和谐相处的关系史。自然生态的变迁决定着人类文明的兴衰更替。文明的传承，始于观念的改变。对于生态文明建设，亦是如此。生态文明虽肇始于环境保护、经济发展，但这远远不是全部。文明的核心是人，生态文明终将化作人们头脑观念里自然而然的反应、生活方式的自由选择。习近平总书记指出，历史地看，生态兴则文明兴，生态衰则文明衰。这一科学论断深刻揭示了人类社会发展史上生态与文明兴衰之间的客观规律，既是对文明变迁的历史反思，也是对当今世界的现实观照，展示了广阔视野和人文关怀。马克思指出，我们仅仅知道的一门历史科学，可以把它划分为自然史和人类史。只要有人存在，自然史和人类史就彼此相互制约。在人类历史上，古埃及文化、古巴比伦文化、古希腊文化、古印度文化、中国文化和玛雅文化的兴衰，我们可以从中看到这样一个事实，就是这些文化的兴衰都同它们所在地区的森林数量、质量和植被的分布、消长、兴衰有关系。也就是说，与这些文明的创造者同自然界的相互关系有密切的相关性。

习近平总书记善于从人类历史中总结经验教训，告诫人们一定要认真吸取古今中外的深刻教训，不能再在我们手上重犯！要遵照"生态兴则文明兴，生态衰则文明衰"的科学论断所昭示的生态与文明发展的历史规律，坚持生态文明建设是中华民族永续发展的千年大计的历史定位，坚持和贯彻绿色发展理念和节约优先、保护优先、自然恢复为主的方针，加快新时代生态文明建设步伐。

（三）生态环境是人类生存和发展的基石

自然界是人类社会产生、存在、发展的基础和前提，人类可以通过社会实践活动有目的地利用自然、改造自然，但人类归根到底是自然的一部分，人类不能盲目地凌驾于自然之上，人类的行为方式必须符合自然规律。生态文明的兴起是现代社会生产力发展和改革的必然结果，也是人类文明进步的新形态。无论世界如何进化，人类来自于自然界，人类的一切创造都来自于自然界的这一事实永远不会改变。物质资料的生产和再生产以及人自身的生

产和再生产，都是以自然环境的存在和发展为前提的，没有自然环境就没有人类本身。

人作为自然存在物，依赖于自然界，自然界为人类提供赖以生存的生产资料和生活资料。人因自然而生，人与自然是一种共生关系，人类发展活动必须尊重自然、顺应自然、保护自然，这是人类必须遵循的客观规律。人类经历了原始文明、农业文明、工业文明，生态文明是工业文明发展到一定历史阶段的产物，是实现人与自然和谐发展的新要求。习近平总书记在党的十九大报告中指出："人类只有尊重自然规律才能有效防止在开发利用自然上走弯路，人类对大自然的伤害最终会伤及人类自身，这是无法抗拒的规律。"纵观人类社会，不同文明阶段具有不同的生产力状况和产业特征，不同社会文明形态发展后一个阶段与前一个阶段乃至更前阶段发展内容与表征存在很大程度的竞合，工业文明本身孕育了生态文明的兴起。可以预见，生态文明社会的到来，既是不以人的意志为转移的客观存在，又是人类社会文明发展的新阶段新形态。加强新时代生态文明建设，必须以"生态兴则文明兴，生态衰则文明衰"科学论断为指导，遵循生态与文明发展的历史规律，坚持建设生态文明是中华民族永续发展的千年大计的历史定位，创造中国式现代化新道路新模式，体现人类文明新形态，凸显绿色的人与自然和谐共生现代化新风貌。

二、用底线思维方法实行最严格生态环境保护制度

底线思维是依据客观实际或某种需要设定最低目标，争取最大期望值的一种积极的思维方式，既是一种思维技巧，更是一种科学思维方法。备豫不虞，为国常道。前进道路不可能一帆风顺，总会面临一些挑战和困难。唯有坚持底线思维，居安思危、未雨绸缪，把形势想得更复杂一点，把挑战想得更严峻一些，才能赢得先机、争取主动。习近平总书记多次强调，要善于运用底线思维方法，凡事都要从好坏处准备，努力争取最好的结果，这样才能有备无患、遇事不慌、增强自信，牢牢把握主动权。体现了习近平总书记清醒的底线思维和居安思危的忧患意识，彰显了坚持和完善生态文明制度体系

在推进国家治理体系以及治理能力现代化中的重要意义。

（一）实行最严格的生态环境保护制度

党的十八大以来，从"史上最严格"的环保法、"史上最大规模"的环保督察，到出台生态文明建设目标评价考核办法，以习近平同志为核心的党中央对保护生态环境高度重视，创造了我国生态文明建设力度最大、举措最实、推进最快、成效最好的时期，克服了社会建设"经济发展硬、生态环境保护软"的现象。近年来，我国生态文明"四梁八柱"性制度陆续出台，有效遏制了生态环境破坏现象，保护了自然环境，推动了发展方式转变和美丽中国建设。

保护生态环境必须依靠制度。加强新时代生态文明建设，必须加快制度创新，完善制度配套，强化制度执行。要加强总体规划和顶层设计，明确不同制度的目标任务、重点内容、责任主体、实施方式和保障措施。严格落实生态环境保护制度，发挥制度鼓励绿色发展、倡导绿色生活的作用，为实现人与自然和谐共生的现代化提供有力保障。

用史上最严法律保护生态环境。令在必信，法在必行。保护生态和改善环境必须依靠制度、依靠法治。2010 年出台《环境行政处罚办法》和 2015年实行被誉为"史上最严"的新《环境保护法》，对违法企业责令停业、关闭和处罚。随着"公益诉讼""按日计罚"等"撒手锏"法规制度的实施，扩大了污染环境罪的适用范围，降低了入罪门槛，环境执法有了更大的"杀伤力"，有力地保护了生态环境。

认真抓好生态文明制度落实。党的十八大以来，党中央制定和出台了四十多项涉及生态文明建设的改革方案和一系列生态文明建设法规制度，为我国生态文明建设提供了制度保障。要严格遵守法规制度，坚决制止和惩处破坏生态环境行为。领导干部要认真落实生态文明建设责任制，充分发挥环境监管部门的最大效能，为生态红线通上"高压电"，谁越雷池一步，谁就要受到惩罚。

（二）健全生态保护和修复制度

加强生态保护和修复，坚持自然恢复为主，统筹开展生态保护与修复，全面划定并严守生态保护红线，提升生态系统质量和稳定性。

完善生态环境保护制度。保护生态环境，要充分发挥市场机制作用，不断完善环境经济政策，按照谁开发谁保护、谁受益谁补偿的原则，完善对重点生态功能区的生态补偿政策，推动开发与保护地区之间、生态受益与生态保护地区之间的生态补偿，用经济政策调动地方政府治理环境污染的积极性，促进经济建设与环境保护的协同发展。要强化生态保护修复和污染防治统一监管，建立健全生态环境保护领导和管理体制，促进环境改善和生态保护。

健全生态环境修复制度。要按照整体保护、系统修复、综合治理的思路，科学筹划，综合施策，加强重要生态系统保护，加大修复重大工程力度。强化底线思维，坚决制止和惩处破坏生态环境的行为，防止出现边修复、边破坏的现象发生。加快完善环境保护修复制度，保障生态面积逐步增加、质量持续提高、功能稳步提升。完善环境保护修复监管体制，加强资源保护修复成效考核监督和年度核查力度，实行绩效管理，实现生态环境质量的根本好转。

严格生态保护和修复执法。严格环境资源监督执法，要充分发挥环保执法的震慑作用，确保环境攻坚战防治有序开展和取得成效。严格落实"党政同责、一岗双责"，强化部门监管责任、企业污染治理、生态修复的主体责任。加强与检察、公安等司法机关联动，综合运用按日计罚、查封扣押、停产关闭等措施，依法严厉打击各类破坏生态环境违法行为，保持环境执法的高压态势。实行"捕、诉、监、防"一体化办案模式，探索建立环境检察跨区协作机制。加强传导压力，创新环境执法监管方式，强化区域联防联控，建立完善区域污染防治协作和监督机制，以科学完善的监管制度为实行统一监管和提升执法效能提供保障。

（三）严明生态环境保护责任制度

法令行则国治，法令弛则国乱。生态保护和环境治理是一项系统工程，要健全保护修复、实时监督、综合评价等制度体系，为新时代生态建设提供有效支撑和可靠保障。

强化党委政治担当。各级党委要坚持科学谋划、精心组织，远近结合、整体推进的工作新思路，主动扛起生态环境保护政治责任，不断提高政治站位。根据环境污染攻坚战的计划和要求，强化政治监督，加强组织领导，科学统筹谋划，将打好攻坚战作为党的建设的重要内容之一，列入重要议事日程，细化分工任务，制定配套政策措施，定期分析污染防治态势，肯定成绩指出问题，不定期检查抽查治理情况。积极作为，勇挑重担，迎难而上，自觉做政治上的明白人。

明确领导环保责任。各级领导要提高认识，认清意义，全力以赴，勇于担责，主动作为，各负其责，全力攻坚。充分调动和发挥各级领导的指导作用、政府的主导作用、相关部门的组织协调作用以及企业的主动承担环境治理主体责任。要认真落实"党政同责""一岗双责"，相关部门积极履职，明确分工，责任到人，掌握具体情况，认真履行职责，发现问题，及时协调，推动主体责任、监督责任贯通协同、形成合力，提升监督成效。

发挥政府主导作用。各级政府要对本行政区域内的环境质量和环境治理负总责，各相关部门要履行好生态环境保护职责。科学制定本地区的实施细则，确定工作重点任务和治理指标，完善政策措施。根据污染防治攻坚战的计划和要求，明确领导成员的职责范围和应担负责任，做到分工明确，责任到人，既要各负其责，又要相互协作，密切配合，统一行动，及时统筹协调处理重大问题，履行好环境保护和治理工作职责，确保环境污染防治攻坚战的胜利。

三、用战略思维方法谋划全球生态环境的治理之道

古人曰："不谋万世者，不足谋一时；不谋全局者，不足谋一域。"战略思维是高瞻远瞩、统揽全局、善于把握事物发展总体趋势和方向的思维方法，展示了看问题的高度、广度和深度。习近平总书记历来重视战略思维和方法的提升及运用，反复强调战略问题是一个政党、一个国家的根本性问题。在中共十八届中央政治局第三次集体学习时，习近平总书记强调："我们要加强战略思维，增强战略定力，更好统筹国内国际两个大局。"早在

2003 年任浙江省省委书记时，他就在《浙江日报》上发表文章指出，"要有世界眼光和战略思维。各级党政'一把手'要站在战略高度，善于从政治上认识和判断形势，观察和处理问题。要努力增强总揽全局的能力，放眼全局谋一域，把握形势谋大事，用战略思维去观察当今时代，洞悉当代中国……"习近平总书记以宽阔的全球视野和高超的战略思维，善于运用战略思维方法谋划全球生态环境问题，有力地推动了世界环境治理。

（一）积极开展国际生态环境治理合作

宇宙只有一个地球，人类共有一个家园。世界各国共处一个世界，是"人类命运共同体"。当今世界，全球工业化在不断创造物质财富的同时，也对生态环境造成了创伤，而且世界上没有一个国家能够幸免。只有加强国际合作，才能应对生态环境破坏和气候变化的挑战，保护好地球家园，建设人类命运共同体。

习近平总书记站在人类命运共同体的高度，强调在生态文明领域加强同世界各国的交流合作，要采取实际行动，共同应对气候变化对人类的挑战，这是全人类共同的事业。要坚持多边主义，凝聚全球环境治理合力，保护好人类赖以生存的地球家园。气候变化关乎全人类的生存和发展，需要在全球范围内采取共同行动，加强生态环保合作，广泛开展环境治理国际交流合作，同各国一道维护人类共同的地球家园，为建设一个更加美好的世界共同努力。习近平总书记强调加强国际生态环境治理合作，旨在从不同的文明中寻求智慧、汲取营养，携手解决人类共同面临的生态环境挑战，把人类文明与生态建设紧密联系起来，是一种具有全局性眼光和世界性视域的发展理念，展现了"比天空更宽阔的胸怀"，丰富发展了马克思主义世界治理思想，促进了全球生态环境治理工作。

（二）共同建设一个清洁美丽的世界

人类共同生活在一个利益交融、兴衰相伴、安危与共的地球村里，"世界历史"中的全球性时刻已经来临。当今世界相互联系、相互依存是发展大潮流，应对全球生态变化是人类自工业革命以来面临的最深刻的发展方式变革，解决全球生态变化问题需要所有国家共同努力。当前，应对气候变化是全球性挑战，是世界的共同任务，任何一国都无法置身事外。维护能源资源安全，是全球面临的共同挑战。

习近平总书记以一个负责任大国领导人的态度指出，要加快全球环境治理，治理主体之间平等参与、共建共享；改进治理方式，鼓励各方融入开放治理体系，在规则制度之下各方进行协调合作；改革治理路径，增加发展中国家在全球治理中的代表性和发言权；创新治理目标，实现全人类利益最大化。在全球生态环境保护上，要坚持团结一心，共同努力，加强合作，积极应对气候变化，构建尊崇自然、绿色发展的生态体系，保护好人类赖以生存的地球家园，就能促进清洁美丽世界的建设发展。习近平关于"建设清洁美丽世界"的重要论述，主张扩大治理主体，倡导治理主体之间平等参与、共建共享，反映了习近平总书记以人类整体视野去把握生态环境问题而形成的"命运共同体"意识，是从全球整体利益和人类文明持续发展的高度思考生态文明建设问题，体现了一个大国领导人的责任担当和占据人类道义制高点的大国情怀。

当今世界，全球工业化在不断创造物质财富的同时，也对环境造成了严重的生态环境创伤，而且世界上没有一个国家能够幸免。只有加强国际合作，才能应对生态环境破坏和气候变化的挑战，保护好地球家园，建设人类命运共同体。习近平总书记站在人类命运共同体的高度，强调在生态文明领域加强同世界各国的交流合作，要采取实际行动，共同应对气候变化对人类的挑战，应对气候变化是全人类共同的事业。要坚持环境友好，合作应对气候变化，保护好人类赖以生存的地球家园。指出，"我们要站在人类文明负责的高度，尊重自然、保护自然、顺应自然，探索人与自然和谐共生之路，促进经济发展与生态保护协调统一，共建繁荣、清洁、美丽的世界。"①各国人民要同心协力，构建人类命运共同体。气候变化关乎全人类的生存和发展，需要在全球范围内采取共同行动，加强生态环保合作，广泛开展环境治理国际交流合作，同各国一道维护人类共同的地球家园，为建设一个更加

---

① 《习近平在联合国生物多样性峰会上发表重要讲话》，《人民日报》2020 年 10 月 1 日。

美好的世界共同努力。习近平总书记强调加强国际生态环境治理合作，旨在从不同的文明中寻求智慧、汲取营养，携手解决人类共同面临的生态环境挑战，把人类文明与生态建设紧密联系起来，是一种具有全局性眼光和世界性视域的发展理念，展现了"比天空更宽阔的胸怀"，丰富发展了马克思主义世界治理思想，有力地促进了全球生态环境治理的发展。

当今世界人类已生活在一个利益交融、兴衰相伴、安危与共的地球村里，相互联系、相互依存是发展大潮流，应对全球生态变化是人类自工业革命以来面临的最深刻的发展方式的变革。当前应对气候变化是全球性挑战，是世界的共同任务，任何一国都无法置身事外。习近平总书记主张扩大治理主体，强调治理主体之间平等参与、共建共享；改进治理方式，鼓励各方融入开放治理体系，在规则制度之下各方进行协调合作；改革治理路径，增加发展中国家在全球治理中的代表性和发言权；创新治理目标，实现全人类利益最大化。在全球生态环境保护上，要团结一心，共同努力，加强合作，积极应对气候变化，构筑尊崇自然、绿色发展的生态体系，保护好人类赖以生存的地球家园，就能促进清洁美丽世界的建设发展。习近平总书记2021年9月21日在第七十六届联合国大会一般性辩论上指出，要完善全球环境治理，积极应对气候变化，构建人与自然生命共同体。坚定信心，共克时艰，共建更加美好的世界。中国将力争2030年前实现碳达峰、2060年前实现碳中和，这需要付出艰苦努力，但我们会全力以赴。生动地反映了习近平总书记以人类整体视野去把握生态环境问题而形成的"命运共同体"意识，展现了一个大国领导人的责任担当和占据人类道义制高点的大国情怀。

（三）为加快全球环境治理贡献中国经验

习近平总书记站在人类命运共同体的高度，运用战略思维方法统筹国内国际两个大局，牢牢把握构建人类命运共同体的目标追求，坚持正确义利观，积极参与气候变化国际合作和全球环境治理，携手共建生态良好的地球美好家园。

全球化时代，世界各国人民的命运休戚相关，国际社会已经成为"你中有我，我中有你"的命运共同体。近年来，中国一直是全球应对气候变化事业和全球生态环境改善的积极参与者。首先抓好抓紧我国的生态文明建设，污染治理和环境保护取得了长足的进步，为世界各国作出表率。中国坚持正确的义利观，积极参与气候变化国际合作，向联合国提交中国应对气候变化国家自主贡献文件，帮助非洲走绿色低碳可持续发展道路。大力推动《巴黎协定》实施，采取积极行动应对气候变化，百分之百承担自己的义务。不断推进和提高"一带一路"建设中的绿色治理能力，中国以积极的态度、合作的理念和实际的行动参与全球生态环境治理，为建设绿色发展清洁美丽世界贡献了中国力量、中国智慧和中国方案，赢得了世界各国的高度赞誉。这些建立在全球视角上的加强环境治理思维方式，不仅体现了习近平总书记善于运用战略思维方法解决全球环境问题的高超艺术，而且使马克思主义世界治理思想在当今的现实中变得更加实用有用管用，焕发了新的理论生机。

当前，世界面临的挑战层出不穷、风险日益增多，重大传染性疾病、气候变化等传统安全和非传统安全威胁持续加剧。目前，新冠肺炎疫情在全球快速蔓延，病毒没有国界、不分种族，疫情是人类共同的敌人。在病毒面前，人类命运休戚与共，在全球化的世界里，没有哪一国能够在这一非传统安全威胁面前独善其身，人类是一个休戚与共的命运共同体，只有团结一心，众志成城，才能战胜风险挑战，共建地球美好家园。"中国将同各国一道，基于人类命运共同体理念，加强国际防疫合作，携手应对共同威胁和挑战，维护全球公共卫生安全。"[①]疫情发生后，中国全力投入疫情防控，有效抵挡病毒在全球的"第一波"攻击，为全球抗击疫情赢得了宝贵的时间。中国立足于构建人类命运共同体的高度，本着公开、透明、负责任态度，及时发布疫情信息，积极开展疫情防控国际合作，向世界介绍了控制疫情必须早发现、早报告、早隔离、早治疗的中国经验，积极支援疫情发生国家防疫抗疫，帮助发展中国家和其他有需要的国家加强能力建设，抵御疫情给世界经济带来的冲击，为世界各国抗击疫情争取了宝贵的"时间窗口"，为加强世界疫情防治和推进全球绿色发展提出中国方案、作出中国贡献。这是发挥我

---

① 《习近平同埃及总统塞西通电话》，《人民日报》2020 年 3 月 24 日。

国负责任大国作用的重要体现，也是对全球公共卫生事业尽责尽力，为世界经济注入活力，为各国抗击疫情增添信心，成为新时代共同应对生态环境和疫病危机挑战的生动范例。

四、用系统思维方法全方位开展生态环境保护建设

系统思维方法是通过系统思维而实现整体综合的思维方法，作为现代科学思维的基本方法，它以系统理论为基础，把研究对象作为多方面相互联系的动态整体来加以研究。系统思维方法是对普遍联系观点的继承和发展，提倡对研究对象进行整体全面的思考，不能就事论事，各自孤立，而是要作为一个整体系统进行思考。习近平总书记系统思维方法，既反映出他对自然辩证法有熟稔和灵活的运用，又为全面保护和系统治理"山水林田湖草沙"指明了方向。

用系统思维强化"山水林田湖草沙"是生命共同体理念。前些年，由于我国生态环境治理缺乏科学统筹和顶层设计，没有运用系统思维和方法规划山水林田湖草沙的综合治理，出现了治山的不管治水、治水的不管造林、治林的不管治田、治田的不管治湖、治湖的不管治草、治草的不管治沙的现象，分头治理，各自为政，结果花费了大量的人力物力财力，没有达到预期的治理效果。习近平总书记指出，"我们要认识到，山水林田湖是一个生命共同体。人的命脉在田，田的命脉在水，水的命脉在山，山的命脉在土，土的命脉在树。"①如果在保护和治理过程中，种树的只管种树、治水的只管治水、护田的单纯护田，难免各自为战，顾此失彼，将会对生态的系统性造成影响及破坏。必须按照生态的整体性、系统性及其内在规律，统筹考虑自然生态的各种要素，进行全面系统的整体保护。

用系统思维方法加强城乡同治、流域同治、生产生活同治等协同治理。生态环境治理是复杂的系统工程，尤其是重点流域治理，不可能一蹴而就，更不能"病急乱投医"，需要系统分析，综合施策，精准发力。运用系统方

---

① 《习近平关于社会主义生态文明建设论述摘编》，中央文献出版社 2017 年版，第 47 页。

法加大环境污染综合治理力度，以问题为导向补齐短板，整体考虑，科学规划，多法并举，综合治理。在大气污染防治上，要全面深化污染严重的重点区域大气污染联防联控，不断提升区域环境自净能力，有效控制污染和温室气体排放，推动优化开发区域率先实现碳排放达到峰值。在加强水污染防治上，要严格控制重点流域干流沿岸的重化工等项目，大力整治城市黑臭水体，全面推行河长制，实施从水源到水龙头全过程监管。在土壤污染治理上，要着力解决土壤污染问题，加强节能减排和环境综合治理，筑牢国家生态安全屏障。在国土绿化行动上，要系统筹划耕地、草地、林地等生态界限，采取切实措施，大力推进天然林、湿地的保护和恢复，做好退牧还草、退耕还林还草工作。各部门应各司其职、协同推进，不断增强和提升自然生态系统稳定性和生态服务功能。

用系统思维方法注重生态系统的整体性、系统性保护与修复。要顺应自然，科学统筹，坚持自然修复为主原则，从修复破损的生态环境入手，采取有效的工程性措施，改变过去顾此失彼的错误做法。例如，处理河流上下游、干支流、左右岸、地上地下问题，尤其是上游不能为了本地区的当前利益，过度开发水资源，造成下游断流、地下水超采，斩断下游地区地下水的补充水源，这样不仅容易形成地下漏斗、地面沉降，还会导致耕地荒芜、甚至城市塌陷。要采取可行措施，加大重大生态修复工程力度，推进荒漠化、石漠化综合治理，保护生物多样性。要减少人为扰动，把生物措施、农艺措施与工程措施结合起来，祛滞化淤，固本培元，恢复河流生态环境。统筹考虑自然生态各要素，加大山水林田湖草沙冰一体化生态保护和修复的力度，复归人与自然生命使命的本真位置，维系主客体的和谐共生关系，实现人与自然的共生共荣。

用系统思维方法重视政府、企业、社会和个人的整体参与及系统合作。党的十九大报告指出，加快我国生态文明体制改革，实现建设美丽中国目标，需要构建以政府为主导、企业为主体、社会组织和公众共同参与的生态参与体系。要利用系统思维方法，既强调发挥政府、企业和公众的各自作用，又突出促进三者的全面协调合作，找准着力点与突破口，把生态文明意识、生态文化意识融入国家意识、职业意识和公民意识，共同推进社会主义生态文明建设。近年来，党中央和国务院出台多项政策、法规，整合各级政府系统内部生态治理权力，切实推进强有力的生态治理。企业要将污染环境的成本及治理成本内化为企业成本，协同政府和企业的治理行为，充分发挥企业主体作用。公众作为生态环境的最终受益者，也是生态治理的直接参与者，要坚持从我做起，从身边的小事做起，拒绝铺张浪费和奢侈消费，积极践行简约适度、绿色低碳的生活方式，以行动促进认识提升，知行合一，形成人人参与、人人共享的强大合力。

第四节　生态文明思想的价值观之维

价值观是一个人世界观的组成部分。人们的价值取向是社会现象的反映，随着社会、时代和环境的变化而变化。生态价值观，是人们对生态环境在人类经济建设和社会发展中所处的地位以及所发挥作用的总的看法，是一种超越传统人类中心主义价值观的新价值观，它超越的是传统工业文明的价值理念，注入的是现代文明体系中的价值理念。[①] 新时代生态文明思想的价值观，是对传统价值观的人类中心主义的超越和对传统价值观的"扬弃"，是一种积极寻求人类与自然和谐统一的价值理念，对于加强新时代生态文明建设具有重要指导价值和实践意义。

一、时代维度下生态文明的现代诉求

习近平总书记在党的十九大报告中指出，"经过长期努力，中国特色社会主义进入了新时代，这是我们发展新的历史方位。"这一重大政治论断，赋予党的历史使命、理论遵循、目标任务新的时代内涵，是经济社会发展到一定阶段发生的必然历史飞跃，为深刻把握当代中国发展变革的新特征，加

---

① 刘定平等：《生态价值取向研究》，中国书籍出版社 2015 年版，第 63 页。

大环境治理力度，促进生态文明建设提供了时代坐标和科学依据，具有丰富厚重的思想内涵、实践价值和现实意义。

（一）新时代要高度重视和加强生态文明建设问题

生态文明建设是一项伴随着时代发展进步的长期任务。习近平总书记在全国生态环境保护大会上强调，我之所以反复强调要高度重视和正确处理生态文明建设问题，就是因为我国环境容量有限，生态系统脆弱，污染重、损失大、风险高的生态环境状况还没有根本扭转，并且独特的地理环境加剧了地区间的不平衡。这种情况的出现，反映了人们对人与自然和谐共生理念依然认识不够深刻。目前，有的对生态文明建设在思想和认识上还不够重视，在贯彻落实中央和政府的方针政策上自觉性不高。《全国生态文明意识调查研究报告》显示，我国公众生态文明意识呈现"认同度高、知晓度低、践行度不够"的状态，相较公众对建设生态文明与"美丽中国"战略目标的高度认同，实际践行度仅为 60.1%。① 在日常生活中环境脏乱差、乱丢垃圾、随地吐痰等不文明的习惯与行为随处可见，城市特别是有些农村日常生产生活污水处理措施不力，垃圾收集不及时。过度消费、追求奢侈、铺张浪费等行为屡禁不止；有的为炫耀猎奇心理，乱捕滥杀野生动物，还有的以食用野生动物为荣，不仅破坏了自然生态环境，而且为病毒传播提供了载体、创造了条件。

适应新时代生态文明建设要求，要善于从政治的高度认识生态文明建设、加强生态环境保护、提倡绿色低碳生活方式的重要性。2020 年 3 月，北京大学自然保护与社会发展研究中心等多家环保组织开展的调查显示，79%以上的人不赞成使用野生动物制品，94.8%的人赞成取缔野味集市和野味饭馆，97.4%的人支持全面禁止买卖野生动物和制品。这为加快推进生态文明建设提供了强大的民意基础。② 我们必须进一步认识新时代生态文明建

---

① 张惠远等：《增强意识，完善制度，加快推进生态文明建设》，《中国环境报》2020 年 3 月 23 日。

② 张惠远等：《增强意识，完善制度，加快推进生态文明建设》，《中国环境报》2020 年 3 月 23 日。

设的重要意义，贯彻新发展理念，注重从小处入手、点滴做起，养成良好的生活习惯、消费观念，努力营造崇尚生态文明的社会风尚，引导大家成为生态文明的践行者和美丽中国的建设者，从而汇聚成建设人与自然和谐共生现代化的巨大力量。

（二）新时代进入满足人民日益增长的优美生态环境需要的攻坚期

目前，我国"生态文明建设正处于压力叠加、负重前行的关键期，已进入提供更多优质生态产品以满足人民日益增长的优美生态环境需要的攻坚期，也到了有条件有能力解决生态环境突出问题的窗口期"[1]。习近平总书记对生态文明建设的这一科学论断，是根据我国社会主要矛盾发生新变化作出的，充分反映了我国生态文明的实际状况，揭示了制约生态文明建设发展的症结所在，指明了解决当代中国生态文明建设发展主要问题的根本着力点。我国经过改革开放四十多年努力，稳定解决了十几亿人的温饱问题，全面建成小康社会，人民美好生活需要日益广泛，不仅对物质文化生活提出了更高要求，而且在生态环境等方面的要求日益增长。我国社会主要矛盾发生变化，不仅对我国发展全局产生广泛而深刻的影响，而且人民群众在满足物质生活需要基础上对生态环境提出了新的需求。

新时代生态文明建设，我国生态环境保护面临不少困难和挑战。要充分利用改革开放四十多年来积累的坚实物质基础，大力推进生态文明建设、解决突出的生态环境问题，不断满足人民日益增长的优美生态环境需要。要科学把握我国社会主要矛盾发生的新变化新特点新要求，根据时代发展和人民群众对优美生态环境的需要，采取切实可行的措施，加大绿色理念、生态保护、环境治理、制度保障等方面建设力度，高标准高质量地抓紧抓好抓实生态环境建设，持续打好保卫蓝天、碧水、净土攻坚战，让人民喝上干净的水，呼吸清新的空气，创造更好的工作和生活环境，满足人民群众对金山银山的需要，以及对绿水青山的愿望，努力建设"望得见山、看得见水、记得住乡愁"的美丽中国。

---

[1]　习近平：《推动我国生态文明建设迈上新台阶》，《求是》2019 年第 3 期。

（三）新时代要坚持把解决突出的生态环境问题作为民生优先领域

中国特色社会主义新时代，以习近平同志为核心的党中央坚持"以人民为中心"的执政理念和价值立场，把解决突出生态环境问题、为人民创造美好生活作为发展的目标，关注人民对美好生活新的多样化需求和注重民生之需，多谋民生之利、多解民生之忧、多造民生之福，凡是有利于百姓的事再小也要做，危害百姓的事再小也要除，使全体人民在共创共建共享发展中有更多获得感、幸福感、安全感，让人民群众享有更加幸福安康的美好生活。

近年来，习近平总书记提出一系列新理念新思想新战略，生态环境治理打出组合拳，绿色发展按下快进键，生态文明建设进入快车道。坚持生态惠民、生态利民、生态为民理念，将保护生态环境作为解决民生问题的重要内容，重点解决损害群众健康的突出环境问题，努力创造更多的物质财富和精神财富，以满足人民日益增长的美好生活需要。习近平总书记在不同场合多次指出，"绿水青山是人民幸福生活的重要内容，是金钱不能代替的。你挣到了钱，但空气、饮用水都不合格，哪有什么幸福可言。"[①] 环境就是民生，青山就是美丽，蓝天也是幸福。我们要把良好生态环境当作"最公平的公共产品"和"最普惠的民生福祉"。

目前，满足人民日益增长的优美生态环境需要，要坚持以人民为中心的发展思想，把解决突出生态环境问题作为民生优先领域。坚定不移贯彻新发展理念，采取可行有力措施，治理雾霾天气，保证空气质量，让老百姓更放心地外出呼吸，实现"天更蓝"；加强生态植被保护，修复和维护山林生态，提高陆地动植物的存活率，实现"山更绿"；加大水资源保护力度，综合黑臭水体治理，保护江河、湖泊、海洋环境，让老百姓喝上放心水，实现"水更清"，真正解决突出生态环境问题，解除民心之痛、民生之患，还老百姓蓝天白云、繁星闪烁，实现中华民族伟大复兴之梦、绿色之梦、美丽之梦。

---

① 《习近平关于社会主义生态文明建设论述摘编》，中央文献出版社 2017 年版，第 4 页。

二、人学维度下生态文明的人本取向

人的全面发展理论是马克思主义人学的重要内容，也是马克思主义哲学的精华。马克思人学在肯定自然优先性的前提下，注重生态文明建设主体自身的文明建设，主张人发挥其主体创造性，通过主体客体化和客体主体化两个相互作用过程来显现人与自然之间的辩证互动，只有主体自身文明了，才能对象化出一个文明的现实世界。从人学角度研究生态文明建设主体、强化生态文明意识、加强正确价值引领和自觉践行绿色生活方式，对于人类树立正确自然观和价值观，强化人对自然的责任意识，维护自然界权利的理性自觉去善待自然，实现自然界的价值，促进人的全面发展具有十分重要的作用和意义。

（一）在优美的生态环境中促进人的全面发展

马克思曾经说，环境改造人。人类早期的宗教大多来源于对自然现象和自然物的崇拜，并影响人们的精神生活和思维方式。从价值角度来看生态审美，充分尊重主客体双方之间的相互作用，既体现了对生态环境利益的重视，又体现了美的本质—合规律性与全目的性的统一。① 优美的生态环境是人对环境质量的追求，不仅能改善人们的居住条件和健康水平，而且对于丰富人们精神生活、陶冶思想道德情操、促进人的全面发展具有重要价值。从哲学视角看，人的生存所关涉的主要是真、善、美三个层面，自然环境对人类的生态价值也体现在真善美之中。在"真"上，大自然为人类提供了生存的基础和丰富而强大的生态服务功能，不断消纳人类行为所产生的大量污染，自动修复人类对自然造成的"创伤"。在"善"上，自然环境对人类的友好体现在给人类提供了无尽的物质资源及财富，其质量和数量远远超过人类对自然的善举。在"美"上，大自然用自己的画笔在大地上为人类描绘了一幅蓝天、白云、绿地、碧水、青山、平川、峻岭……的美丽画卷，生态美与自然美成为人类最高级的美的形态。自然环境的生态价值来源于自然界的

---

① 胡安水：《生态价值概论》，人民出版社2013年版，第119页。

生态功能，环境的价值不单单有利于人类自身的生存与发展，而且有利于保护和提升其他生物利益的价值，特别是在维持生态平衡方面自然界的作用要远远超过人类的作用。

当前，化解人与自然、人与人、人与社会之间的矛盾，要依靠和发挥文化的熏陶、教化、激励作用。加强新时代生态文明建设，要树立人与自然是生命共同体的理念，从生态文明的角度重视并推进人的全面发展，要将人的全面发展放到我国当前生态现实关系中来考虑，在维护生态平衡前提下保障人的全面发展，在进行生产活动的实践活动中要符合自然的客观规律，自觉地约束人类的行为，坚持按照自然规律办事，维护生态系统的平衡和稳定，实现人与自然的和谐相处和人的自由与发展。

（二）在生态文明价值引领中保障人的全面发展

价值是指客体属性满足主体需要的关系，是人类主体通过外在客体和内在自我关系而表征的自身本质的历史状态。与传统的哲学价值论相比，生态价值论的特色在于，人不是固定的主体角色，环境也不是固定的客体角色。价值关系不仅是伴随需要而诞生的，也是随着需要的转移而变化的。[①] 马克思主义科学理论的主旨在于推翻旧世界、追求全人类自由解放，创造性地揭示人类社会发展规律，不仅是就环境问题而谈环境问题。这就深刻启示我们，生态文明建设不单纯地为了改善生态和保护环境，而是要坚持以人为根本价值向度，新时代社会主义生态文明建设的根本目的是"人"，最终目的是改善人类生存环境，实现人的全面发展。

马克思认为，自然界为满足人类主体生存发展需要提供各种生产资料、生活资料、劳动对象和劳动场所等，自然不仅是生产力的基本要素，是人类社会财富的源泉，而且自然环境还是影响劳动生产率的重要因素。马克思生态人学思想建立在人和自然的主客体关系上，主张坚持"以人为本"价值向度和发扬人的主体创造性，强调人学理论的价值主体作为社会人，每个人在社会中都有着自己的特殊身份，有着自己独特的社会价值，这在本质上与新

---

① 胡安水：《生态价值概论》，人民出版社 2013 年版，第 32 页。

时代生态文明建设的核心理念相契合，具有内在相通性。

习近平总书记指出，"在全社会确立起追求人与自然和谐相处的生态价值观"。生态价值观认为，构成自然环境的一切因素，是相互联系和不可或缺的，具有重要而特殊的育人价值和作用。人类靠自然生活，只有尊重自然价值，顺应自然法则才能保证自己的生存和发展，才能在自然价值基础上创造价值。习近平总书记倡导的"以人为本"、以生态为本的发展理念，把生态文明建设和环境治理上升到社会进步、人民幸福、人的发展的高度，作为重大民生工程来建设，强调要树立正确的生态文明价值观念和符合时代要求的生态生活价值取向，转变人类中心主义、个人中心主义的价值取向和生活方式中物质化的价值取向。确立人—社会—自然生态系统协调发展的价值取向和人全面发展的价值取向。生态文明建设是为了提高人民的美好生活，促进人的自由全面发展，彰显了马克思主义关于人的自由全面发展的崇高社会理想，反映了新时代生态文明建设的本质要求和价值追求，体现了党为人民谋福利的初心及高度的使命自觉。

（三）在坚持知行合一实践中实现人的全面发展

马克思主义人学观点认为，人民群众是物质财富、精神财富以及社会变革的主体。新时代生态文明建设是由人主导和实施的社会实践活动，以人为本的生态文明建设为马克思主义人学理论的发展奠定了实践基础，丰富了马克思主义人学理论的内涵，体现了人学价值论的主体指向。新时代生态文明建设，要提高思想认识，掌握正确方法，坚持知行合一，努力做到真知、善用、笃行，在养成良好生活习惯和践行绿色生产生活方式中实现人的全面发展。生态文明是人类生存理念和生存方式的变革，是涉及生产方式、生活方式、认知方式、价值观念的全方位的革命性变革。……它既是历史的必然，又是主体的理性自觉。① 在以经济建设为中心的当下，人们往往对人的全面发展的认知不全面、行为不自觉，缺乏对人的全面发展的深层思考，只注重经济发展和效益，将物质产品的满足作为人的全面发展的重要条件，特别是

---

① 丁鸣、周育国：《论人类社会发展的生态文明向度》，《理论前沿》2009 年第 23 期。

还没有真正将生态现实利益的博弈关系纳入到生态人的全面发展的视角中，没有从生态视角来制定人的全面发展的目标，这不仅会导致对人的全面发展内涵的简单化理解，而且会影响新时代生态文明建设任务的完成和建设美丽中国的实现。

人的全面发展是一项综合的系统工程。生态文明行为的政府、企业、公众三大主体都是由个体的人组成的，需要找准路径与着力点，把生态文明意识、生态文化意识融入国家意识、公民意识、职业意识，共同推进社会主义生态文明建设。建设生态文明是人类社会实践发展的客观要求，是实践认识、再实践、再认识的智慧结晶，关系各行各业、千家万户和每个人。要加大生态文明和环境保护宣传教育力度，提升生态环境保护能力，引导群众践行《公民生态环境行为规范（试行）》，积极关注生态环境政策，为政府建言献策、贡献智慧。加强环保非政府组织能力建设，保障公众环境参与权益，一旦发现生态破坏和环境污染问题要及时劝阻、制止或及时举报。积极参与环保公益活动和志愿服务，大力弘扬生态文化，传递环保正能量。珍惜自然资源，合理利用资源，爱护非再生资源的使用与开发，有节制地谋求人类自身发展和需求的满足，保护生物圈稳态机制，不以损害环境作为发展的代价。自觉坚持从我做起，从身边的小事做起，拒绝铺张浪费和奢侈消费，积极践行简约适度、绿色低碳的生活方式，知行合一，以行动促进认识提升，形成人人参与、人人共享的强大合力，自觉做生态环境保护的倡导者、行动者、示范者，在共建天蓝、地绿、水清的美好家园和美丽中国的实际行动中提升和促进人的全面发展。

三、系统维度下生态文明的整体旨归

系统是由若干相互联系和相互作用的要素组成的具有一定结构和功能的有机整体。① 系统思维是把物质系统当作一个整体加以思考的思维方式。与传统的先分析、后综合的思维方式不同，系统性思维具有从整体出发，先综

① 《简明哲学词典》，上海人民出版社 2005 年版，第 322 页。

合，后分析，最后复归到更高阶段上的新的综合，并具有整体性、综合性、定量化和精确化的特征。现代系统论是对唯物辩证法普遍联系观点的继承和发展，是现代科技和认识论发展而产生的科学思维方法，强调要用整体的、联系的、开放的、发展的观点认识和分析事物。客观事物不但作为矛盾而存在，而且作为系统而存在，所以生态环境的保护、修复和治理要坚持系统的观点，运用系统的方法，做到统筹兼顾，精准施策，综合治理。习近平总书记从系统维度看待和处理生态环境治理问题，强调要从整体角度出发，统筹各种要素，全面、系统、综合地进行综合治理，才能收到良好的效果，为新时代我国生态文明建设提供了方法论指导。

（一）生态系统是一个有机生命躯体

系统具有鲜明的整体性、关联性和层次结构性等特征。大自然是一个相互依存、相互影响的系统，山水林田湖草沙冰是一个生命共同体，运用综合、系统方法，统筹山水林田湖草沙冰系统治理，归根到底是一个用什么样的思想方法对待自然、用什么样的方式保护修复自然的问题。习近平总书记指出，"要用系统论的思想方法看问题，生态系统是一个有机生命躯体，应该统筹治水和治山、治水和治林、治水和治田、治山和治林等。"①党的十八大以来，以习近平同志为核心的党中央，倡导山水林田湖草沙冰是一个生命共同体的理念，强调加强生态文明建设和生态环境治理，在宏观战略上，要搞好顶层设计，科学统筹，全面推进，全面加强生态环境保护，提升生态文明，建设美丽中国；在生态保护上，要按照系统工程的思路，全方位、全地域、全过程开展生态环境保护和建设，从根本上扭转生态环境恶化趋势，确保中华民族永续发展；在环境治理上，要坚持标本兼治和专项治理并重、常态治理和应急减排协调、本地治污和区域协调相互促进，系统推进环境保护和治理，充分体现了习近平总书记关于生态系统治理的宏观整体思维。

习近平总书记十分重视运用系统方法谋划我国生态保护与环境治理问

---

① 《习近平关于社会主义生态文明建设论述摘编》，中央文献出版社 2017 年版，第 56 页。

题，强调要统筹推进经济建设、政治建设、文化建设、社会建设、生态文明建设和党的建设，推动全面协调可持续发展。指出"坚持生态优先、绿色发展，以水而定、量水而行，因地制宜、分类施策，上下游、干支流、左右岸统筹谋划，共同抓好大保护，协同推进大治理，着力加强生态保护治理。"①山水林田湖草沙冰的保护修复及综合治理是一个有机整体，他们之间相互关联、相互支撑、有机协调，不能畸重畸轻、顾此失彼。要"善用系统思维统筹水的全过程治理，分清主次、因果关系，找出症结所在。"②新时代加强和推进生态环境保护，要不断运用强化系统思维，科学统筹生态文明建设的各种资源要素，坚持节约资源和保护优先原则，运用自然恢复和人工恢复相结合方式，实施山水林田湖草沙冰生态保护和修复工程，加强生态保护和环境治理力度，全面提升自然生态系统稳定性和生态服务功能，筑牢生态环境安全屏障。

（二）按照生态系统整体性加强生态保护与修复

生态整体主义以生态的整体性为价值的本位，追求生态系统的整体合理性。生态是统一的自然系统和自然链条，山水林田湖草沙冰治理必须科学规划，统筹治理，综合施策。绿水青山是宝贵的资源，应该充分发挥其经济社会效益，要把它们保护得更好。习近平总书记关于"既不能以局部代替整体、又不能以整体代替局部，既不能以灵活性损害原则性、又不能以原则性束缚灵活性"的科学论断，充分体现了生态环境保护和治理的统筹谋划、协同推进的系统性和整体性。

在加快推进生态保护上，要坚持保护优先、自然恢复为主，坚持数量和质量并重、质量优先的原则，采取有效措施，加快山水林田湖草沙冰一体化生态保护和修复的实施工作。前些年，由于我国生态环境治理缺乏科学统筹和顶层设计，没有运用系统思维和方法，规划山水林田湖草沙冰的综合治理，出现了治山的不管治水、治水的不管造林、治林的不管治田、治田的不

---

① 习近平：《在黄河流域生态保护和高质量发展座谈会上的讲话》，《求是》2019 年第 20 期。
② 《习近平关于社会主义生态文明建设论述摘编》，中央文献出版社 2017 年版，第 54 页。

管治湖、治湖的不管治草、治草的不管治沙的现象，分头治理，各自为政，结果花费了大量的人力物力财力，没有达到预期的治理效果。如果在保护和治理过程中，种树的只管种树、治水的只管治水、护田的单纯护田，很容易顾此失彼，最终造成生态的系统性破坏。因此，加强生态保护和修复，必须按照生态的整体性、系统性及其内在规律，统筹考虑自然生态的各种要素，进行全面系统的整体保护。

在用系统方法加强生态修复上，要坚持自然修复为主原则，按照生态系统的整体性、系统性及其内在规律，从修复破损的生态环境入手，采取工程措施，改变过去顾此失彼的错误做法。良好生态环境是人和社会持续发展的根本基础。加强生态保护修复，要树立新理念、拓展新思路、采取新举措。要顺应自然，按照自然规律办事，"减少人为扰动，把生物措施、农艺措施与工程措施结合起来，祛滞化淤，固本培元，恢复河流生态环境。因势利导改造渠化河道，重塑健康自然的弯曲河岸线，营造自然深潭浅滩和泛洪漫滩，为生物提供多样性生境。"① 要科学统筹河流上下游、干支流、左右岸、地上地下问题，尤其是上游不能为了本地区的当前利益，过度开发水资源，造成下游断流、地下水超采，斩断下游地区地下水的补充水源，这样不仅容易形成地下漏斗、地面沉降，还会导致耕地荒芜、甚至城市塌陷。针对我国湖泊湿地大量减少的状况，要采取有效措施，坚决制止围垦占用湖泊湿地的行为，尽快恢复湖泊湿地，退耕还湖还湿。统筹考虑自然生态各要素、山上山下、地上地下、水中岸上、陆地海洋以及流域上下游，整体施策、多措并举，全方位、全地域、全过程实施山水林田湖草一体化生态保护和修复，不断增强生态系统循环能力，维护生态平衡与安全。

（三）运用系统方法强化生态环境综合治理

目前，我国生态环境治理工作取得显著成绩，但是由于治理的思维和方法还不能适应污染治理和改善生态环境要求，影响了生态保护和环境治理。

---

① 《习近平关于社会主义生态文明建设论述摘编》，中央文献出版社2017年版，第57页。

要坚持"系统治理、两手发力"的思路，运用系统方法，科学统筹，综合施策，统筹生态环境的系统治理，要把加快推进生态保护修复作为一项重点任务。生态环境治理是复杂的系统工程，尤其是重点流域治理，不可能一蹴而就，更不能"病急乱投医"，需要系统分析，综合施策，精准发力。运用系统方法加大环境污染综合治理力度，按照山水林田湖草沙冰系统治理的要求，坚持流域同治、城乡同治、生产生活同治，坚持以问题为导向，补齐短板，整体考虑，科学规划，多法并举，综合治理。

在大气污染防治上，要全面深化污染严重的重点区域大气污染联防联控，持续加大污染治理力度，大幅度减轻区域污染负荷，按照自然修复为主的原则实施生态工程治理，不断提升区域环境自净能力，有效控制污染和温室气体排放，推动优化开发区域率先实现碳排放达到峰值。

在加强水污染防治上，要严格控制重点流域干流沿岸的重化工等项目，大力整治城市黑臭水体，全面推行河长制，实施从水源到水龙头全过程监管。

在土壤污染治理上，要着力解决土壤污染农产品安全和人居环境健康的突出问题。加强农业面源污染治理，推动化肥、农药使用量零增长，提高农膜回收率，加快推进农作物秸秆和畜禽养殖废弃物全量资源化利用。加强节能减排和环境综合治理，重视人居环境建设，要把创造优良生态环境作为中心目标，建设人与自然和谐共处的美丽家园。

在国土绿化行动上，加大自然保护区保护力度，注重沙漠化防治和高寒草原建设，做好退牧还草、退耕还林还草工作。根据当地生态实际情况，采取切实措施，大力推进天然林、湿地的保护和恢复工作，加强防护林体系建设，加快风沙源的治理步伐。针对污染防治的重点领域、重点区域、重点时段和重点任务，按照污染排放绩效和环境管理实际需要，科学制定实施管控措施，改变"多头治污"的现象，各部门要各司其职、各负其责，实行污染物统一监管，带动整体推进，全面提升自然生态系统稳定性和生态服务功能，筑牢生态安全屏障。

习近平总书记关于按照系统工程思路加强环境治理的论述

序号	时间	论述	出处	备注
1	2013年11月9日	我们要认识到，山水林田湖是一个生命共同体，人的命脉在田，田的命脉在水，水的命脉在山，山的命脉在土，土的命脉在树	关于《中共中央关于全面深化改革若干重大问题的决定》的说明	第一次提出要加强"山水林田湖"系统治理
2	2018年5月18日	要深入实施山水林田湖草一体化生态保护和修复，开展大规模国土绿化行动，加快水土流失和荒漠化石漠化综合治理，推动长江经济带发展，要共抓大保护，不搞大开发，坚持生态优先、绿色发展，涉及长江的一切经济活动都要以不破坏生态环境为前提	习近平在全国生态环境保护大会上的讲话	在山水林田湖基础上增加了一个"草"字
3	2021年5月2日	要提升生态系统质量和稳定性，坚持系统观念，从生态系统整体性出发，推进山水林田湖草沙一体化保护和修复，更加注重综合治理、系统治理、源头治理	习近平在中共十九届中央政治局第二十九次集体学习时的讲话	在山水林田湖草基础上增加了一个"沙"字
4	2021年7月9日	要坚持保护优先，把生态环境保护作为区域发展的基本前提和刚性约束，坚持山水林田湖草沙冰系统治理，严守生态安全红线	习近平主持召开中央全面深化改革委员会第二十次会议，通过《青藏高原生态环境保护和可持续发展方案》	在山水林田湖草沙基础上又增加了一个"冰"字

注：从上表可以看出，习近平总书记关于按照系统工程思路加强环境治理的论述，不仅丰富了生态环境系统治理的科学内涵，也表明了我们党对生态环境治理认知的进一步深化。

第五章　新时代生态文明建设的实现进路

　　党的十八大以来，以习近平同志为核心的党中央高度重视生态文明建设，着眼于我国社会主义初级阶段总依据和实现中华民族伟大复兴总任务，把生态文明建设纳入中国特色社会主义事业总体布局，由传统的经济建设、政治建设、文化建设和社会建设"四位一体"，拓展为包括生态文明建设在内的"五位一体"总体布局。习近平总书记指出，推进社会主义生态文明建设，必须"把生态文明建设放到现代化建设全局的突出地位，把生态文明理念深刻融入经济建设、政治建设、文化建设、社会建设各方面和全过程。牢固树立尊重自然、顺应自然、保护自然的生态文明理念，坚持节约资源和保护环境的基本国策，着力推进节能减排和污染防治，给子孙后代留下天蓝、地绿、水净的美好家园。"[①] 这五大建设是相互影响的有机整体：经济建设是根本，政治建设是保障，文化建设是灵魂，社会建设是条件，生态文明建设是基础。生态文明建设与经济、政治、文化、社会建设相互贯通、相互促进，是具有内在联系的集合体，要统一贯彻落实，不能顾此失彼，也不能相互替代，哪一个落实不到位，我国新时代社会主义建设发展都会受到影响。这是我们党对社会主义建设规律在实践和认识上不断深化的重要成果，指明了建设中国特色社会主义现代化的方向和路径，对推进新时代我国高质量发展，建设美丽中国具有重要理论和实践价值。

---

① 《习近平关于社会主义生态文明建设论述摘编》，中央文献出版社 2017 年版，第 43 页。

第一节　融入经济建设：推进发展模式绿色转型

生态文明建设是新时代中国特色社会主义的重要内容，也是经济建设持续发展的重要前提。习近平总书记准确把握新发展阶段的特点规律，深入贯彻新发展理念，加快构建新发展格局，把生态文明建设融入经济建设，坚持节约资源和保护环境的基本国策，不断优化产业结构，改革生产生活方式，推进发展模式的绿色转型，提高资源效率与环境效率，推进经济高质量发展，积极探索符合新时代战略定位、体现中国特色和以生态优先、绿色发展为导向的高质量发展新路子。

一、创建以经济生态化为核心发展模式

加强生态文明建设是贯彻新发展理念、推动经济社会高质量发展的必然要求，也是人民群众追求高品质生活的共识和呼声。目前，我国环境保护与经济发展的差距在逐渐缩小，但还没有完全协同匹配，区域之间、城乡之间、行业之间的经济、环境发展差异较大。适应新时代中国特色社会主义现代化建设要求，要加快经济绿色转型，优化产业结构，健全以经济生态化为核心的发展模式，健全现代化生态产业发展体系，促进经济结构和发展模式的转变，推动"十四五"时期高质量发展，确保新时代社会主义现代化建设开好局、起好步。

（一）形成保护环境的产业结构和生产方式

习近平总书记指出："新发展理念是一个系统的理论体系，回答了关于发展的目的、动力、方式、路径等一系列理论和实践问题，阐明了我们党关于发展的政治立场、价值导向、发展模式、发展道路等重大政治问题。"[①]坚持新发展理念，构建新发展格局，要切实转变发展方式，实现更高质量、更有效率、更加公平、更可持续、更为安全的发展。近年来，我国绿色经济发

---

① 《习近平谈治国理政》第四卷，外文出版社 2022 年版，第 170—171 页。

展取得显著的成效，产业结构不断优化，创新产业结构生产方式，资源效率和环境效率指标持续改善，绿色生产体系逐步完善。在经济新常态下，我国经济建设必须坚持新发展理念，强化节能和能源结构调整，加强能源和经济低碳转型，扭转能源消费和碳排放快速增长的趋势，适应新时代绿色经济发展需要。

当前，我国经济已由高速增长阶段转向高质量发展阶段，正处在转变发展方式、优化经济结构、转换增长动力的攻关期。经济发展理念要实现从"重经济轻环保"向"绿水青山就是金山银山"转变，坚持以生态经济为导向，转变经济发展方式，实现绿色发展、循环发展和低碳发展，从过度强调经济效益转向同时兼顾经济、社会和生态效益，促进三者的共同发展，实现以经济生态化为核心的发展模式。不断优化产业结构，促进区域协调发展，倡导绿色发展模式，大力发展循环经济，不断推进资源禀赋优势产业，探索传统工业经济生态化、智能化和低碳化发展新路径。全面推行企业循环式生产、园区循环式发展、产业循环式组合，建立城镇循环发展体系，加强城市低值废弃物资源化利用，促进生产系统和生活系统的循环链接。大力发展绿色经济，优化内部产业结构，减少和杜绝污染排放，使绿水青山持续发挥生态效益和经济社会效益。健全常态化、稳定的生态环保财政资金投入机制，完善促进环保产业发展和有利于生态环保的价格、财税、投资和土地政策，大力推进绿色金融发展。结合我国经济建设实际，借鉴国际再生资源产业的发展经验，鼓励引进技术先进的再生资源产业和产品设备输出，以新的产业结构和生产方式，扩大再生资源产业的国际影响力。

新时代我国经济发展要坚持以人为本，改变过去经济发展注重经济效益而忽视生态保护的现象。习近平总书记指出："加快形成节约资源和保护环境的空间格局、产业结构、生产方式、生活方式，把经济活动、人的行为限制在自然资源和生态环境能够承受的限度内，给自然生态留下休养生息的时间和空间。"①经济建设发展，要坚持以产业生态化和生态产业化为方向，不

---

① 习近平：《推动我国生态文明建设迈上新台阶》，《求是》2019 年第 3 期。

断调整经济结构、产业结构和能源结构，主动淘汰落后产能，及时消化过剩产能，大力发展节能环保产业，创新战略性新兴产业、先进制造业、现代服务业、清洁生产产业、清洁能源产业，促进资源节约与循环利用，从源头控制污染排放，防治环境污染，推进高质量现代化生态经济体系的形成。

（二）构建高质量现代化生态经济体系

"当前，我国改革发展形势正处于深刻变化之中，外部不确定不稳定因素增多，改革发展面临许多新情况新问题。我们要保持战略定力，坚持问题导向，因势利导、统筹谋划、精准施策，在防范化解重大矛盾和突出问题上出实招硬招，推动改革更好服务经济社会发展大局。"[1]我国"十四五"规划强调，要坚持把发展经济着力点放在实体经济上，坚定不移建设制造强国、质量强国、网络强国、数字中国，大力推进产业基础高级化、产业链现代化，提高经济质量效益和核心竞争力。[2]这为我国新时代经济发展，走创新驱动、内生增长道路指明了方向。

现代化生态经济体系是生态文明体系的重要构成部分，是解决环境污染问题的有效途径。构建高质量生态经济体系，要坚定不移贯彻新发展理念，转变经济建设发展方式特别是生产方式，加大绿色经济发展力度，提高经济发展的质量和效益，抓住经济社会发展中的主要矛盾，坚持保护环境与经济发展协调发展。不断创新生产方式，健全绿色低碳循环发展的经济体系，改变过多依赖增加物质资源消耗、过多依赖规模粗放扩张、过多依赖高能耗高排放产业的发展模式，从源头上推动经济实现绿色转型。大力发展节能环保绿色产业，实施绿色制造工程，加快形成新型生态产业体系。构建和完善循环型产业体系、大力推广循环经济试点示范，推进能源生产和消费革命，加快发展风能、太阳能、生物质能、水能、地热能，安全高效发展核电，推进资源全面节约和循环利用，降低能耗、物耗，提高能源利用效率，走出一条

---

[1] 《习近平主持召开中央全面深化改革委员会第八次会议强调　因势利导统筹谋划精准施策　推动改革更好服务经济社会发展大局》，《人民日报》2019 年 5 月 30 日。

[2] 《中共中央关于制定国民经济和社会发展第十四个五年规划和二〇三五年远景目标的建议》，《人民日报》2020 年 11 月 4 日。

经济发展与生态文明建设相辅相成、相得益彰的发展新路。

构建高质量现代化生态经济体系，要加大对生态系统的修复保护力度，不断减少废弃物的排放，达到"蓝天、碧水、绿色、清净"的宜人宜居生态环境和环保质量。遵循生产价值递增规律，运用资源配置的市场机制，不断健全资源产权、环境产权、气候产权的有偿使用和交易制度，资源环境财税制度，生态保护补偿制度，环境损害赔偿制度等，提高资源的配置效率和使用效率，减少环境污染和温室气体排放。充分发挥市场的引导功能，围绕废气的排放建立环境交易制度，对效益好、排污达标的企业给予鼓励，严格限制环境违法企业贷款和上市融资。完善价格税收体系，提高排污收费标准，深化资源性产品价格改革，建立更好地反映市场供求关系和环境损害成本的价格形成机制，加快构建产业生态化战略，逐步形成资源节约型、环境友好型、气候友好型的产业经济体系。

（三）以绿色生态体系促进经济建设

新时代推进经济建设，要坚持不懈推动绿色低碳发展，把生态文明融入经济建设，构建绿色生态生产体系，促进经济社会发展和全面绿色转型，把生态文明理念转化为推动实现中华民族伟大复兴中国梦的巨大推动力，实现绿色发展、低碳发展、循环发展，推进我国经济建设高质量发展。

2021年1月16日，习近平总书记在《求是》杂志上发表的文章中指出："要掌握科学的经济分析方法，认识经济运动过程，把握经济发展规律，提高驾驭社会主义市场经济能力，准确回答我国经济发展的理论和实践问题。"当前，坚持以经济建设为中心，依然是我国社会主义初级阶段基本路线的重要内容，我国经济社会发展最根本、最紧迫的任务依然是进一步解放和发展社会生产力。坚持以经济建设为中心，要总结过去曾在一段时间内重发展、轻环境，重速度、轻质量的做法和教训，坚持把生态环境保护摆在更加重要和突出的位置，坚持把大力发展绿色、低碳、循环的生态产业体系作为生态文明建设融入经济建设的战略举措，不断创新发展思路，拓展发展手段，坚决打破旧的思维定式和条条框框，以绿色生态体系促进经济建设发展，绝不以牺牲生态环境为代价换取经济的一时发展，实现经济建设跨越发展和生态环境协同共进。

目前，我国经济总量已跃居世界第二位，社会生产力和综合国力取得可喜成绩，但在经济建设中不平衡、不协调、不可持续问题依然存在，使我国资源环境面临日益严峻的挑战，可持续发展受到影响。推进新时代经济发展，健全绿色生态体系，要坚持创新、协调、绿色、开放、共享的新发展理念，以保护生态环境为前提，以促进经济发展为目标，不断优化经济结构、发展方式结构、增长动力结构，从供给侧改革入手，补短板、去产能、提效率、强保障，促进绿色发展，扩大有效供给，提高全要素生产率。要瞄准现代产业发展制高点，积极抢占绿色发展新高地，着重发展附加值高、技术含量足、竞争力强以及产业价值链可延长的战略性新兴产业，不断提高经济效益。大力推进产业结构优化升级，将传统制造业的优势转化为拥有先进水平的新兴制造业，夯实绿色国民经济产业基础。以绿色发展理念促进现代服务行业、优化结构、推动工业化和信息化深度融合，构建绿色化的现代产业体系，实现经济结构的调整和产业转型升级，走不同于传统工业经济发展模式的新路子，使绿色生态体系成为建设生态文明和绿色发展的着眼点、发力点和落脚点。

二、推动高质量发展和环境高水平保护

新时代坚持以经济建设为中心，要贯彻生态文明建设融入经济建设的发展战略，转变生产方式、增长方式、发展模式，采取有效对策和措施，探索经济发展与生态保护双赢的秘诀，推进我国经济建设和生态环境保护的健康发展。

（一）健全生态环境保护经济政策

近年来，党中央针对我国资源约束趋紧，环境污染严重，生态系统退化严峻的情况，采取积极有效措施，坚持把生态文明建设放到更加突出的位置，加快转变经济发展模式，先后出台一系列加强生态环境保护、扭转环境恶化、提高环境质量和大力发展绿色经济的政策和法规，使我国生态环境得到了改善，促进了经济高质量发展。

适应新时代生态环境高水平保护和经济建设高质量发展，要从全局高度准确把握和科学构建新发展格局，运用价格、税收、财政、信贷、收费、保险等经济手段，完善生态环境保护经济政策，促进生态环境保护和经济快速发展。加快构建以国内大循环为主体、国内国际双循环相互促进的新发展格局，不断完善各项环境经济政策。建立常态化、稳定的财政资金投入机制，完善财政政策，在财政投入上要加大力度，资金重点要向污染防治攻坚战倾斜，实现投入与攻坚任务相一致，保证重点治理项目的资金。坚持污染者付费原则，将生态环境成本纳入经济运行成本，让污染者、使用者付出应有的成本，让保护者、节约者得到合理的收益。不断扩大中央财政支持北方地区清洁取暖的试点城市范围，国有资本要加大对污染防治的投入，确保生态环境重大项目的顺利实施。完善助力绿色产业发展的价格、财税、投资等政策，对严格按照环境保护政策的企业，出台"散乱污"企业综合治理激励政策，鼓励企业大力发展绿色产业和绿色经济。大力推进社会化生态环境治理和保护，采取绿色税收、加大环境收费力度、建立绿色资本市场等方式，促进生态环境高水平保护与经济高质量发展。

（二）为绿色经济发展筑牢生态屏障

贯彻新发展理念，要正确处理经济发展和生态环境保护的关系，坚决摒弃损害甚至破坏生态环境的发展模式，让良好生态环境成为经济社会持续健康发展的支撑点，使中华大地天更蓝、山更绿、水更清、环境更美。

改革开放四十多年来，我国经济社会发展取得了巨大成就，对世界经济增长贡献率超过 30%。在一段时间内，由于我国经济发展片面追求经济发展速度，放开手脚大开发，一度采取了"先上车、后补票""先污染、后治理""边污染、边治理""只污染、不治理"等做法，对生态环境造成很大破坏。致使我国资源约束日益趋紧，环境承载能力已经达到或接近上限，难以承载高消耗、粗放型的发展，依靠要素低成本的粗放型、低效率增长模式已经难以持续，不仅影响了经济的可持续发展，同时也成为社会主义现代化建设的明显短板。目前，我国经济已由高速增长阶段转向高质量发展阶段，必须贯彻新发展理念，改革经济发展模式，不断注重经济社会发展考核评价，把资源消耗、环境损害、生态效益等体现生态文明建设状况的指标纳入经济社会发展评价体系，推动形成绿色低碳循环发展新方式，实现环境保护与经济发展协同并进和"双赢"。

新时代经济建设要尊重可持续发展的客观规律，坚持把生态文明建设放在突出地位，优化能源结构和产业结构，加大环境污染综合治理，加快推进生态环境保护修复，全面促进资源节约集约利用，完善生态文明制度体系，解决能源结构、产业体系、空间布局等问题。要坚持以最严格环保制度和完善的市场机制倒逼经济绿色转型，为推动高质量发展提供有效途径。根据高质量经济发展要求，科学确定发展思路，正确制定经济政策，着重在推动经济发展方式转变、经济结构优化、增长动力转换上下功夫，促进生产关系与生产力、上层建筑与经济基础相协调，加大产业结构调整力度，大力推进传统产能过剩行业的转型，以壮士断腕的态度坚决淘汰高耗能、高污染的传统工业产业，以凤凰涅槃、腾笼换鸟的姿态，创新生态环保绿色技术，大力推进创新驱动发展，不断提高资源利用率，减少单位产品的能源消耗和传统能源利用后的污染排放，促进经济结构和发展方式的转变，实现资源产出率的最大化。不断创造新兴绿色产业技术，加快绿色技术与其他生产技术的交叉融合，打造绿色生产体系，使良好的生态环境为经济的可持续发展提供不竭动力，让绿水青山发挥经济社会效益。

（三）实现经济发展和环境保护协同共进

习近平总书记指出，新时代建设人与自然和谐发展的现代化，要正确处理发展和生态环境保护的关系，实现发展和生态环境保护协同推进。深刻揭示了发展与保护的本质关系，指明了实现经济发展与环境保护的内在统一、相互促进、协调共生的方法论。

我国经济发展进入新常态，保持经济平稳有序发展，要自觉践行"绿水青山就是金山银山"发展理念，关键是要转变经济发展方式，处理好发展与保护的关系，加快生态文明建设步伐，改变传统的"先污染后治理"发展方式，坚持生态效益与经济效益并重的原则，及时转变传统发展方式，把生态优势转化成产业和经济优势，自觉推动绿色发展、循环发展、低碳发展，做到经济发展与环境保护协同推进，努力实现经济社会发展和生态环境保护协同共进。

当前，我国正在面对向更高发展阶段跃升的历史机遇时期和世界新一轮产业变革的机遇与挑战，要处理好"绿水青山和金山银山"的关系，坚决摒弃损害生态环境的发展模式，平衡绿色生产和传统生产方式，以科技创新推动绿色新兴产业的发展和传统产业生态化转型，实现产业的可持续和经济高质量发展。要不断提高环境治理水平，加快完善生态文明建设体系，自觉把经济社会发展同生态文明建设统筹起来，协同推动经济高质量发展和生态环境高水平保护。加快建立健全生态经济体系，强化生态环保考核对产业转型升级的硬约束，提高政府对产业结构调整的宏观调控精准度。正确处理破除旧动能和培育新动能的关系，坚决摒弃以投资和要素投入为主导的老路，全面实施创新驱动发展战略，倒逼动能转换和再造，推动现有制造业向智能化、绿色化和服务型转变。突出抓好重点区域、行业的污染物，强化土壤污染管控和修复，有效防范风险，既要努力寻找经济发展方式向着更加科学合理的方向迈进，又要保证参与生态文明建设的市场主体的利益，促进生态文明建设的有序、健康、快速发展。

三、加快经济社会发展的全面绿色转型

新时代我国进入新发展阶段，贯彻新发展理念、构建新发展格局、推动高质量发展、创造高品质生活，对加强生态文明建设和推动绿色低碳发展提出了新的更高要求。绿色发展是构建高质量现代化经济体系的必然要求，也是解决环境污染问题的根本之策。

（一）加快推动绿色低碳发展

习近平总书记指出："要坚持不懈推动绿色低碳发展，建立健全绿色低碳循环发展经济体系，促进经济社会发展全面绿色转型"。[①] 要站在新的历

---

① 《习近平在中共中央政治局第二十九次集体学习时强调　保持生态文明建设战略定力　努力建设人与自然和谐共生的现代化》，《人民日报》2021 年 5 月 2 日。

史起点上，树立新的经济建设理念，加快高质量经济发展，实现经济发展和生态环境保护的协同推进。

在环境保护与治理上，要不断加深对自然规律的认识，在生态环境和经济不断融合过程中平衡和处理好二者关系。不断巩固环境治理成效，持续加大生态整治力度，充分认识生态环境污染与治理的长期性，克服"一阵风""速胜论"，克服一蹴而就、一劳永逸认识，不搞"一刀切"，不采用"刮风暴"方式，严格按照中央的政策部署，贯彻落实《大气污染防治行动计划》，持续打好蓝天、净土、绿地攻坚战，始终把生态文明建设摆在全局工作的突出地位，既要金山银山，也要绿水青山，努力实现经济社会发展和生态环境保护协调发展。

在经济高质量发展上，要牢固树立"保护生态环境就是保护生产力、改善生态环境就是发展生产力"理念，坚定保护生态环境信念，坚决摒弃损害甚至破坏生态环境的发展模式，持续推动绿水青山向金山银山转化。习近平总书记强调，"要坚持把以经济建设为中心作为兴国之要"。经济发展必须以维护生态环境可持续发展为前提，在追求高质量快速发展的过程中，增加一些复合型、综合性指标。要坚持绿色经济、低碳经济和循环经济的发展思路，积极推动解决能源结构、产业体系、空间布局等问题，形成节约资源、保护环境的生产方式和生活方式，以良好的生态环境为经济社会可持续发展持续提供保障。改变粗放型经济发展方式，推动高质量发展，建设现代化经济体系，要坚持以供给侧结构性改革为主线，构建高质量发展的政策框架，既要满足生态环境的要求也要促进经济的发展，充分发挥市场活力，在注重市场主体在获取正当经济利益的同时，节约自然资源，保护生态环境，实现经济高质量发展。

（二）持续改善生态环境质量

习近平总书记在全国生态环境保护大会上指出，"我国经济已由高速增长阶段转向高质量发展阶段"，"要坚持统筹兼顾，协同推动经济高质量发展和生态环境高水平保护"。为新时代经济建设指明了方向。当前，我国经济正处在转变发展方式、优化经济结构、转换增长动力的攻关期。搞好环境保护基础上推动经济建设，要严格执行环境保护、能源资源节约、清洁生产、产品质量等方面政策法规，完善环境保护技术标准，依法淘汰落后产能，实施产业生态化战略，实现经济建设科学发展、有序发展、高质量发展。

加快经济高质量发展，要大力推动经济发展质量变革、效率变革、动力变革，实现以创新引领经济发展，形成创新驱动发展的实践载体、制度安排和环境保障，以产业生态化战略推进生产方式转变，努力营造良好的经济发展环境。随着我国经济高质量发展，人民生活品质日益提升，要不断夯实绿色生产力在经济社会发展的基础性定位，完善现代化绿色生产力体系构建，实现绿色永续发展之路的全面建设。坚持以生态文明促进经济高质量发展，把生态环境的修复和保护作为新的经济增长点。我国生态文明建设实践表明，环境保护能够促进经济的可持续发展。目前，我国经济发展不平衡不充分现象依然存在，结构性、体制性、周期性问题相互交织，生态环保任重道远。要以推动高质量发展为主题，以深化供给侧结构性改革为主线，以改革创新为根本动力，巩固蓝天、净土、碧水攻坚战成果，加快修复被破坏的生态环境，加强资源环境治理，促进生态经济健康发展。

我国经济发展的实践表明，经济高质量发展离不开生态文明的制约和保障，经济的发展不代表着全面的发展，更不能以牺牲生态环境为代价，必须以维护生态环境可持续发展为前提条件。经济发展只有和生态文明相互协调，才能形成人与自然和和谐，实现百姓富、生态美的有机统一，促进经济全面发展。在保护中发展上，要坚持绿水青山就是金山银山观念，用生态文明促进经济发展；在发展中保护上，要注重构建绿色经济发展方式，让金山银山成为维护绿水青山的坚实后盾，推动经济高质量发展。

推进经济建设发展，要把生态文明理念融入经济建设之中，必须遵守经济规律和自然规律，在生态环境承载力范围内发展经济，在经济发展的同时注意生态环境的保护与改善，确保经济社会可持续发展。要不断调整优化经济结构，增强经济发展的平衡性协调性可持续性。运用可持续发展的理念来指导经济活动，将经济活动限制在资源和环境的可承载能力范围之内，实现经济的健康发展。勇于开拓创新，大力发展绿色、低碳、循环经济，形成科学合理的产业体系，推动产业发展方式的转型，加快形成结构优化、技术先进、清洁安全、附加值高、吸纳就业能力强的产业体系。调整优化能源结构，大力发展清洁能源，培育新能源产业，加快新能源和可再生能源开发利用，发展安全、稳定、经济、清洁的现代能源产业，协同推进经济高质量发展和生态环境高水平保护。

（三）实施产业生态化社会主义市场经济

新时代经济发展和完善社会主义市场经济，要坚持科学、合理的绿色发展战略，走科学发展之路，全面推行绿色生产、循环生产、低碳生产，引导经济主体转变发展思路，摒弃唯 GDP 的做法，将绿色发展理念贯彻到经济建设之中，坚持走生态优先、绿色发展之路，推进供给侧结构性改革，加快推动绿色发展、循环发展、低碳发展。

在绿色经济发展上，要把生态环境保护放在首位，确立科学的经济结构和发展方式，做好"绿色"这篇大文章，决不走靠牺牲生态环境来发展经济的老路。要坚持在发展中保护、在保护中发展的理念，坚决不能搞破坏性开发，发展适合的经济产业，实现保护与发展相辅相成、绿色与建设互助共济、生态与繁荣齐头并进。加快淘汰落后产能，形成有利于落后产能退出的市场环境和长效机制，强化安全、环保、能耗、质量、土地等指标约束作用，完善落后产能界定标准，严格市场准入条件，防止新增落后产能，进一步加强和推广企业清洁生产。强化造纸、印染、制革等加工行业的水污染治理，推进钢铁、石油化工、有色、建材等行业氮氧化物、烟粉尘和挥发性有机污染物减排，逐步减少大气污染物排放总量和对环境的污染。加大传统产业的改造力度，尽快清除高排放、高消耗、高污染的产业，大力发展生态农业、绿色工业、清洁服务业，构建绿色化、生态化的现代化经济体系，实现生态效益、经济效益和社会效益的统一。

在循环经济发展上，要按照循环经济发展要求，科学制定经济发展与环境保护计划，重点推动节能技术、设备以及产品的推广应用，提高企业能源利用效率，健全企业能源管理体系。开展重点用能企业对标达标、能源审计检测活动，完善主要耗能产品的能耗限额和能效标准，降低生产能耗，提高能耗、物耗等准入门槛。大力推进资源高效循环利用，加强企业废物交换利用、废水循环利用、能源梯级利用、土地节约集约利用，提高利用水平，促进循环经济发展。推动再生资源的规模化利用、高值化利用和安全清洁利用，发展资源循环利用产业。采取先进技术，加快废弃物的回收、分拣、处理、加工，减少环境污染，提高再生资源。贯彻减量化、再利用、再循环原则，加强环境保护，实施大循环战略，推动产业之间、生产与生活系统之间、国内外之间的循环式布局、组合和流通，加快推进和建设循环型社会。

在低碳产业发展上，要更新思想观念，强化低碳意识，优化产业结构，大力推动产业的低碳化改造。积极开发轻质材料、节能家电等低碳产品，控制工业领域的温室气体排放，形成以新兴产业为先导、现代服务业为主体的产业结构。加快研发各种清洁高效低碳技术，提高常规能源、新能源、可再生能源开发和利用技术的创新能力。大力发展太阳能光伏、绿色照明、服务外包、文化旅游等低碳优势产业，以及新能源汽车、现代物流业、航空制造、新能源设备、生物与新医药、新材料六大低碳新兴产业，实施产业生态化战略，在确保生态环境基础上不断开发水电、风电、核电建设，大力发展煤层气产业。积极发展太阳能发电和太阳能热利用，加快地热能和海洋能的开发利用，大力发展循环经济，全力推进节能减排，促进经济高质量发展迈上新台阶。

第二节　融入政治建设：坚持党对生态文明领导

习近平总书记在 2018 年 5 月召开的全国生态环境保护大会上强调："打好污染防治攻坚战时间紧、任务重、难度大，是一场大仗、硬仗、苦仗，必须加强党的领导。生态环境是关系党的使命宗旨的重大政治问题。要充分发挥党的领导和我国社会主义制度能够集中力量办大事的政治优势……推动我国生态文明建设迈上新台阶。"他要求，"各级党委和政府要担负起生态文明建设的政治责任，坚决做到令行禁止，确保党中央关于生态文明建设各项决策部署落地见效。"①生态环境是关系党的使命宗旨的重大政治问题。要坚持把党的领导贯彻到生态文明建设各方面和全过程，不断增强党的政治领导力、思想引领力、群众组织力、社会号召力，把生态环境保护放在更加突出位置，提高政治站位，增强全局意识，坚持以党的政治建设为统领，坚决扛起生态环境保护政治责任，自觉将生态文明建设融入政治建设，实现建设美丽中国的宏伟目标。

一、生态文明建设是重大的政治问题

加强生态文明建设，保护生态环境，必须增强"四个意识"，坚决维护党中央权威和集中统一领导，自觉担负起生态文明建设的政治责任。推进新时代生态文明建设，要从政治的高度认识生态文明建设重大意义，提高政治站位，增强全局意识，强化政治责任，压实地方各级党委和政府责任，实行党政同责，加快建设速度和质量，实现建设美丽中国的政治愿景。

（一）生态文明建设是关系人民生活的政治问题

坚持以人民为中心的发展思想，是对中国共产党发展思想的继承和创新，对于加快新时代做好生态文明建设具有重大理论意义。习近平总书记把生态文明建设提高到政治的高度来认识，把生态文明建设融入政治建设，从政治上确保生态文明建设的正确方向，充分彰显了党中央一以贯之推进生态环境保护的坚强意志和持之以恒建设美丽中国的鲜明立场。

生态环境关系人民的福祉。将生态环境定位为重大政治问题，是由中国共产党的使命宗旨和生态环境对民生的重要影响决定的，充分体现了以习近平同志为核心的党中央推进绿色发展、建设美丽中国，以及关心国家建设、社会发展和民生福祉的坚定决心。"中国共产党的初心就是为人民谋幸福、为民族谋复兴，党中央想的就是千方百计让老百姓都能过上好日子。"②

---

① 《习近平在中共中央政治局第二十九次集体学习时强调　保持生态文明建设战略定力　努力建设人与自然和谐共生的现代化》，《人民日报》2021 年 5 月 2 日。

② 《习近平在江西考察并主持召开推动中部地区崛起工作座谈会时强调　贯彻新发展理念　推动高质量发展　奋力开创中部地区崛起新局面》，《人民日报》2019 年 5 月 23 日。

生态环境是关系党的使命宗旨的重大政治问题，增进人民的生态权益是新时代的重大政治任务。加强生态保护、扭转环境恶化、提高环境质量是广大人民群众的热切期盼，要从政治的高度看待生态文明建设，改善生态环境不仅是简单的环境问题，而且是关乎社会和谐稳定与国家安全的政治问题。必须高度重视，下大力气，从根本上扭转我国生态环境恶化的趋势，解决好人民群众关心的生态环境问题，推动生态文明建设在重点突破中实现整体推进。

生态环境是重大的民生问题。改革开放以来，我国经济发展取得历史性成就，但也积累了大量生态环境问题，经过四十多年快速发展积累下来的环境问题进入了高强度频发阶段，这已经成为人民群众反映强烈的突出问题。良好生态环境是建设中国特色社会主义现代化和实现中华民族伟大复兴的重要目标，是人民群众美好生活的底色和最普惠的民生福祉。目前，人民群众对环境问题高度关注，生态环境在群众生活幸福指数中的地位不断凸显，环境问题往往容易引起群众不满，处理得不好往往容易引发群体性事件。要始终坚持生态惠民、生态利民、生态为民理念，重点解决损害群众健康和生活的突出环境问题。

满足人民对美好生活的需求。中国共产党是以马克思主义为理论武装的政党，全心全意为人民服务是共产党的初心使命。要牢固树立以民为本执政理念，始终以人民为中心，以提升人民群众的幸福感为立足点和落脚点，坚持把重视生态环境保护作为增强"四个意识"、坚定"四个自信"、做到"两个维护"的重要标尺，增强忧患意识和责任意识，着眼新时代社会主要矛盾变化，下大气力，多措并举，着力解决损害群众健康的突出环境问题，不断壮大节能环保产业，大力推进清洁能源生产，积极倡导绿色低碳生活，采取有力措施，切实为人民群众提供更多优质生态产品，不断满足人民日益增长的美好生态环境需要。

（二）保护生态环境是党和国家的重大战略部署

随着我国经济社会快速发展，生态文明建设的作用日益凸显，战略地位更加明确，有利于把生态文明建设融入政治建设，促进生态文明建设高质量发展。

把生态文明放到现代化建设全局地位。我党在中国特色社会主义事业总体布局中，将生态文明建设放在我国建设发展的重要战略地位，这是我们党对社会主义建设实践经验的科学总结，适应了新世纪新阶段我国改革开放和社会主义现代化建设进入关键时期的客观要求，体现了广大人民群众的根本利益和共同愿望，反映了中国共产党对社会主义建设规律的新认识。生态文明是党的执政使命和政府行动责任，共产党人要以对人民群众、对子孙后代高度负责的态度和责任，坚持节约自然资源，积极保护生态环境，加快环境治理进度，为中国特色社会主义现代化建设全局提供良好的生态环境。各级党委政府要坚决打好污染治理和保卫蓝天、绿地、净水的攻坚战和持久战，把生态效益纳入领导干部政绩考核机制，用最严格的制度和最严密的法治，建立领导干部责任终身追究制度，严守生态红线，确保中华民族永续发展。

贯彻落实生态环境保护的重大决策。改善生态环境、加强生态文明建设，是习近平新时代中国特色社会主义思想的重要内容。当前，抓好生态环境保护工作，必须牢固树立"四个意识"、做到"两个维护"，自觉将严守政治纪律和政治规矩贯穿生态环境保护工作全过程，切实提高政治站位，坚决扛起生态环境保护的政治责任，在思想上、政治上、行动上坚决与以习近平同志为核心的党中央保持高度一致。坚持把政治体制改革摆在改革发展全局的重要位置，坚持党的领导、人民当家作主、依法治国的有机统一，发展更加广泛、更加充分的人民民主。要结合当地实际情况，高标准、高质量地抓紧抓好、落到实处，着力推进绿色发展、循环发展、低碳发展，更加积极地保护生态，努力建设美丽中国。

坚持节约资源和保护环境的基本国策。党的十八大提出中国特色社会主义事业"五位一体"总体布局，把生态文明建设放到更加突出的位置，强调要实现科学发展，加快转变经济发展方式，坚持生态文明建设的基本国策，拿出共产党人的胸怀、意志和担当，提高思想站位，自觉地贯彻党中央制定的各项规章制度，从讲政治的高度抓好贯彻落实。抓好政治摆位，把生态环境保护摆在全局工作突出位置，明确任务，坚持高位推动。落实行动到位，主动地把生态文明建设责任制扛在肩上，重要会议要讲生态环保、基层调研包括环境治理、工作总结不忘总结生态环境保护经验，真正下决心把基本国策落实好、把环境污染治理好、把生态环境建设好，创造天蓝、地绿、山青、水净的良好生态生产生活环境。

二、始终坚持以党的政治建设为统领

2018 年 5 月 18 日，习近平总书记在全国生态环境保护大会上讲话指出："加强党对生态文明建设的领导。地方各级党委和政府主要领导是本行政区域生态环境保护第一责任人，对本行政区域的生态环境质量负总责，要做到重要工作亲自部署、重大问题亲自过问、重要环节亲自协调、重要案件亲自督办，压实各级责任，层层抓落实。"我国"十四五"规划强调："坚持党的领导、人民当家作主、依法治国有机统一，推进中国特色社会主义政治制度自我完善和发展。"政治建设是党的根本性建设，决定党的建设方向和建设效果。新时代我国生态文明建设，要坚持以党的政治建设为统领，坚决维护党中央权威和集中统一领导，自觉扛起生态环境保护政治责任和历史责任，加强生态环境保护，促进生态文明建设健康快速发展。

（一）发挥党在生态环境保护中领导作用

我国"十四五"规划强调，"加强党中央集中统一领导。贯彻党把方向、谋大局、定政策、促改革的要求，推动全党深入学习贯彻习近平新时代中国特色社会主义思想，增强'四个意识'、坚定'四个自信'、做到'两个维护'，完善上下贯通、执行有力的组织体系，确保党中央决策部署有效落实。落实全面从严治党主体责任、监督责任，提高党的建设质量。"①我国生态环境保护之所以能发生历史性、转折性、全局性变化，最根本的就在于不断加强党对生态文明建设的领导。党的十八大通过的《中国共产党章程》，把"中国共产党领导人民建设社会主义生态文明"写入党章。中国共产党是全世界第一个把生态文明建设纳入一个政党特别是执政党的行动纲领。党的

---

① 《中共中央关于制定国民经济和社会发展第十四个五年规划和二〇三五年远景目标的建议》，《人民日报》2020 年 11 月 4 日。

十九大通过的《中国共产党章程》，再次强调要"增强绿水青山就是金山银山的意识"。2018 年 3 月 11 日，十三届全国人大一次会议通过《中华人民共和国宪法修正案》，把生态文明正式写入国家根本法，实现了党的主张、国家意志、人民意愿的高度统一。全面加强党对生态环境保护的领导，是社会主义事业"五位一体"总体布局中生态文明建设融入政治建设的具体体现，有利于更好地将全党生态文明建设思想和行动统一到习近平生态文明思想和党中央决策部署上来。

"办好中国的事情，关键在党……坚持和完善党的领导，是党和国家的根本所在、命脉所在，是全国各族人民的利益所在、幸福所在。"[①]也是我们奋力推进生态文明建设事业的政治保障。我国社会主义建设的实践表明，办好中国的事情，关键在党。只有坚持党的正确领导，我们才能始终保持正确前进方向，不断取得一个又一个伟大胜利，充分彰显了中国共产党领导和中国特色社会主义制度的显著优势。解决生态环境问题不仅是经济问题，已经上升为政治问题，如果处理不当，民众的不满情绪很可能借助自媒体等迅速传输与累积，部分民众甚至会因此对党的根本宗旨和执政能力产生怀疑，导致削弱党的号召力、凝聚力和感染力，动摇党的群众根基，危及党执政的合法性基础，影响党在人民群众中的形象，威胁到党的执政安全。

良好的生态环境是人类基本的生存需求，事关民众生存权与发展权这一核心利益，生态民生是当前重大的民生问题。必须坚持党的领导，不断改善党的领导，要以空前的决心、勇气与谋略，加强生态环境保护、修复和治理，不断完善生态环境保护政策，健全生态文明制度体系。强化生态文明法治建设，出台抑尘、治源、禁燃、增绿等保护环境措施，妥善处理危害环境的事件，及时解决环境污染案件，保护群众的合法权利。用一项项实在可行的保护自然、治理环境、生态修复工程措施，积极主动回应人民群众的所想、所盼、所急，把党中央关于加强生态文明、建设美丽中国的宏伟蓝图变为美好现实，让人民生活在天更蓝、山更绿、水更清的优美环境之中。

---

① 习近平：《在庆祝中国共产党成立 95 周年大会上的讲话》，《人民日报》2016 年 7 月 2 日。

（二）大力营造良好生态环境政治生态

中国共产党是中国政治系统的核心，党内的政治生态从根本上决定了国家的政治生态。党的十八大以来，习近平总书记多次就净化党内政治生态问题发表重要论述，提出具体要求和措施，有力地改善了党内的政治生态。生态环境问题是"很大"的政治问题。如果在生态文明建设过程中，指导思想不端正、问题认识不到位、采取措施不得力，就会导致政治思维偏颇、政治决策纰漏、政治路线缺陷，直接影响生态文明建设发展方向和建设质量。我们必须科学认识全面加强党对生态环境保护领导的本质特征和重大意义，从政治角度认清全面加强党的领导的内在必然，坚定跟党走中国特色社会主义道路的信念，增强走高质量生态环境保护的信心。

全面净化党内政治生态，坚持以政治建设为统领，突出政治纪律和政治规矩，坚决做到"两个维护"，全面推进党的建设，坚定信心、保持警醒，准确把握"时"与"势"，坚持稳中求进总基调，不断提高管党治党质量，营造风清气正的政治生态。各级党委要自觉站在社会稳定可持续的大势上考虑生态环境保护工作，以更加巨大的政治勇气、更加自觉的责任担当、更加坚定的党性原则加强党的全面建设，推动从严治党向纵深发展，不断加强党的政治建设，着力打造坚强战斗堡垒，强化基层党建工作的活力，增强党组织的凝聚力，不断提高基层党组织建设质量。各级干部特别是领导干部"必须增强责任之心，把初心落在行动上、把使命担在肩膀上，在其位谋其政，在其职尽其责，主动担当、积极作为。"①运用各种方法和手段对党内政治生态进行"全面净化"，推进党的政治、思想、组织、作风、纪律、制度、党风廉政建设，充分发挥基层党组织作用，牢固树立党的一切工作到支部的鲜明导向，强化专项治理实效。不断筑牢党的政治建设统领地位，严明政治纪律和政治规矩，增强政治敏锐性和政治鉴别力，践行忠诚干净担当要求，推动从严治党水平不断提升。采取有效措施，重视企业对环境监管的合理诉

---

① 《习近平在统筹推进新冠肺炎疫情防控和经济社会发展工作部署会议上强调　毫不放松抓紧抓实抓细防控工作　统筹做好经济社会发展各项工作》，《人民日报》2020 年 2 月 24 日。

求，进一步深化"放管服"改革，为企业和群众办事提供便利，营造和谐的营商环境，加快解决损害群众健康的突出环境问题，切实维护群众的合理利益，满足人民群众对优美生态环境需要。

（三）从政治建设高度抓好生态文明建设

生态环境建设一头连着人民群众生活质量，一头连着社会和谐稳定。加强生态文明建设，必须增强"四个意识"，不断提高各级党委和政府生态环境保护的使命感、责任感和主动性，从党的政治建设高度，强化生态环境保护地位，牢固树立生态红线观念，推动"五位一体"总体布局协调发展，使我国的生态环境越来越美，发展质量越来越高，民众生活越来越好。

发挥党组织在生态环境保护中把握大局和方向的作用，不断夯实履行管党治党责任的组织基础，保障中央决策部署和党纪党规的贯彻落实。各级党组织要坚定不移地在政治上自觉与党中央保持高度一致，切实发挥党组织的职责作用，保证党的理论和路线方针政策的全面贯彻和坚决落实。党员干部要提高政治站位，强化政治意识，坚决贯彻落实上级政治决策，保证政令畅通，充分认清生态环境治理的紧迫性以及环境风险防控的重要性。坚定政治立场，发挥党员干部的模范带头作用，时时处处严格要求自己，时刻绷紧自律这根弦，坚决把党的纪律和规矩放在前面，养成按规矩办事的习惯，为人民群众作表率，守住党纪底线红线，决不出现违规违纪违法问题。

生态环境改善要切实下大力气，真抓实干。习近平总书记指出："我国生态环境矛盾有一个历史积累过程，不是一天变坏的，但不能在我们手里变得越来越坏，共产党人应该有这样的胸怀和意志。"[①]这充分体现了共产党人改善环境、保护生态的坚强决心。必须全面加强党的领导，明确思路，统一思想，举旗定向，才能真正做到集中力量，团结统一，实现生态环境质量的全面提升。党组织和共产党员必须发挥组织保障与先锋模范作用，高标准、高质量地加强党组织建设，发挥战斗堡垒作用，坚决克服"不敬畏、不在乎、喊口号、装样子"形式主义问题，确保中央八项规定精神落地生根。共

---

① 《习近平关于社会主义生态文明建设论述摘编》，中央文献出版社 2017 年版，第 8 页。

产党员要加强党性修养和锻炼，用习近平新时代中国特色社会主义思想武装头脑，强化理想信念宗旨教育，提高自身能力素质，树立政治意识、大局意识、核心意识、看齐意识，培养一支政治过硬、本领高强、能打硬仗的党员干部队伍，自觉地与党中央保持高度一致。

三、自觉扛起生态文明建设政治责任

加强生态文明建设，党的领导是保证，制度措施是根本，领导重视是关键。新时代加强生态文明建设，要大力改善生态环境，满足人民群众对优美生态环境的新需要，落实领导干部生态文明建设责任制，积极探索，奋发进取，认真履职尽责，想担当、愿担当、敢担当，努力形成各负其责、协同推进的良好局面。

（一）不断强化政治担当

各级党组织和领导干部要认真贯彻落实绿色发展理念，深刻认识加强生态治理的重要性和紧迫性，坚守"生态红线"和"绿色底线"，不断增强领导干部保护环境、治理污染、责任意识和担当精神。按照习近平总书记全面从严治党的要求，构建生态环境保护党政同责、一岗双责和失职追责的完整责任链条，健全绿色绩效评估体系。要把生态文明建设和生态环境保护列入党委政府的重要议事日程，纳入领导干部日常管理和监督范围，定期检查，发现问题及时解决。领导干部要以身作则，发挥模范作用，牢固树立抓生态环境保护就是抓发展的意识，做到思想认识到位、时间精力到位、工作指导到位，坚持重大生态环境部署亲自研究、突出问题亲自过问、重点工作亲自督查，其他有关领导成员要在职责范围内承担相应责任。搞好部门协调工作，按"一岗双责"要求抓好生态环境保护，树立一盘棋思想，形成协同作战局面。以强烈的政治责任感和使命感，把生态治理作为突破发展瓶颈、实现可持续发展的战略举措，关心人民群众的切身利益，切实回应人民群众对美好生活的新要求新期待。

（二）严格责任追究制度

习近平总书记指出，领导干部对本行政区域的生态环境保护工作及生态环境质量负总责，必须严格按照上级部署和要求，认真落实目标责任，搞好生态环境保护，防止出现污染环境的现象，打好生态环境污染攻坚战。促进党委班子和领导干部搞好生态环保护工作，要对其进行定期综合考核评价，并作为干部奖惩任免的重要依据，树立一批保护生态环境的先进典型，给予一定的奖励激励。对于超额完成生态环境污染防治及攻坚目标任务的，在相关资金分配上给予大力支持，在干部任免提拔上予以优先考虑和重用。对中央决策部署落实不力、未按期完成任务的党政主要负责人和领导班子成员不得评优评先，不得提拔使用或者转任其他重要职务。"对不顾生态环境盲目决策、违法违规审批开发利用规划和建设项目的，对造成生态环境质量恶化、生态严重破坏的，对生态环境事件多发高发、应对不力、群众反映强烈的，对生态环境保护责任没有落实、推诿扯皮、没有完成工作任务的，依纪依法严格问责、终身追责。"① 这就形成明确清晰、环环相扣的"责任链"，有利于更好地发挥追究制度的促进和约束作用，调动领导改善生态环境的积极性创造性，推动社会主义生态文明建设取得更大的成绩。

（三）主动担起政治责任

新时代我国生态文明建设，要以解决突出生态环境问题、改善生态环境质量、推动经济高质量发展为重点，夯实生态文明建设和生态环境保护政治责任。各级党委和领导要切实提高政治站位、强化责任担当、保持战略定力，精心谋划，锐意进取，自觉扛起政治责任，坚持把政治责任体现在狠抓落实上，把担当精神体现到各项工作中，把防范化解重大风险工作做实做细做好。要坚定履职信心，勇于担当责任，时刻把全面加强生态环境保护、打好污染防治攻坚战的政治责任装在心上、担在肩上、抓在手上、落在行动上，用广阔的视野，站在我国社会主义建设全局高度，不断提高战略思维能力，综合运用好各种手段，调动政府、企业、公众各方力量，以高度的思想

---

① 《中共中央国务院关于全面加强生态环境保护　坚决打好污染防治攻坚战的意见》，《人民日报》2018年6月25日。

自觉、政治自觉、行动自觉,全力打好污染防治攻坚战。要以解决突出生态环境问题、改善生态环境质量、推动高质量发展为重点。坚持重要工作亲自部署、重大问题亲自过问、重要环节亲自协调、重要案件亲自督办,压实各级责任,层层抓落实。按照积极协调、属地负责,专项整治、限期完成的要求,增强生态环保意识,落实政治责任,坚持高位推动、强化治污责任,坚持保护优先、注重源头防控,坚持问题导向、集中攻坚克难,加大环境防治污染专项整治力度,扎实推进生态文明建设。

第三节　融入文化建设:为实现绿色发展保驾护航

生态文化是以人与自然、人与人、人与社会的生态关系为基本对象,以生态理念为价值导向的文化形态,其核心内容包括价值理念和行为准则两个方面,体现为生态哲学、生态文学、生态艺术、生态科技、生态道德、生态的生活方式。[①] 文化与生态文明建设相互联系、相互渗透,生态文明建设离不开生态文化的繁荣与发展,用文化为绿色发展提供重要支撑。我国"十四五"规划强调,新时代文化建设,要坚持马克思主义在意识形态领域的指导地位,坚定文化自信,坚持以社会主义核心价值观引领文化建设,加强社会主义精神文明建设,围绕举旗帜、聚民心、育新人、兴文化、展形象的使命任务,促进满足人民文化需求和增强人民精神力量相统一,推进社会主义文化强国建设。[②]

一、大力加强生态文化培育和建设

习近平总书记十分重视文化建设,强调不断提高国家文化软实力,"要弘扬社会主义先进文化,深化文化体制改革,推动社会主义文化大发展大繁

---

① 《建设美丽中国》,人民出版社、党建读物出版社 2015 年版,第 147 页。
② 《中共中央关于制定国民经济和社会发展第十四个五年规划和二〇三五年远景目标的建议》,《人民日报》2020 年 11 月 4 日。

荣，增强全民族文化创造活力"①。这为新时代我国生态文明建设指明了发展
方向。

（一）强化生态文化价值理念

价值观念是人类文化的核心要素。新时代培育生态文明价值认同是生态
文明建设的灵魂，生态文化建设要以价值认同与观念创新为主要内容，不断
培育生态环境保护的理念，为推进生态文明建设提供理念支撑。习近平总书
记指出："核心价值观是文化软实力的灵魂、文化软实力建设的重点。这是
决定文化性质和方向的最深层次要素。一个国家的文化软实力，从根本上
说，取决于其核心价值观的生命力、凝聚力、感召力。"②2015 年，《中共中
央　国务院关于加快推进生态文明建设的意见》指出，"坚持把培育生态文
化作为重要支撑。将生态文明纳入社会主义核心价值体系，加强生态文化的
宣传教育，倡导勤俭节约、绿色低碳、文明健康的生活方式和消费模式，提
高全社会生态文明意识。"社会主义核心价值观包含的文明、和谐、平等、
友善等，内在地蕴含着生态文明之文明，人与自然之和谐，当代人与人之间
的平等，保护自然、善待生命等生态文明建设的基本诉求。弘扬社会主义核
心价值观，要注重从中华优秀传统文化所蕴含的天人合一、自强不息、和而
不同、民为邦本等重要思想中获得精神力量和价值认同，这些优秀传统文化
成为生态文明建设的文化基础，体现了中国共产党人的生态价值观，是中国
对人类文化的重要贡献。

新时代生态文明建设要不断培育生态文化，将生态文化与贯彻落实社会
主义核心价值观紧密结合起来，提升生态文化建设质量。当前，一部分人的
生态观念不强、生态行动不够规范、生态价值意识淡薄，导致不同程度地在
生态环境保护形势、资源能源挑战、生态权益共享等方面存在认识偏差，影
响了公众生态参与的自觉性和主动性。要加强社会主义核心价值观教育，加
大宣传教育力度，提升群众的环保意识，使其缩短从自发到自为的过程，通

---

① 《习近平谈治国理政》，外文出版社 2014 年版，第 160 页。
② 《习近平谈治国理政》，外文出版社 2014 年版，第 163 页。

过"加强生态文化建设，在全社会确立起追求人与自然和谐相处的生态价值观"。① 开展生态文化教育活动，通过教育引导、舆论宣传、文化熏陶、实践养成、制度保障等，使社会主义核心价值观内化为人们的精神追求，外化为人们的自觉行动。要不断强化生态文明意识，使良好的生态意识通过日常工作、生活中的各种社会行为予以贯彻落实，充分体现人人都是生态文明建设的参与者、贡献者、受益者。强化公民生态诉求理念，坚持以人与人、人与自然、人与社会和谐共处为目标，大力培育生态文明治理的价值共识，满足人们从渴望生存到渴求生态、从讲求生活水平到追求生活品质，通过不断提高尊重自然、节约资源、重视生态、保护环境的自觉性，在思想上、观念上、行动上体现生态文明的价值取向。

（二）构建中国特色生态文化

生态文化是生态文明建设的重要组成部分，发展生态文化、树立正确生态文明理念，是新时代生态文明建设的重要任务之一。要继承和发扬中华民族生态文化，超越西方生态文化，繁荣新时代生态文化，积极构建具有中国特色的生态文化，从思想文化形态到行为方式上展现中国的优秀传统文化和人文之美。

一方水土产生一方文化。生态环境本身是否优良，与当地的文化繁荣、文明兴衰有密切关系。良好的生态环境为文化大发展大繁荣提供良好的外部环境和物质基础，反之将会影响人类社会的发展，甚至导致文明的毁灭。中华民族向来尊重自然、热爱自然，绵延5000多年的中华文明孕育着丰富的生态文化。习近平总书记指出，"我们中华文明传承五千多年，积淀了丰富的生态智慧。……这些质朴睿智的自然观，至今仍给人以深刻警示和启迪。"② 中国优秀传统文化中蕴藏着解决当代人类面临环境难题的重要启示，为构建生态文化奠定了坚实的理论底蕴。创建生态文化，要全面继承和发扬中华民族的优秀传统生态文化，采取多种方式和途径，大力宣传优秀生态文

---

① 习近平：《之江新语》，浙江人民出版社 2007 年版，第 13 页。
② 《习近平关于社会主义生态文明建设论述摘编》，中央文献出版社 2017 年版，第 6 页。

化，繁荣生态文化，引领生态文明，强化中华文明的文化基因，要把生态文化列入文化建设的重要内容，构建科学完善的生态文化体系，发挥其在生态文明建设中的重要作用。这是习近平总书记长期观察、分析、总结自然规律和人类社会发展经验的科学认知，深刻解答了"我们从哪里来，要到哪里去"的历史思考、人文思考和生态思考，也是对人类生态文明建设发展的重大理论贡献。

（三）以生态文化引领生态文明

文化是民族的血脉，是人民的精神家园。加强生态文明建设，助推绿色发展，文化建设具有十分重要的作用。"坚持把培育生态文化作为重要支撑。将生态文明纳入社会主义核心价值体系，加强生态文化的宣传教育，倡导勤俭节约、绿色低碳、文明健康的生活方式和消费模式，提高全社会生态文明意识。"[①]加强社会主义生态文明建设，要进一步认清生态文化建设的重要性，充分认识生态文化对生态文明建设的作用。

习近平总书记指出："一个国家、一个民族的强盛，总是以文化兴盛为支撑的，中华民族伟大复兴需要以中华文化发展繁荣为条件。""国无德不兴，人无德不立。必须加强全社会的思想道德建设，激发人们形成善良的道德意愿、道德情感，培育正确的道德判断和道德责任引导人们向往和追求讲道德、遵道德、守道德的生活，形成向上的力量、向善的力量。"[②]文明和文化是人类创造的成果，先进的文化是人类取得文明成果、达到文明社会的重要手段。纵观人类社会发展的历史，任何技术进步和制度创新背后都有深厚的文化支撑，是文化土壤上长出的智慧之果。当代中国，文学、艺术、教育、科学等精神财富的文化，越来越成为民族凝聚力和创造力的重要源泉。建设生态文明，不能离开文化范畴的深入考量，生态文化既是历史发展的产物，也是新时期增强国家文化软实力和中华文化国际影响力的重要支撑。加强新时代生态文明建设，要大力弘扬中华传统优秀文化，构建人与自然和谐的绿

---

① 《中共中央国务院关于加快推进生态文明建设的意见》，《人民日报》2015 年 5 月 6 日。

② 《习近平在山东考察时强调　认真贯彻党的十八届三中全会精神　汇聚起全面深化改革的强大正能量》，《人民日报》2013 年 11 月 29 日。

色文化、以人为本的人道主义文化、崇尚科学追求真理的科技文化、公权与私权相和谐的法治文化体系，不断丰富人民精神世界、强化人民精神力量，增强文化整体实力和竞争力。

二、以绿色生态文化引领绿色发展

生态文化是生态文明建设的重要组成部分，发展生态文化、树立正确的生态文明理念，是新时代生态文明建设的基本任务之一。我国生态文明建设实践表明，推动生态文明建设，必须加强绿色生态文化建设，用先进、科学的生态文化引领绿色经济和社会发展。

（一）加大生态文明文化建设力度

生态文明包括从观念到社会、制度和物质的不同层面，是一个科学完善的体系，生态文化是生态文明建设的主要内容和重要支撑。解决我国生态环境问题，必须补齐发展中的生态短板，强化生态文化在生态文明建设中的作用，实现包括生态文明在内的中国特色社会主义现代化奋斗目标。

近年来，我国生态文明建设取得可喜成绩，人们保护生态环境的意识逐步提升，行为不断自觉，总体呈现出良好态势。但是，我国发展中的不平衡、不协调、不可持续问题依然存在，人们的价值判断、社会习俗、生产和生活方式差异较大，这些对自然环境的认知水平、价值取向以及与生态环境相关的行为等具有文化意义的要素，都会对生态文明建设产生直接影响。可以说，导致生态环境问题的原因是多方面的，但生态文化的缺失是其中的一个重要原因。加强新时代生态文化建设，必须加强民众生态文明知识、文化、制度、法律等方面的宣传教育，牢固树立绿色发展思想，强化生态文化理念，完善生态文明制度，健全生态文明法规，进一步丰富生态文化内涵、扩大外延，完善生态文化体系，完善文化制度规范，健全社会自觉保护生态环境机制，提升人们对自然的认识理解、价值判断和行为模式，构建人与自然和谐共生的友好关系，自觉养成与生态环境状况相平衡的生活方式、生产方式，推进经济社会全面进步。

（二）绿色发展离不开生态文化的浸润

生态文化包含马克思主义自然观的科学要素，蕴含着丰富的生态智慧和文化积淀，对于加强和提升生态文明建设具有十分重要的作用。当前，绿色发展已从单纯的经济学名词转化成人类社会发展的基本共识，加强绿色经济建设，必须发挥生态文化的作用，以文化自觉推动绿色文化理念的养成与发展。

绿色文化生动地体现了保护自然、生态环保、珍视生命价值取向。构建和提高绿色文化，不断改善人与自然的关系，加深对自然的感情，强化保护自然、爱护生态、维护环境的人文情怀，促进生态环境保护与经济社会的协调发展。遵循绿色发展理念，自觉坚持人与自然共生共荣共发展的生活方式、行为规范、思维方式，发挥生态文化的浸润与支撑作用。加强新时代生态文明建设，要科学布局生产空间、生活空间、生态空间，加强生态保护和环境治理，让人民群众在享受良好生态环境中增强对生态文化重要意义的认识，分享生态文明建设成果，进而不断促进价值取向、思维方式、生产方式、生活方式的绿色化，使绿色观念融入主流价值观，在全社会形成思想统一和行动自觉，实现经济社会发展和生态环境保护的协同推进。

生态文化为生态文明社会建设提供思想保证、精神动力和智力支持。习近平总书记反复强调，要"按照尊重自然、顺应自然、保护自然的理念，贯彻节约资源和保护环境的基本国策"，加强生态文化建设，提高人民群众对保护生态环境重要意义的认识，推进世界观、价值观、伦理观的根本变革。要把生态文明建设放在突出地位，融入生态文明建设各个方面和全过程，加快生态文明建设，"倡导人人爱绿植绿护绿的文明风尚，让大家树立起植树造林、绿化祖国的责任意识，形成全社会的自觉行动，共同建设人与自然和谐共生的美丽家园。践行绿色低碳生活方式，呵护好我们的地球家园，守护好祖国的绿水青山，让人民过上高品质生活"。①把保护环境变成人民大众的自

---

① 《习近平在参加首都义务植树活动时强调　牢固树立绿水青山就是金山银山理念　打造青山常在绿水长流空气常新美丽中国》，《人民日报》2021年4月4日。

觉行为，将生态文明建设推向更高的层次，实现中华民族永续发展。

（三）发挥文化在生态文明建设中作用

生态文化是人类在社会历史发展进程中所创造的反映人与自然关系的物质财富和精神财富的总和。① 加强新时代生态文明建设，必须大力发展具有中国特色的生态文化，以适应新任务新情况新挑战的需要。

目前，我国生态文化建设还不能完全适应新时代生态文明建设的需要。要从关系人民福祉和关乎民族未来的角度来认识生态文化建设的重要意义，加快中国特色生态文化建设，加强生态文化特点、功能、规律、原则、性质、方式等内容的研究，完善生态文化体系，充分发挥文化在生态文明建设中的重要作用。加强宣传教育，通过生态文化宣传教育，增强公民环保意识，动员全社会力量共同参与环境保护。加快生态文化建设的科学研究和知识传播，加大生态文明建设的新闻舆论宣传以及大众文化建设，营造生态文明建设的浓厚氛围。大力培养全社会的绿色文化观念，强化敬畏自然、尊重自然、关爱自然的生态意识，正确处理长远利益和眼前利益、算大账和算小账的关系，树立人与自然和谐的价值判断。提倡尊重自然，正确调适人类与自然环境的关系，主动担当起应尽的责任，自觉落实环境保护措施，大力营造追求生态文明价值的氛围，形成全社会的生态文明自觉，树立全新的生态价值观，增强人们对绿色文化的自觉性与自信力。

三、用文化力量助推生态文明建设

生态文化作为促进生态文明建设的理念创新、制度规约和行为典范，通过教育、规制、示范、实践等方式培育生态文化，旨在提高人们的思想认知，树立正确的生态价值观，养成较好的生态文化素养，形成环境友好型的社会习俗和良好的生活生产方式，为推进生态文明建设提供文化支撑。

（一）将生态文化融入生态文明建设

人类在与自然相处和改造自然过程中，或多或少地赋予了自然文化的寓

---

① 江泽慧：《构建生态文化体系》，《西安日报》2013 年 4 月 22 日。

意。人类按照自己的目的改造自然，使之满足于自己的需要。哲学家黑格尔曾说：人类对自然界的"征服"，不过是凭借文化"理性"的力量，让自然界"按照它们自己的本性，彼此互相影响，互相削弱"，改变自己的面貌，从而实现人类的目的。人类在运用文化"改造"自然的时候，如果片面追求自己的利益，忽视自然的本性，违背自然规律，造成生态系统失衡，必将会遭受自然界的报复。这是规律，谁也无法抗拒。

习近平总书记指出："生态环境是人类生存最为基础的条件，是我国持续发展最为重要的基础。'天育物有时，地生财有限。'生态环境没有替代品，用之不觉，失之难存。"① 当前，人类文化与自然环境相互融合的趋势越来越显明，新时代生态文明建设必须融入生态文化，贯彻落实绿色发展理念，加快培育生态文化，增强全社会生态文明意识，提高生态文化素养，促进人与自然和谐共生。充分认识每个公民的行为与自然、生态、环境与自己的生活、生产息息相关，与人类的生存与长远发展密不可分，必须不断增强尊重自然、节约资源、重视生态、保护环境的思想和行动自觉。牢固树立和践行"绿水青山就是金山银山"的理念，严格把好生态红线，按照优化开发、重点开发、限制开发、禁止开发的主体功能定位，划定并严守生态红线，决不能跨线、不能越步，否则将受到最严格的制度和最严密的法治惩罚。要培养每个公民建设美丽家园的意识，提高贯彻落实的自觉性，自觉坚持与党中央和政府制定的生态文明建设方略保持高度一致。

（二）用生态文化规范人们行为

思想文化观念对人们行为具有规范、调节和约束作用。在生态文明建设中，要自觉将生态文化和生态文明理念融入人们的日常生活行为之中，提升生态文化践行自觉性，促进社会主义生态文化建设。

文化建设要着力提高全民的生态保护意识，强化生态文明理念，不断运用到日常生产生活的一点一滴、一举一动、一言一行之中，提高生态文化和文明素质，增强生态文明建设责任感，自觉肩负起生态保护的责任。充分发

---

① 《习近平关于社会主义生态文明建设论述摘编》，中央文献出版社 2017 年版，第 13 页。

挥生态文化的熏陶教化功能，教育和引导人民群众充分认识生态文明和保护环境的重要性，把生态文明建设放到战略地位，坚持节约资源和保护环境的基本国策，牢固树立尊重自然、顺应自然、保护自然的生态文明理念。

近年来，党中央大力宣扬先进文化，继承和发扬中华民族的优秀传统文化，加大宣传力度，通过学校教育、理论研究、影视和文学作品等多种形式，引导人们树立和坚持正确的文化观，大力夯实中国特色社会主义的生态道德基础，在生态文明建设中发挥道德的规范作用，有效地约束人们的生产、生活、消费行为。随着人们生态文化素质的提升，生态环境意识强了、自我约束现象多了、爱护生态的行为多了、破坏环境的现象少了，关心生态的人多了、文化自觉增强了，体现了生态文化已经在社会扎根，并发挥了良好的教化和引导作用，有力地促进了生态文明建设又好又快发展。

（三）以文化自觉开启绿色生活方式

习近平总书记指出："文化是一个国家、一个民族的灵魂。"[1]加强生态文明建设，必须重视生态文化，用文化强化人们的认识、引领人们的思想、规范人们的行为，在全社会营造一种尊重自然、爱护自然、顺应自然的人文理念，遵循自然客观发展规律，自觉践行低碳绿色生活习惯，养成节约节俭的文化自觉。

绿色、人文、生活这三大关键词是新时代建设中国特色社会主义的主旋律。习近平总书记指出："我们要走绿色发展道路，让资源节约、环境友好成为主流的生产生活方式。"[2]养成绿色文明习惯、开启新的生活方式，必须加强生态文化建设，提升公众的生态文明素养，倡导和生态文明建设相适应的生活方式，形成良好的文化氛围。当前，我国生态文化体系建设尚处于初步阶段，生态文化知识的普及任重道远，人们对生态文化的内涵、作用、意义等认识还不够，行动也不够自觉，破坏环境的现象时有发生。要大力传播绿色文化，提高公众绿色生态意识，爱护生态，保护环境，抛弃传统的改造

---

① 《习近平谈治国理政》第二卷，外文出版社 2017 年版，第 349 页。
② 《习近平关于社会主义生态文明建设论述摘编》，中央文献出版社 2017 年版，第 26 页。

自然、征服自然理论，树立绿色发展理念和正确的生态观，从思想上认识生态文化的重要意义。

习近平总书记指出："要强化公民环境意识，倡导勤俭节约、绿色低碳消费……推动形成节约适度、绿色低碳、文明健康的生活方式和消费模式。"[①]要大力节约集约利用资源，推动资源利用方式根本转变，加强生态文明建设全过程节约管理，坚持用生态文化教育人们正确对待物质生活，把消费调节到正常需求范围之内，不攀比、不炫耀，树立理性、科学、适度消费观念，克服超前和不理性消费现象，在日常生活中自觉养成热爱生活、保护生态、爱护环境的习惯，在消费中体现绿色生活方式的优雅、品味和教养，自觉做正确消费的践行者和生态文明建设的推动者。

当前人们的生态意识不断增强，但自觉实践能力还不够自觉，有的不知道什么样的生产、生活方式是有利于生态环境的正确方式，有的不知道什么是绿色家居，有的不愿意对垃圾进行分类，还有的不清楚为何要对废旧电池等进行专门回收，等等。究其原因，主要与生态文化知识缺失和行动落实自觉性不高有关。保护环境是每个公民的义务和责任，用生态文化引领人们珍爱生活的环境，节约资源，杜绝浪费，大力倡导知与行统一，强化生态环保"从我做起、从身边做起、从小事做起"意识，教育人们养成良好生态文明的行为习惯。树立节约意识，合理利用资源，减少资源浪费，形成绿色生态习惯，避免享乐主义、盲目攀比的消费心理，养成适度消费和绿色消费模式，让中华民族的生态文化成为每个单位、每个家庭、每个人的良好习惯和自觉行动。

第四节　融入社会建设：推进人与社会和谐发展

人类文明社会进步发展没有平坦的大道可走，人类是在同各种困难的斗争中前进和发展的。社会发展与自然环境关系密切，一个国家在不同阶段社

---

① 《习近平关于社会主义生态文明建设论述摘编》，中央文献出版社2017年版，第122页。

会发展实践就是人与自然关系互为作用的过程。习近平总书记指出，新时代加强经济社会建设，要强化环境保护意识，提升社会生态文明程度，将生态文明建设融入社会发展目标，体现了提高人民生活质量和促进社会和谐的要求，也是新时代生态文明建设的发展方向。

一、生态环境是社会发展内生动力

习近平总书记始终坚持把生态文明建设放在突出地位，将生态文明纳入中国特色社会主义事业"五位一体"总体布局，坚持生态文明建设与社会同步发展理念。他指出，进入新发展阶段明确了我国发展的历史方位，贯彻新发展理念明确了我国现代化建设的指导原则，构建新发展格局明确了我国经济现代化的路径选择。这既是对中国特色社会主义建设规律、"五个文明"协调发展范式的深刻总结，又体现了对人类社会发展规律的深刻把握，凸显了生态文明建设在社会发展中的战略地位，又科学地回答了实现什么样的发展、怎样实现发展这个重大问题，为新时代我国社会建设指明了方向。

（一）生态文明建设关系社会发展进步

生态经济体系是基础，为生态文明社会建设提供坚强的物质支撑。加强生态文明建设，要坚持"绿水青山就是金山银山""保护生态环境就是保护生产力、改善生态环境就是发展生产力"绿色发展理念，克服"先污染、后治理"的做法，坚决摒弃损害甚至破坏生态环境的增长模式，始终把生态环境作为社会建设发展的重要因素和内生动力。

我国"十四五"规划强调，要"改善人民生活品质，提高社会建设水平。坚持把实现好、维护好、发展好最广大人民根本利益作为发展的出发点和落脚点，尽力而为、量力而行，健全基本公共服务体系，完善共建共治共享的社会治理制度，扎实推动共同富裕，不断增强人民群众获得感、幸福感、安全感，促进人的全面发展和社会全面进步。"[1] 目前，我国的环境问题

---

[1] 《中共中央关于制定国民经济和社会发展第十四个五年规划和二〇三五年远景目标的建议》，《人民日报》2020年11月4日。

已经使我们站在生态环境承载力的临界点和环境阈值的最高点。推进新时代社会可持续发展，必须抓紧抓好生态文明建设，以良好的生态环境为社会健康发展增强发展动力。社会建设是一个系统工程，需要凝聚全社会的共识，采取有效措施，实施协同行动，加快社会建设步伐。

要从我国建设发展的高度，认识生态文明在社会建设中的重要作用，加大力度、下大力气加快生态文明建设，努力为社会发展提供持续发展的动力。要健全中央高度重视、党委政府主导、企业主动配合、社会共同努力、全民热情参与的生态文明建设格局，加大生态保护力度，推进环境污染防治工作，集中力量优先解决好空气污染防治、土壤污染综合治理、企业工业排污、破坏生态环境，以及流域水、饮用水、地下水污染综合治理等问题，为社会发展提供良好的生态环境。要以绿色发展理念为指引，以保护生态环境为前提，大力发展高效生态的现代农业、工业和服务业，构筑绿色发展现代产业体系，坚持把整个生产过程的绿色化、生态化作为实现和确保生产活动结果绿色化和生态化的重要措施。要坚持经济生态化和生态经济化的发展思路，以供给侧结构性改革为主线，实现传统产业改造升级和发展的绿色化。不断转变生产模式，优化区域产业布局，淘汰资源和污染密集型产业的落后产能。大力发展风电、太阳能、生物质能等清洁能源，实现生态保护与社会协同发展。

（二）生态文明建设是社会发展的重要基石

从人类社会发展历史看，原始文明、农耕文明时期由于生产力发展水平较低，对生态环境的破坏较少。随着工业文明时代的到来，在科学技术快速发展、生产力迅速提升、社会不断进步的同时，对资源环境的利用越来越多，盲目开发自然的现象越来越严重，导致生态环境不断恶化。历史地看，生态兴则文明兴，生态衰则文明衰，生态直接影响社会的建设发展。我国在社会建设过程中，在一段时间内片面强调经济效益，忽视生态环境保护生态文明建设，过度消耗自然资源，导致积累了大量的生态环境问题，成为重大的社会问题和社会可持续发展的短板，影响了社会全面建设和发展。

习近平总书记指出："只有尊重自然规律，才能有效防止在开发利用自然上走弯路。"①生态文明的核心在于人与人、人与自然、社会和谐相处和平衡、有序、可持续地发展。加强生态文明建设，要营造创造良好生态环境，养成爱护自然、保护生态环境的社会氛围，为促进社会发展提供重要条件。新时代加强生态文明建设，必须对现阶段我国社会发展现状、取得成绩和存在问题有一个客观科学的认识与判断。随着我国经济社会发展不断深入，生态文明建设地位和作用日益凸显，在新时代社会主义建设中，要把生态文明建设纳入中国特色社会主义事业"五位一体"总体布局，把生态环境保护放在更加突出位置，自觉地保护环境与节约资源，处理好人与自然的关系，以生态文明建设为社会发展提供有利条件，实现人与社会和谐发展。

（三）坚持生态文明与社会进步同步发展

以习近平同志为核心的党中央将生态文明建设作为中国特色社会主义事业"五位一体"总体布局的重要组成部分，提出努力建设美丽中国，实现中华民族永续发展，充分体现了生态文明成为社会主义本质的重要特征，标志着我们对中国特色社会主义规律认识的进一步深化。习近平总书记指出，我们要"切实把生态文明的理念、原则、目标融入经济社会发展各方面，贯彻落实到各级各类规划和各项工作中。"②社会主义体现了生态文明的内在要求，是与生态文明相契合的社会形态，能够为生态文明建设提供制度保障与动力支持。实现社会的永续发展，必须抓好生态文明建设，坚持生态文明建设与社会发展紧密结合，在保证人与社会和谐发展的同时，掌握好经济发展与生态平衡的辩证统一关系，采取多种举措加强生态文明建设，努力为人民群众提供良好的生存环境，为社会发展营造生态良好的环境。正确处理人与社会的关系，促进社会的不断进步和环境的不断优化，加大节能减排力度，发展低碳经济、循环经济、绿色经济，用生态文明推进社会建设。坚持以解决突出环境问题为抓手，以加快构建生态文明体系为重点，以实现美丽中国为目标，促进生态文明与社会发展相互融合，为社会发展提供动力、增加活

---

① 《习近平关于社会主义生态文明建设论述摘编》，中央文献出版社2017年版，第11页。

② 《习近平关于社会主义生态文明建设论述摘编》，中央文献出版社2017年版，第10页。

力、提升持续力，改变以往以牺牲生态环境发展经济社会的做法，走出一条生态环境与社会和谐发展的新路。

二、推进社会与生态文明协同发展

党的十九大提出"确保到 2035 年美丽中国目标基本实现，到本世纪中叶建成美丽中国"，完成这一伟大战略任务和实现这一宏伟目标，必须贯彻绿色发展理念，优化升级产业结构，加大力度解决生态环境问题，促进生态文明建设与社会同步发展。

（一）着力解决社会突出的环境问题

从生态文明的基础性来看，人类只有尊重自然、善待自然、保护自然，处理好人与自然的关系，才能打牢人类生存的基础，加强社会文明建设。

当前，我国生态文明建设取得伟大成就，但还存在生态保护不力、资源环境短缺、环境影响社会持续发展等问题。加强新时代生态文明建设，满足人民群众对生态环境的需要，就要坚持把解决损害群众健康和影响社会发展的环境问题摆在重要位置，不断强化环保为民的理念，积极回应人民群众的关切。要从维护和稳定社会大局的角度，认真落实抓环保、护稳定、保安全各项有效措施，下大气力解决好人民群众切身利益问题，持续抓好污染防治工作，增加人民群众获得感、幸福感、安全感，推进社会全面发展进步。加强环境保护，注重协调发展，统筹城乡发展，营造社会公平，将新发展理念转化为自身的思想意识与行为准则，自觉维护生态平衡，处理好发展与保护关系，不断满足人民群众日益增长的优美生态环境需要，促进社会与生态文明建设协调发展。坚持全民共治、源头防治，系统施治、长效管治，让百姓享有更多蓝天白云和青山绿水。强化土壤环境监管执法，积极探索受污染耕地安全利用模式，加快土壤污染管控和修复，加大农业面源污染防治力度，加强固体废弃物和垃圾处置，还人民群众一方净土。注重流域环境和近岸海域综合治理，系统推进水环境治理、水生态修复、水资源管理和水灾害防治，增强民众的幸福感和社会的安全感。

（二）实现环境保护与社会发展相协调

习近平总书记指出："建设生态文明、推动绿色低碳循环发展，不仅可以满足人民日益增长的优美生态环境需要，而且可以推动实现更高质量、更有效率、更加公平、更可持续、更为安全的发展，走出一条生产发展、生活富裕、生态良好的文明发展道路。"①生态环境是社会发展的基础。加快社会健康发展，必须正确处理保护生态环境与促进经济发展的关系，努力实现生态环境保护与社会进步同步发展。我们党一贯重视生态文明建设，坚持把保护环境作为基本国策，要求牢固树立绿色发展理念，坚持发展与保护并重，防治污染与修复生态并举，守住社会发展和生态保护两条底线，取得一定成绩，但还不能完全适应新时代社会发展和生态文明建设的需要，必须提高思想认识，采取可行措施，遏制破坏生态和环境污染问题。

推进社会建设发展，要树立生态保护与社会协调发展思路，处理好环境与经济发展的关系，根据资源依赖和投资拉动型特点，改变产业结构不尽合理、资源环境约束趋紧等现象，在"绿色"与"发展"的有机结合中找到新的平衡点，创新经济发展方式，在优化经济结构上下功夫。统筹安排生产生活和生态空间，控制建设用地总规模，严格划定并执行各类生态红线，持续深入打好环境污染攻坚战。坚持绿色发展理念，不断强化规划源头管控、节能减排降碳约束、创新驱动发展，持续实施大气、水、土壤污染防治行动计划，调整产业结构，强化环境硬约束，结合推进供给侧结构性改革，加快结构调整和转型升级，推动淘汰落后和过剩产能。大力发展优质产能，构建节约资源和保护环境的空间格局、产业结构、生产方式，大幅提高经济绿色化程度，以循环低碳构建绿色经济体系，形成新的增长点，推动社会建设发展。不断完善各类生态环境管理目标、空间管制要求和环境政策规定，建立国土空间开发的生态安全管控体系，追求有质量、有效益、可持续的发展，让环境保护成为经济发展和社会稳定的新动力，实现经济社会的绿色良性互动。

---

① 《习近平在中共中央政治局第二十九次集体学习时强调　保持生态文明建设战略定力　努力建设人与自然和谐共生的现代化》，《人民日报》2021 年 5 月 2 日。

（三）开启建设社会主义现代化国家新征程

2021 年《求是》杂志第 2 期发表习近平总书记《正确认识和把握中长期经济社会发展重大问题》文章，指出，"'十四五'时期是我国全面建成小康社会、实现第一个百年奋斗目标之后，乘势而上开启全面建设社会主义国家新征程、向第二个百年奋斗目标进军的第一个五年，我国将进入新发展阶段。"目前，我国已经全面建成小康社会，落实了我们党向人民作出的庄严承诺，实现了全党和全国各族人民的共同心愿。新时代加强社会主义现代化建设，必须按照党中央的部署和"十四五"规划要求，根据我国社会建设发展情况，大力推进生态文明建设，促进生态环境根本好转，促进社会快速发展，实现美丽中国建设目标。要始终站在最广大人民群众的立场上把握和处理好涉及生态环境保护的重大问题，切实保障人民群众的生态环境权益，不断实现好、维护好、发展好最广大人民群众对良好环境的利益和期望。

当前，随着我国经济建设水平不断提升和社会建设快速发展，人民群众对于对优美生态环境和美好生活需要的期盼也越来越强烈。"要增强发展的整体性协同性，着力固根基、扬优势、补短板、强弱项，促进城乡区域平衡发展、产业合理布局和结构优化、经济和社会协调发展、人与自然和谐共生。"[①]要充分认识加强生态环境保护和治理的重要性，坚持生态惠民、生态立民、生态为民的理念，大力推进生态文明建设，要从建设中国特色社会主义现代化和永葆中华民族永续发展的高度，以更宽的视野、更高的标准、更实的措施加强生态建设，不断改善生态环境，满足城乡广大人民群众的生态产品需求，推进我国在全面建成小康社会后环境更加优美、社会更加和谐、人民更加幸福、国家更加强大。

三、形成全社会共建生态文明合力

良好生态环境是人和社会持续发展的重要前提，只有抓好生态文明建设，才能为社会发展提供可靠保障。习近平总书记指出："要提高生态环境

---

① 李克强：《"十四五"时期经济社会发展指导方针》，《人民日报》2020 年 11 月 18 日。

治理体系和治理能力现代化水平，健全党委领导、政府主导、企业主体、社会组织和公众共同参与的环境治理体系"。① 环境治理是一个系统工程，生态环境保护涉及方方面面，任务复杂艰巨。要不断提高思想认识，坚持党委领导、政府主导、企业主体、公众参与，全面科学规划，统筹合理安排，加强组织领导，深化生态文明体制改革，树立全国一盘棋思想，坚持政府在环境治理体系中的主导地位，强化企业在环境治理体系中的主体地位，调动社会组织和公众参与环境治理的积极性，努力形成全社会同心协力，共同实施和协同推进的良好局面，促进和谐社会的建设发展。

（一）发挥政府主导作用

目前，我国生态文明建设进入了关键时期，面临的任务更加艰巨、目标更加高远。加强生态文明建设，政府要提高思想认识，将生态环境保护工作列入重要议事日程，主要领导负总责，搞好环境保护规划，分工专人负责，强化环境监管，发挥主导作用，切实将生态文明建设各项措施真正落到实处。

生态系统是一个复杂的有机整体，其中各子系统、各构成要素之间相互影响、相互制约。前些年，由于一度片面追求经济效增长，忽视生态环境保护，对生态环境造成了严重的破坏，而现在修复被破坏的环境则需要相当长的时间。各级政府要将生态文明建设看成是一项长期的系统工程，树立和践行"绿水青山就是金山银山"的理念，以"功成不必在我"的心态，不急一时之功、不计一己之利，扎扎实实做好工作。"要从系统工程和全局角度寻求新的治理之道……统筹兼顾、整体施策、多措并举，全方位、全地域、全过程开展生态文明建设。"②

加强生态文明教育，要采取多种方式措施，提高民众对生态文明重要意义的认识，拓展生态文明教育渠道，动员全社会积极参与，提高全民生态文明意识，在全社会大力倡导简约适度、绿色低碳的生活方式，引导公众勤俭

---

① 《习近平在中共中央政治局第二十九次集体学习时强调　保持生态文明建设战略定力 努力建设人与自然和谐共生的现代化》，《人民日报》2021 年 5 月 2 日。

② 习近平：《推动我国生态文明建设迈上新台阶》，《求是》2019 年第 3 期。

节约，杜绝奢侈浪费现象，抵制各种铺张浪费行为。环境治理要明确各部门的职责，定期进行检查，及时发现问题，找出解决办法。政府各部门要做到分工明确，相互支持，认真落实相关职能，切实抓好工作落实。认真贯彻生态文明建设规章制度和相关政策，充分利用排污权交易、排污收费制度、排污税制度等，大力推进绿色化升级改造，全面推动经济社会绿色转型。凡涉及公众环境权益的发展规划和建设项目，要通过听证会、论证会或社会公示等形式，听取公众意见，接受舆论监督，构建多元化的生态投入保障机制，鼓励和引导社会资金投资生态建设，为生活方式绿色化提供物质基础、创造相应条件，保障生态文明建设的持续推进。

近年来，由于政府重视，措施有力，充分发挥在生态文明建设中的主导作用，使生态环境保护工作有了很大的改善，得到了人民群众的认可。有关调查显示，公众认为政府工作力度不断加强，自身环境意识和行为水平也在不断提高，经过全社会共同努力，全国多地的突出环境问题已得到显著改善。80.6%的受访者认为中央工作力度较一年前有所增强；61.4%的受访者认为所在地政府工作力度较一年前有所增强。①

（二）强化企业主体地位

前些年，一些企业一味追求经济效益最大化和采取粗放型发展方式，忽视生态环境保护，致使经济发展高度依赖资源和能源消耗，污染负荷居高不下。加强新时代生态文明建设，要树立新发展理念，克服片面追求经济效益求快求高的思想，注重环境保护，实现经济效益与环境保护的同步发展。

习近平总书记指出："生态环境问题，归根结底是资源过度开发、粗放利用、奢侈消费造成的。"②揭示了生态问题的社会属性，深刻表达了生态环境问题的整体性。当前，面对生态文明建设新形势和新要求，企业要大力发展产业和提高生产效率，更积极承担环境责任和社会责任，在生态环境治理中发挥积极作用。要主动适应新时代生态文明建设和环境保护需要，转变企

---

① 《公民生态环境行为调查报告（2019 年）》，《中国环境报》2019 年 6 月 3 日。
② 《习近平谈治国理政》第二卷，外文出版社 2017 年版，第 396 页。

业生产模式，优化区域产业布局。严格按照主体功能区划分，以生态环境安全为底线，根据企业的功能定位，调整优化产业布局、规模和结构，根据企业发展潜力，确定产业发展方向和开发强度。要积极贯彻绿色发展理念，发展环保产业和产品，淘汰资源和污染密集型产业的落后产能。不断优化企业发展布局，坚持以生态环境安全为底线，不断优化产业布局、规模和结构，淘汰资源和污染密集型产业产品，减少和消除生产对环境的污染。不断优化能源供应系统，调整优化能源供给结构，在能源、冶金、建材等污染密集型行业，全面推进绿色清洁生产改造，革新传统产业的生产方式、供给模式和商业模式，在能源、冶金、建材等污染密集型行业，全面推进清洁生产升级和改造。

政府要积极引导企业坚持推动绿色发展，树立环境保护意识，坚持把绿色发展和环境保护摆在突出位置，列入企业发展重要内容，注重从源头上加强污染防治，杜绝污水未经处理直接排放，并加强生产过程中的污染控制。政府和公众要强化对企业的有效制约，监督企业落实环保设施并使其有效运转。制定合理的法规政策，鼓励企业加大发展力度，并明确环境污染责任归属及严格执法，强化谁污染谁负责，约束企业行为，提高环境违法的成本。积极为企业建设发展提供政策支持，创造良好条件，并对企业进行技术改进、升级改造等提供资金支持，在确保环境安全前提下不断增强企业实力，实现快速发展。据报道，2020 年年底，生态环境部以部门规章形式出台《碳排放权交易管理办法（试行）》，明确规定各级生态环境主管部门和市场参与主体的责任、权利和义务，以及全国碳市场运行的关键环节和工作要求。初步统计，目前共有 2837 家重点排放单位、1082 家非履约机构和 11169 个自然人参与试点碳市场。截至 2020 年 8 月末，7 个试点碳市场配额累计成交量为 4.06 亿吨，累计成交额约为 92.8 亿元。[①] 不仅发挥企业在碳排放中的作用，而且提高了生产效益，为推进生态环境保护与经济协调发展注入新动力，为绿色发展提供新动能。

---

① 吕望舒：《改革创新激发生态文明建设澎湃动力》，《中国环境报》2021 年 6 月 29 日。

（三）鼓励公众积极参与

生态文明建设是一项关系人类福祉和社会长远发展的系统工程，单靠政府的力量难以实现，需要社会公众的广泛参与、支持与合作，才能更好地加快生态文明建设，推进社会发展。加强生态文明建设，要坚持发动社会力量保护生态环境，不断增强人民群众的节约意识、环保意识、生态意识，激发参与生态文明建设的积极性，构建全社会共同参与的环境治理体系，推动形成社会生活中的主流文化，彰显其深厚的生态人文情怀。

目前，我国公民普遍认可个人行为对生态环境保护的重要意义，能够"知行合一"，但在践行绿色消费、分类投放垃圾、参加环保实践和参与监督举报等领域还存在"高认知度、低践行度"现象。[①] 人民群众是生态文明建设的主力军，其生态意识和生态行为对生态文明建设具有重要意义。要充分调动公众参与生态环境保护的积极性，完善生态文明建设公众参与制度，积极鼓励公众参与的社会共建，建立社会组织和公众参与环境治理的民主决策机制，调动社会各界参与生态文明建设的积极性。不断提高公众自身环境保护意识，改变有害于生态环境的行为，自觉地承担起保护环境，传播绿色文化的责任义务。大力倡导简约适度、绿色低碳的生活方式，拒绝奢华和浪费，形成文明健康的生活风尚。不断扩大生态建设信息的公开范围，发挥公众在举报、听证、舆论和监督等方面的知情权、参与权和监督权，保护和调动公众参与生态文明建设的积极性主动性和参与热情。充分发挥公众对生态环境的监督作用，主动及时公开环境信息，提高生态环境信息的透明度，通过公众的有效监督，进一步提升生态文明建设的法治化、制度化水平，最大程度避免"公地悲剧"的上演。

生态文明是人民群众共同参与、共同建设、共同享有的事业，充分发挥人民群众生态文明建设的主体作用，培育生态道德，完善行为准则，构建全社会共同参与的环境治理体系。不断提升民众生态意识，健全民众的生态义务机制，加强民众的生态责任和生态参与意识，使更多人关注自然生态，实

---

① 《公民生态环境行为调查报告（2019 年）》，《中国环境报》2019 年 6 月 3 日。

现从普通公民向生态公民的转变，更好地满足人民群众对优美环境和民主幸福的需求。同时，要积极鼓励群众组织、绿色社团的创建，充分发挥工会、共青团和妇联以及绿色社团组织在生态保护和环境改善中的重要作用，激发全国各族民众的生态环保动力和活力，积极引领广大民众走向生态文明建设实践的宏阔舞台，让所有能够建设生态文明的智慧汇聚迸发、源泉不断涌流，争做生态环境的参与者、保护者、建设者、受益者，积极为新时代生态文明建设作出新的贡献，实现山川木葱林密、大地绿色尽染、天空清新湛蓝、河湖鱼翔浅底的目标，使生态文明社会最终成为一个生态文明理念深入人心、环境制度健全完善、生态环境领域治理体系科学和全面实现人与自然和谐共生的社会。

第六章　新时代生态文明思想的实践伟力

　　伟大的时代产生伟大的理论，伟大的理论指导伟大的实践。实践的观点是马克思主义哲学首要的和基本的观点，指引着人民改造世界的行动，充分彰显了实践在人类生活中的根本地位，为人们认识世界、改造世界提供了强大精神力量。马克思指出，"全部社会生活在本质上是实践的"，"哲学家们只是用不同的方式解释世界，问题在于改变世界"。列宁也说："实践高于（理论的）认识，因为它不但有普遍性的品格，并且还有直接现实性的品格。"马克思主义是随着实践和时代的发展而不断发展的，中国特色社会主义也是在实践中不断前进的。习近平生态文明思想坚持从实际出发，在实践中探索，植根于坚持和发展社会主义生态文明建设的伟大实践，并在实践中经受检验和丰富发展，形成了从实践到认识、再从认识到实践的循环发展，彰显了马克思主义实践性特征，深化了对人类社会发展和人与社会和谐发展规律的认识，在推动我国生态文明建设实践发展中展现出强大真理力量和独特思想魅力，开辟了当代马克思主义中国化的新境界，展现了巨大的引领力、强大的感召力、持久的生命力。

第一节　生态文明思想的实践品格

　　习近平生态文明思想具有马克思主义实践特色，坚持唯物主义和历史唯物主义基本原理，科学定位新时代我国生态文明建设的战略地位，敏锐把握经济社会发展变化，不断解决生态环境保护与治理问题，科学总结经验教训，为新时代我国生态文明建设实践提供理论指引和行为指南。2018 年 4 月 23 日，习近平总书记在主持中共十九届中央政治局第五次集体学习时进一步强调，"马克思主义是实践的理论，指引着人民改造世界的行动。实践的观点、生活的观点是马克思主义认识论的基本观点，实践性是马克思主义理论区别于其他理论的显著特征。"以习近平同志为核心的党中央顺应新时代发展，从理论和实践结合上系统回答了如何建设生态文明这个重大理论和实践课题，推动我国生态文明建设发生历史性变革、取得历史性成就，生态文明建设进入了新时代。这是在实践基础上进行的伟大创造，极大地推动了生态文明建设从理论走向实践，这也成为习近平生态文明思想和新时代我国生态文明建设的一个突出的品质。

一、体现马克思主义生态思想的实践特质

马克思说，"理论一经掌握群众，也会变成物质力量。"马克思主义是实践的理论，是实践的唯物主义，是指引人民改造世界的行动，实践在马克思主义哲学体系中具有核心地位。习近平总书记指出："实践观点是马克思主义哲学的核心观点。实践决定意识，是认识的源泉和动力，也是认识的目的和归宿。"实践是人类社会生存和发展的基础，是人类存在和发展的根本方式，也是马克思主义生态思想中的一个重要概念。习近平总书记继承和发扬马克思主义生态观和实践观，正确处理以实践为基础的人与自然关系，科学阐明人的能动性与受动性相统一的生态实践论，推进了马克思主义生态实践观的发展。

实践自然观认为，人的现实自然是人的实践活动对象化的自然，是一种通过实践的中介把人的本质力量对象化到自身中去的那种自然。马克思恩格斯认为，通过人的自然实践活动，自然界不断地人化，这种自然人化过程就是自然向人的生成过程。马克思指出："人和自然界的实在性，即人对人来说作为自然界的存在以及自然界对人来说作为人的存在，已经成为实际的、可以通过感觉直观的，所以关于某种异己的存在物、关于凌驾于自然界

和人之上的存在物的问题，即包含着对自然界的和人的非实在性的承认的问题。"① 社会生活在本质上是实践的。凡是把理论诱入神秘主义的神秘东西，都能在人的实践中以及对这种实践的理解中得到合理的解决。19世纪资本主义时期，生态问题尚处于摇篮之中时，马克思主义不仅科学地预见以实践为基础的人与自然之间的矛盾，而且认为实践不是毫无尺度可言的，人类不能随心所欲，必须要把握好实践的尺度。马克思在《1844年经济学哲学手稿》中指出："动物只是按照它所属的那个种的尺度和需要来构造，而人懂得按照任何一种的尺度来进行生产，并且懂得处处都把内在的尺度运用于对象；因此，人也按照美的规律来构造。"② 人之所以与动物不同，是因为人的自我意识，在进行生产活动时可依照一定的尺度来进行活动，可以将自然界的一切都内化为自己活动的内在范围之内，从而运用这种尺度去实施相关的生产与活动。而动物只是遵循着自己的自然规律—即它们的尺度来进行活动。马克思恩格斯认为，通过人的生态实践活动，自然界不断地人化，这种自然人化过程就是自然向人的生成过程。人类既然受自然必然性、客观规律性等因素的制约和支配，又以自己的能动的活动和实践改造自然环境，从而实现人与自然在实践活动中的双向生成和辩证统一。

马克思主义从生态文明的角度揭示人的能动性和受动性的辩证统一关系，为新唯物主义即实践唯物主义找到了正确的理论出发点。马克思主义生态实践论与生态认识论就其本质而言，具有内在的一致性，依据对建立在实践基础上的人与自然辩证关系的认知，把实践的观点引入到对自然的认识论之中，并在此基础上确立了辩证唯物主义生态认识论的基本思想。马克思主义生态实践论与生态认识论中的主体是人，其目的是为了实现以人的自由而全面发展的人的解放。只有充分发挥人在实践活动中的主观积极性，提高人在生态实践活动中认识自然规律和社会规律的认知能力，就能促进人从必然王国走向自由王国，达到人的自由个性的全面发展阶段，实现人的真正解

---

① 《马克思恩格斯文集》第1卷，人民出版社2009年版，第196页。

② 马克思：《1844年经济学哲学手稿》，人民出版社2000年版，第44页。

放。马克思主义的实践自然观，不仅把实践的观点引入新唯物主义自然观，而且其根本特征在于从实践去理解人与自然的关系，坚持人的能动性和受动性的辩证统一观，并且将辩证法与唯物论有机结合起来，进一步丰富和完善了生态实践论。人类社会发展中的生态文明，本质上是马克思主义实践自然观所揭示的人类实践进程中一种新型的文明形态。

世界是人的实践的呈现，而马克思通过引入"实践"概念对马克思主义实践品格厘定。马克思主义实践自然观，注重人的现实的自然界在人类实践中的生成发展性，以及人在生态文明建设中的重要性和主体性，强调人类生存方式、发展方式和自然环境、社会环境的可协调性，对新时代解决我国突出的环境问题，正确处理好人与自然的关系，加强生态文明建设具有重要的理论指导和实践启迪作用。习近平总书记指出，"马克思主义是实践的理论，指引着人民改造世界的行动。"发展21世纪马克思主义、当代中国马克思主义，必须立足中国、放眼世界，保持与时俱进的理论品格。习近平生态文明思想，是以习近平同志为主要代表的中国共产党人在新时代生态文明建设的伟大实践中创造出来的。这一思想深深根植于习近平总书记带领全国各族人民积极探索、持之以恒、真抓实干的深厚土壤和波澜壮阔的伟大实践，是新时代我国生态文明建设发生历史性变革的理论结晶。

习近平总书记在认真反思和深刻总结我国过去发展中经验教训的基础上，超越了生态中心主义和人类中心主义，坚持马克思主义实践生态观，认为自然生态本身就蕴含着巨大的物质力量和实践意蕴。加强新时代生态文明建设，改变我国各类环境污染呈高发态势，必须采取有效措施，下大气力扭转。习近平总书记直面我国生态环境的突出问题，多措并举，狠抓落实，勇于实践，强调生态环境不能在共产党人手里变得越来越坏，我们应该有这样的胸怀和意志，对严重损害生态环境的事情，一定要抓住不放，严肃查处。继承发展马克思主义生态实践观，充分彰显对党和国家生态文明建设高度的责任感，有力推进了我国生态文明建设步伐。

二、新时代推进生态文明建设的实践旨归

马克思主义认为，理论一旦被群众掌握，就会成为改变世界的物质力量。习近平生态文明思想具有丰厚而坚实的实践基础，坚持以绿色循环低碳发展、建设人与自然和谐共生现代化以及和谐社会建设实践选择目的与终极价值为尺度，体现了自然、人、社会和谐统一为导向的生态文明理论与实践的基本价值取向，也是探索中国特色社会主义生态文明道路的理论和实践旨归。不仅是对中国特色社会主义现代化建设实践的智慧升华，而且也是新时代生态文明智慧的升华，在新时代焕发出蓬勃生机与活力。

从生态文明的实践维度来看，伴随着对工业文明的反思，20世纪70年代以来，全球关于生态与环境问题引起人们的普遍关注，理论研究日益活跃，并已渗透到社会生产生活的各个方面，生态环境保护实践活动全面展开与推进。在我国，1973年召开的第一次全国环境保护会议，环境保护被确立为政府的重要职能之一，成为由政府主导的社会实践运动。1983年，保护环境被确立为我国必须长期坚持的一项基本国策，环境保护观念开始深入人心。2007年，建设生态文明写进党的十七大报告。2012年，党的十八大报告将生态文明建设提升到更高的战略层面，与经济建设、政治建设、文化建设、社会建设并列，构成中国特色社会主义事业"五位一体"的总体布局，标志着我国生态文明建设走向新时代。2017年，党的十九大强调，必须坚持节约优先、保护优先、自然恢复为主的方针，形成节约资源和保护环境的空间格局、产业结构、生态方式、生活方式，还自然以宁静、和谐和美丽。2018年5月，在全国生态环境保护大会上，正式确立习近平生态文明思想，使党和国家对于生态文明建设的认识提升到一个崭新的高度。可以说，习近平生态文明思想正是在这样的伟大时代中应运而生、在当代中国的新实践新发展中顺势而成的。习近平生态文明思想源于实践、指导实践，并在实践中经受检验，不断丰富和发展，充分体现了显著的实践品格。

习近平总书记历来重视生态文明建设，始终将其作为一项十分重要的工作来抓。无论是国内重要场合讲话、视察调研、重要指示，还是出席国际重

要会议或出国访问，无论走到哪里，就把对生态文明建设和生态环境保护的关切和叮嘱讲到哪里，强调要加强生态文明建设，采取有效措施，抓紧抓实抓好生态文明建设的落实。在爱护自然生态上，指出要像保护眼睛一样保护生态环境，像对待生命一样对待生态环境，自觉地推动绿色发展、循环发展、低碳发展，决不以牺牲环境为代价去换取一时的经济增长；实现科学发展，加快转变经济发展方式，生态环境保护，不能因小失大、顾此失彼、寅吃卯粮、急功近利；要以系统工程方法优化国土空间开发格局，全面促进资源节约，加大自然生态系统和环境保护力度，加强生态文明制度建设，推进生态文明建设重点任务的落实，真正下决心把环境污染治理好、把生态环境建设好，为人民创造良好生产生活环境。在环境保护问题上，强调要有明确的底线，不能越雷池一步，否则就要受到惩罚；只有坚守底线思维，并付诸实践，才能实现经济、社会、资源环境的协调发展，要采取有力措施推动生态文明建设在重点突破中实现整体推进，努力走向社会主义生态文明新时代；等等。党的十八大以来，我国生态文明取得的伟大变革和历史性成就，是在以习近平同志为核心的党中央带领全国人民在生态文明建设过程中勇于实践、创新实践和成功实践中取得的。

三、坚持以实践思维和逻辑为特征的方法论

实践方法论是以实践思维方式和实践逻辑为根本特征的方法论，也是立足于实践的本性、规律和逻辑，从实践理解、处理人与自然、人与社会和人与自身关系的方法论。[①] 马克思主义认为，实践是思维和存在、主观和客观等一系列属人世界矛盾对立统一的根基、动力和中介。实践方法论是马克思主义哲学方法论，是以实践思维方式和实践逻辑为根本特征的方法论，立足和体现了实践的本性、规律和逻辑。习近平总书记实践方法论，立足当代中国生态文明建设实践，认识世界本原及其存在方式的规律，从实践的维度去思考如何建设生态文明、怎样建设生态文明的理论和实践问题，是从我国生

---

① 倪志安：《马克思主义哲学教育方法论研究》，人民出版社 2006 年版，第 393 页。

态文明建设实际情况去把握存在、诠释存在，实现思维和存在统一的内在逻辑和方法。

坚持和运用正确的实践方法论。马克思主义哲学不仅是世界观，更是方法论，而且其世界观的价值和意义表现为实践的方法论。实践方法论是从实践理解思维和存在、主观世界和客观世界对立统一的方法论。习近平总书记在纪念马克思诞辰 200 周年大会上强调："我们要坚持和运用辩证唯物主义和历史唯物主义的世界观和方法论。""改革开放是前无古人的崭新事业，必须坚持正确的方法论，在不断实践探索中推进。"①实践世界观的概念、范畴、观点及理论体系，具有实践方法论的性质和功能。中国特色社会主义进入新时代，以习近平同志为核心的党中央对生态文明建设的方法、路径和措施等作出系统重要阐述，在推进我国生态文明建设的伟大实践中，坚持和运用马克思主义实践方法论，科学统筹和周密谋划生态文明建设的发展理念、方针政策、生态保护、环境治理、污染防治、制度法规等各个方面、各个层次、各个要素，全力推动各项工作相互促进、良性互动、协同配合，不仅为新时代生态文明建设提供了更加完备的思想资源、理论支撑和制度体系，而且坚持和丰富了科学、全面、系统的方法论，有力地推进了我国生态文明建设健康发展。

坚持和运用以问题为导向的方法论。从马克思主义实践方法论来看，社会实践的物质资料生态的维度，生成和发展着人与自然的矛盾；社会实践的社会组织、精神资料生产维度，生成和发展着人与社会的矛盾。坚持问题导向是马克思主义的鲜明特点。习近平总书记根据中国特色社会主义新时代的特点规律，掌握事物矛盾运动的基本原理，聚焦我国生态文明建设面临的人与自然和人与社会不相协调与和谐的理论和实践问题，强化问题意识，积极面对和善于化解生态文明建设中的矛盾，牢牢抓住生态破坏和环境污染等主要矛盾和问题，作为当前我国生态文明建设改革的突破口，进一步完善生态

---

① 《习近平新时代中国特色社会主义思想学习纲要》，学习出版社、人民出版社 2019 年版，第 88 页。

文明改革方案、治理措施和法规制度，确保改革奔着矛盾去、瞄着问题改，运用矛盾相辅相成的特性，在解决矛盾的过程中推动新时代生态文明建设发展。

坚持和运用系统工程的方法论。习近平总书记指出："注重系统性、整体性、协同性是全面深化改革的内在要求，也是推进改革的重要方法。"[①]实践方法论是从实践角度，理解生态文明建设和环境治理是一个系统工程的方法论理论。注重从生态系统整体性出发，在方式方法上综合运用理论、统筹、系统以及法律、经济和必要的行政方法手段，全面考虑生产、生活和资源环境需求，综合运用工程、技术等措施，促进生态系统步入良性循环的轨道。习近平总书记以我国生态文明建设实践为基点，从系统和实践角度来理解与阐发人与自然的关系，加强我国生态文明建设问题。指出"要提升生态系统质量和稳定性，坚持系统观念，从生态系统整体性出发，推进山水林田湖草沙一体化保护和修复，更加注重综合治理、系统治理、源头治理。"[②]坚持山水林田湖草沙是一个生命共同体的系统思想，善用系统方法统筹推进生态环境的综合治理，分清主次、因果关系，坚持保护优先、自然恢复为主，完善环境治理制度，持续加强生态保护和修复，全面提升自然生态系统稳定性和生态服务功能，筑牢我国生态安全屏障。

四、彰显新时代生态文明建设的实践自觉

习近平生态文明思想创立了社会主义生态文明科学理论，指明了新时代社会主义生态文明的发展道路。科学理论的价值就在于回答时代课题、解决实际问题、推动实践发展，是在实践经验的基础上提炼、升华而成的，在指导实践、推动实践中发挥出巨大威力。生态文明建设理论是实践理性的，它需要从经验性的社会性物质存在中寻求适度的普遍性，体现了生态文明建设

---

① 《习近平新时代中国特色社会主义思想学习纲要》，学习出版社、人民出版社 2019 年版，第 88—89 页。
② 《习近平在中共中央政治局第二十九次集体学习时强调　保持生态文明建设战略定力努力建设人与自然和谐共生的现代化》，《人民日报》2021 年 5 月 2 日。

发展理论品格，彰显了生态文明思想的实践自觉。

马克思指出："人的思维是否具有客观的真理性，这不是一个理论的问题，而是一个实践的问题。人应该在实践中证明自己思维的真理性，即自己思维的现实性和力量，自己思维的此岸性。"[①] 马克思主义是中国共产党人的世界观和方法论。习近平生态文明思想将唯物主义与辩证法、自然观与历史观、认识论与方法论从实践自觉的高度有机地结合起来，自觉地植根实践、服务实践、指导实践，凸显了辩证唯物主义鲜明的实践品格，为推进新时代我国生态文明建设提供了强大思想武器和行动准则。加强新时代生态文明建设，必须坚持从客观实际出发进行实践活动，用正确的理论指导伟大的实践。习近平总书记从我国生态文明建设的客观实际出发，坚持辩证唯物主义的实践自觉，制定遏制生态破坏行为、加强环境污染治理、改变经济发展方式和大力保护生态环境的政策，使我国生态文明建设发生了前所未有的变化，取得了举世瞩目的伟大成绩。

习近平总书记指出，思路不对，方式不科学，即使生态环境不脆弱的地方也会导致环境问题。习近平总书记高度重视方法论在生态文明建设中的作用，将马克思主义世界观和方法论创造性地运用于当代中国生态文明建设的理论和实践创新，系统阐述了怎样建设生态文明的重大方法问题，揭示了生态文明建设的正确方法论。在发展理念上，要树立尊重自然、顺应自然、保护自然的生态文明理念，尊重自然是认识问题，顺应自然是方法问题，保护自然是实践问题，三者的目的是实现人与自然和谐发展的生态文明新要求。在基本国策上，要坚持把生态文明建设纳入中国特色社会主义事业总体布局，正确处理发展和生态环境保护的关系，坚持节约资源和保护环境的基本国策，形成人与自然和谐发展现代化建设新格局。在发展方式上，要坚持创新发展、协调发展、绿色发展、开放发展、共享发展，推动自然资本大量增值，着力形成节约资源和保护环境的空间格局、产业结构、生产方式、生活方式。在实践路径上，要把生态文明理念融入经济建设、政治建设、文化建

---

① 《马克思恩格斯文集》第 1 卷，人民出版社 2009 年版，第 503 页。

设和社会建设各方面和全过程。这其中，"融入"是活的灵魂，既是思想认识，又是推进方法，也是实践要求，这是新时代推进我国生态文明实践的可行途径。

马克思主义哲学认为，实践的范畴首先是社会历史观的范畴，其次才是一般哲学的范畴。离开社会性物质存在这个重要历史舞台与重要载体，实践就会成为无源之水、无本之木。习近平生态文明思想的实践性品格，坚持以我国的环境实践为研究对象，科学指导环境实践，正确把握各种环境实践之间的关系，把生态保护和环境建设上升到公平、正义等理论问题的高度，坚持以实践性品格为基础，充分体现了生态实践价值理性特征，彰显了生态文明建设理论价值和现实价值的实现与升华，走出一条适合中国国情的生态环境实践之路。

第二节　生态文明思想的实践特色

理论只有来源于实践、作用于实践，才会彰显强大的生命力。"实践如果没有正确理论指导，也容易'盲人骑瞎马，夜半临深池'。""实践没有止境，理论创新也没有止境。"习近平生态文明思想深深植根于中国生态文明建设的伟大实践，坚持实的作风、贯穿实的要求、立起实的导向，强调要树立正确政绩观，真抓实干，注重实效，真正把功夫下到察实情、出实招、办实事、求实效上，充分彰显了习近平生态文明思想鲜明的实践特色。

一、调查研究察实情

凡事成于真、兴于实，败于虚、毁于假。调查研究，是对客观实际情况的调查了解和分析研究，目的是把事情的真相和全貌调查清楚，把问题的本质和规律把握准确，把解决问题的思路和对策研究透彻。习近平总书记强调，"空谈误国，实干兴邦"，"一分部署，九分落实"。习近平生态文明思想源于孜孜不倦的实践探索。在长期的实践和不同的领导岗位上，习近平总书记都十分重视实地调研，立足实践，求真务实，注重实效，总结生态环境经验，发现存在问题，提出具有创新性发展思路和改进措施，有力地推进了生态文明建设。

习近平总书记指出，"调查研究是谋事之基、成事之道，没有调查就没有发言权，没有调查就没有决策权。"研究问题、制定政策、推进工作，刻舟求剑不行，闭门造车不行，异想天开更不行，必须进行全面深入的调查研究。在任何工作中，只有"情况明""心有底"，才能做到决心大、方法对、效果好。调查研究，是党的路线方针政策得到正确贯彻的重要环节，是破解经济社会发展难题和提高治理现代化水平的客观要求。调查研究包括调查和研究两个方面：调查是全面把握客观情况；研究是对调查来的情况进行分析研究，以便更加深刻地认识事情的本质和规律。习近平总书记十分重视社会发展及生态文明建设的调查研究工作，从贫困山村到繁华城市、从黄土高原到山水江南、从西部沙漠到东北大地，到处都能看到他深入实际、深入基础、深入群众的身影，探寻国家建设、人民幸福、社会发展的实践轨迹。通过全面深入的调查研究，广泛听取群众意见，拉近了与基层干部和老百姓的距离、增进了感情，尤其对群众最关心的生态环境问题更是抓住不放，深入实际，实地调查，发现问题，制定对策，使我国的生态文明建设取得显著成绩。

习近平总书记在调查研究时，注重深入基层，了解情况，掌握实情。2013年5月，习近平总书记强调，要认真总结浙江省开展"千村示范、万村整治"工程的经验并加以推广。各地开展新农村建设，应坚持因地制宜、分类指导，规划先行、完善机制，突出重点、统筹协调，通过长期艰苦努力，全面改善农村生产生活条件。2015年5月，习近平总书记到浙江调研，走进舟山市定海区新建社区。在以开办农家乐为主业的村民袁其忠家里，总书记说，全国很多地方都在建设美丽乡村，一部分是吸收了浙江的经验。浙江山清水秀，当年开展"千村示范、万村整治"确实抓得早，有前瞻性。希望浙江再接再厉，继续走在前面。2018年4月9日，习近平总书记强调，浙江省15年间久久为功，扎实推进"千村示范、万村整治"工程，造就了万千美丽乡村，取得了显著成效。农村环境整治这个事，不管是发达地区还是欠发达地区都要搞，但标准可以有高有低。要结合实施农村人居环境整治三年行动计划和乡村振兴战略，进一步推广浙江好的经验做法，因地制宜、精准施策，不搞"政绩工程""形象工程"，一件事情接着一件事情办，一年接着一年干，建设好生态宜居的美丽乡村，让广大农民在乡村振兴中有更多获得感、幸福感。习近平总书记的决策、部署、推动、指导和关心，不仅使浙江"千万工程"充满强劲动力，体现生机与活力，保持旺盛生命力，而且有力地带动和推进了全国的生态文明建设。

调查研究是谋事之基、成事之道，也是我党的优良传统。毛泽东指出，没有调查研究就没有发言权。习近平总书记强调："要把调查研究作为基本功，深入基层、深入群众、深入实际，了解情况、问计于民。"①"调查研究是做好各项工作的基本功。不了解真实情况，拍脑袋做决定，是做不好的。要广泛深入开展调查研究，把存在的矛盾和困难摸清摸透，把各项工作做实做好。……真正把功夫下到察实情、出实招、办实事、求实效上。"②他曾经深情地回忆道："我在正定时经常骑着自行车下乡，从滹沱河北岸到滹沱河以南的公社去，每次骑到滹沱河沙滩就得扛着自行车走。虽然辛苦一点，但确实摸清了情况，同基层干部和老百姓拉近了距离、增进了感情。情况搞清楚了，就要坚持从实际出发谋划事业和工作，使想出来的点子、举措、方案符合实际情况，不好高骛远，不脱离实际。"③近年来，习近平总书记在全国各地视察调研时实地考察、走访群众、了解实情，通过调查研究，摸清和掌握了生态环境情况，为有的放矢地解决环境污染和生态保护问题提供了第一手资料，继承发扬了我党密切联系群众的优良作风，体现了习近平生态文明

---

① 《习近平关于"不忘初心、牢记使命"重要论述选编》，中央文献出版社、党建读物出版社 2019 年版，第 155 页。
② 《习近平关于"不忘初心、牢记使命"重要论述选编》，中央文献出版社、党建读物出版社 2019 年版，第 313—314 页。
③ 《习近平关于"不忘初心、牢记使命"重要论述选编》，中央文献出版社、党建读物出版社 2019 年版，第 155 页。

思想鲜明的实践特色。

二、以上率下讲实话

习近平总书记大力倡导讲实话、不讲假话，实话实说，说到做到，一分为二看问题，实事求是讲真话。对我国生态文明建设既讲取得的成绩，又讲存在的问题。敢于正视我国生态文明建设中出现的问题，不掩盖、不回避、不护短，发扬了我党的优良传统和作风，为全党和全国人民树立了光辉典范。

正人必先正己，正己才能正人。习近平总书记指出"要牢记空谈误国、实干兴邦的道理，坚持知行合一、真抓实干，做实干家。"①"一个真正的共产党人，就应该堂堂正正、光明磊落。现在，一些领导干部身上'假大空'的东西太多。有的戴着假面具，台上台下、人前人后、对上对下各说一套、各做一套；有的习惯说大话、搞大场面、铺大摊子，不计成本搞'形象工程''政绩工程'……这些做法害人害己，是要不得的。对党、对组织、对人民、对同志忠诚老实，做老实人、说老实话、干老实事。"②在生态文明建设过程中，之所以有些地方生态环境特别是大气、水、土壤污染严重，毁林开荒、乱砍滥伐，致使生态环境遭到严重破坏，大范围长时间的雾霾污染天气，生态系统退化的形势严峻，已成为全面建成小康社会的突出短板。究其原因，其中之一就是这些地方的领导，对生态文明建设就像习近平总书记分析的"说起来重要、喊起来响亮、做起来挂空挡。"③有些领导干部思想不重视、作风不扎实、言行不一、欺上瞒下，爱做表面文章，嘴上说一套、实际做一套，会上说一套、会下做一套，上级领导面前说一套、领导走后另一套。在说到生态文明建设时讲成绩多、讲问题少，讲空话大话多、抓具体落

---

① 《习近平关于"不忘初心、牢记使命"重要论述选编》，中央文献出版社、党建读物出版社 2019 年版，第 387 页。

② 《习近平关于"不忘初心、牢记使命"重要论述选编》，中央文献出版社、党建读物出版社 2019 年版，第 125 页。

③ 《习近平关于社会主义生态文明建设论述摘编》，中央文献出版社 2017 年版，第 26 页。

实少，不仅起到了很坏的反面作用，而且严重地影响了当地生态文明建设和经济发展，群众对此意见很大。这种害人害己的不良做法，严重破坏了党的优良作用，在群众中产生了不良的影响。必须树立良好的思想作风和工作作风，坚持一切从实际出发研究和解决生态文明建设的问题，坚持理论联系实际制定和形成指导生态文明建设实践发展的正确路线方针政策，从而推进新时代生态文明建设又好又快发展。

习近平总书记指出："一个真正的共产党人，就应该堂堂正正、光明磊落。现在，一些领导干部身上'假大空'的东西太多。有的戴着假面具，台上台下、人前人后、对上对下各说一套、各做一套；有的习惯说大话、搞大场面、铺大摊子，不计成本搞'形象工程''政绩工程'；有的为捞取功名不惜做假账、玩数字游戏、报虚假政绩。这些做法害人害己，是要不得的。"①党的十八大以来，习近平总书记始终坚持马克思主义实事求是的观点，按照中国共产党人认识世界、改造世界的根本要求，坚持党的基本思想方法、工作方法、领导方法。求真务实，以身作则，身体力行，言行一致，既肯定我国生态文明建设取得的成绩，又指出存在的严重问题，为全党和全国人民树立了光辉榜样。

三、实事求是办实事

习近平生态文明思想是坚持和运用辩证唯物主义和历史唯物主义的光辉典范，蕴含着实事求是的马克思主义思想方法和实践要求，既讲是什么、怎么看，又讲怎么办、怎么干；既部署"过河"的任务，又解决"桥或船"的问题，为推进新时代生态文明建设提供了思想武器和实践指导。

实事求是是中国共产党的思想路线，也是马克思主义中国化理论成果的精髓和灵魂。习近平总书记指出，"实事求是，是马克思主义的根本观点，是中国共产党人认识世界、改造世界的根本要求，是我们党的基本思想方

---

① 《习近平关于"不忘初心、牢记使命"重要论述选编》，中央文献出版社、党建读物出版社 2019 年版，第 129 页。

法、工作方法、领导方法。"坚持实事求是，搞清"实事"是基础。习近平总书记全面了解我国生态文明建设的实际和实情，掌握真实、丰富、生动的第一手材料和客观实际情况，为加强我国生态文明建设的科学决策提供了可靠前提和重要基础。坚持实事求是，把握"求是"是关键。习近平总书记科学运用人类社会和事物发展的规律，注重实践、善于实践，在我国生态文明建设中积累经验、升华理论，再用以指导实践、推动实践，在实践中使理论得到检验、丰富和发展，这是认识客观规律、生态建设规律、社会发展规律的根本途径。

习近平总书记指出，我们作决策、办事情、谋发展，要坚持实事求是，一切从实际出发，按照客观规律办事，这是决定工作有无主动权和得失成败的关键所在。强调生态文明建设要坚持问题意识，注重从具体问题抓起，着力提高生态文明的针对性和实效性。习近平总书记强调，"我们在生态环境方面欠账太多了，如果不从现在起就把这项工作紧紧抓起来，将来付出的代价会更大。"①对生态文明建设中出现的矛盾和问题要实事求是，不掩盖、不回避，注重从政治的高度看待生态破坏，环境恶化，雾霾天气，大气、水、土壤污染，消耗资源粗放发展等问题。解决这些问题，必须坚持实事求是的思想路线，真正沉下身子，着眼解决生态保护发展中存在的突出矛盾和问题，痛下决心、真下决心、脚踏实地、埋头苦干，聚焦、聚神、聚力抓落实，对加强生态文明建设和解决环境污染问题要做到紧之又紧、细之又细、严之又严、实之又实，真正实现生态文明建设的根本好转，推进我国经济社会可持续发展。

四、求真务实重实效

习近平生态文明思想是在实践中总结发展起来的，强调实践第一，因地制宜，注重实效，干在实处，注重从客观实际出发制定政策，坚持知行合一、真抓实干，做实干家，有力地推进了我国生态文明建设发展。求真务

① 《习近平关于社会主义生态文明建设论述摘编》，中央文献出版社 2017 年版，第 3 页。

实，就要坚持实践第一的观点，不断推进在实践基础上的理论创新。基层是
最好的课堂，实践是最好的教材，群众是最好的老师。习近平总书记曾深情
地回忆，在梁家河七年的插队生活"让我懂得了什么叫实际，什么叫实事求
是，什么叫群众"，"这是让我获益终生的东西"。

2021年6月29日，习近平总书记在致信祝贺金沙江白鹤滩水电站首批
机组投产发电时指出："社会主义是干出来的，新时代是奋斗出来的。"强调
"求真务实、真抓实干，做工作自觉从人民利益出发，决不能为了树立个人
形象，搞华而不实、劳民伤财的'形象工程''政绩工程'。"① 指出各项工作
要抓实、再抓实，不抓实，再好的蓝图只能是一纸空文，再近的目标只能是
镜花水月。习近平总书记举例说："新中国成立之初，山西右玉县第一任县
委书记带领全县人民开始治水造林。六十多年来，一张蓝图、一个目标，县
委一任接着一任、一届接着一届率领全县干部群众坚持不懈，使绿化率由当
年的百分之零点三上升到现在的百分之五十三，把'不毛之地'变成了'塞
上绿洲'。抓任何工作，都要有这种久久为功、利在长远的耐心和耐力。"②
加强生态文明建设，就要真抓实干，"更加自觉地推动绿色发展、循环发展、
低碳发展，决不以牺牲环境为代价去换取一时的经济增长，决不走'先污染
后治理'的路子。要扭转只要经济增长不顾其他各项事业发展的思路，扭转
为了经济增长数字不顾一切、不计后果、最后得不偿失的做法。"③ 要"扎扎
实实把生态文明建设抓好。如果不重视、不抓紧、不落实，任凭存在的问题
再恶化下去，我国发展必将是不可持续的。"④ 要采取超常举措，全方位、全
地域、全过程开展生态环境保护，才能取得实实在在的成绩，推进生态文明
建设发展。

---

① 《习近平关于"不忘初心、牢记使命"重要论述选编》，中央文献出版社、党建读物出
版社2019年版，第154页。
② 《习近平关于"不忘初心、牢记使命"重要论述选编》，中央文献出版社、党建读物出
版社2019年版，第156页。
③ 《习近平关于社会主义生态文明建设论述摘编》，中央文献出版社2017年版，第23页。
④ 《习近平关于社会主义生态文明建设论述摘编》，中央文献出版社2017年版，第37页。

习近平总书记强调，"空谈误国，实干兴邦"，"伟大梦想不是等得来、喊得来的，而是拼出来、干出来的。"中国共产党是靠实事求是起家和发展起来的，坚持实事求是就能兴党兴国，违背实事求是就会误党误国。新时代要坚持政贵有恒，树立功成不必在我的思想，一张蓝图干到底，集中体现了习近平总书记求真务实、开拓创新的鲜明特质，彰显了知行合一、真抓实干的实践品格。

第三节　生态文明建设的实践样本

党的十八大以来，我国生态文明建设取得显著成绩，赢得了国内外高度评价和赞扬。本节生态文明建设实践样本，选取认真贯彻落实习近平生态文明思想，根据当地实际情况积极探索，勇于实践，走出一条山绿与民富共赢的绿色发展之路，总结形成了一系列可复制、可推广、可借鉴的成功经验，具有较强针对性实践性代表性的生态文明建设先进典型，展示了新时代我国生态文明建设的鲜活经验和创新实践。通过探析先进单位和正面典型的实践案例，展现生态文明建设的巨大成就和生动实践，对新时代生态文明建设具有重要的示范作用和实践意义。

一、福建长汀"绿水青山就是金山银山"基地建设经验

长汀县是福建省边远山区，是闽、粤、赣三省的边陲要冲，也是客家的首府。与湖南凤凰县一起被国际友人路易·艾黎誉为"中国最美丽的山城之一"，融人文景观与自然景观于一体。党的十八大以来，长汀人民深入探索生态富民的实践路径，发展林下经济、苗木经济、生态旅游等产业，将一座座"火焰山"变成了"花果山"，生态优先、富民为本、绿色发展的转型之路越走越宽广，将贫困县变成幸福乡。2017 年，长汀被列为第一批国家生态文明建设示范县和"绿水青山就是金山银山"创新实践基地。2020 年，长汀县水土流失综合治理与生态修复成功入选联合国《生物多样性公约》第

十五次缔约方大会（COP15）生态修复典型案例，"长汀经验"走向世界。

（一）背景与做法

一是以观念创新为本，激发实现绿色转型的内核动力。从伐木取暖、烧山毁林到视绿水青山为金山银山，再到将绿水青山转化为金山银山，长汀经历了思想上的巨变，逐步确立正确的生态价值观，实现发展方式的彻底变革。几十年来，长汀形成了统筹协调、源头治理、综合治理和系统治理的生态治理观，把山水林田湖草沙作为生命共同体，认识到良好生态环境是最普惠的民生福祉，创新以政府为主导、群众为主体、全社会共同参与的治理模式。积极开展生态文明教育宣传活动，激发人民群众的首创精神，充分发挥观念创新的力量，推动产业生态化和生态产业化，创造新的源头活水和不竭动力。

二是以技术创新为器，打造实现绿色转型的制胜法宝。经过多年探索，长汀因地制宜、因山施策，探索出一条工程措施与生物措施相结合、人工治理与生态修复相结合、生态建设与经济发展相结合的科学治理和发展之路。从习近平同志在福建时倡导的科技特派员制度，到现今多种新技术在生态治理和产业发展中的应用，各级水利、林业、农业、科技等部门和科研机构进行了许多有价值的创新实践。例如，先后建立长汀水土保持院士专家工作站等"三站—院—中心"，吸引国内科研机构、院校研究生到长汀开展水土保持科研攻关，充分发挥科学技术的关键作用。

三是以制度创新为梁，铸牢实现绿色转型的保障体系。制度建设是生态文明建设体系的生命骨架和基础保障。长汀能够在众多水土流失地区脱颖而出取得成功，一个重要原因就是形成了良好的制度保障。在治理主体创新方面，形成了公司企业、民间资本和社会大众为主体的多元化投入经营机制；在治理机制创新方面，建立县、乡（镇）、村（社区）"三级"书记抓水土流失的深层治理体制机制，实现了水土流失治理从规模化向精准化转变；在法治保障创新方面，颁布实施《龙岩市长汀水土流失区生态文明建设促进条例》等法规，建立生态红线管控机制，使生态文明建设步入法治化轨道。

长汀的绿色转型是欠发达山区的伟大创举，也是红土壤区水土流失治理的宝贵经验。它不仅是习近平生态文明思想的重要孕育地，也是践行习近平生态文明思想的成功试验田。长汀经验不仅对全国具有典型示范作用，也是向世界讲述生态文明建设中国故事的良好范本，在传播中国生态智慧、贡献中国绿色经验方面具有深远意义。

（资料来源：安黎哲、林震、张志强：《福建长汀经验，"生态兴则文明兴"的生动诠释》，《光明日报》2021年12月18日。本书引用时有删减。）

（二）实践与评析

一是打好水土流失攻坚战。长汀县曾经是我国南方红土壤区水土流失最严重的县份之一，占到全县土地面积的近1/3，赤裸的红土山远看像团团灼烧的火焰，成为老区人民的心头之痛。党的十八大以来，长汀党委政府带领人民群众总结出水土保持"三字经"，开展以严重水土流失区为重点的水土流失综合治理。根据中共中央、国务院"关于打赢污染防治攻坚战"的要求，结合当地生态环境实际，采取封山育林、改良植被、发展绿色产业等措施，传承苏区精神及红土地文化，发扬"滴水穿石、人一我十"精神，以"水土不治、山河不绿绝不罢休"的坚强决心和咬定青山不放松的韧劲，几十年如一日，锲而不舍，常抓不懈，彻底扭转了水土流失的状况，裸露山体长出了草木，实现了生态环境的根本好转，被专家誉为红土壤区水土流失治理的品牌和典范，用生态接力书写了我国水土保持史上的辉煌篇章。

二是加强乡村环境治理。坚持多措并举，减少水污染源产生，将分散的工业企业按产业类型逐步向规划工业区集中，实施园区化生产与管理，着力加强污水收集系统和深度处理系统建设。在农村推广生态农业及生态养殖模式，因地制宜将污水减量化、畜禽粪便资源化。开展重点污染流域综合整治，积极筹备重点污染防治与整治工程。控制大气污染，对全县重点污染源全面落实减排计划，进一步优化能源结构，推广清洁能源。积极推行垃圾分类收集，开展农村生活垃圾的收集和无害化处理，探索排污权有偿使用和交易，大力推进污染治理设施投资及运营的市场化。健全矿山生态环境管理制度，采取生物措施和工程措施相结合的办法，使裸露山体恢复了植被，既保护了土壤，又改善了生态环境。

三是创新模式改变荒山。长汀人民在"绿水青山就是金山银山"创新实践基地建设过程中，充分发挥科技对生态的支撑和提升作用，利用资源优势结合技术创新，加快生态绿化步伐。从 2019 年起，长汀通过"带状皆伐 + 套种 + 撒播草籽""强度择伐 + 套种"等"强身固本"技术措施，开始了由一般造林到精准补植增质的行动。针对山岭红土壤和缺草少树的情况，采取大封禁、小治理和"反弹琵琶"治理技术，从山下种植被开始往上种，运用等高草灌带种植法、小穴播草种植法治理，由易到难，通过逆向思维，反其道而行。同时，根据水土流失程度采取不同的治理措施，生态修复保护植被、种树种草增加植被、种植"老头松"改善植被、发展"草牧沼果"改良植被，最终长出了草、灌、乔混交群落，让百年荒山披上绿装。长期从事生态恢复研究的中国工程院冯宗炜院士在调研时，高度评价这一治理模式："反弹琵琶"治理法顺应自然规律，走生态演替道路，在生态学理念上是一个突破，在长汀的实践取得了显著的成效。

（三）经验与启示

一是综合治理展新貌。近年来，长汀在践行"绿水青山就是金山银山"过程中，不断探索，大胆创新，取得可喜成效。长汀县水土流失治理成功的一个重要经验，就是将水土流失治理与发展生态农业、提高群众收入紧密结合起来，大大激发了群众的积极性主动性。对治理难度大的山脊和斑块区进行综合修复与治理，将无法治理的部分区域改建为自然公园，变废为宝，综合利用。改善林分质量，增加阔叶林比例，增强生态系统稳定性，实现松林改造提质。重视防火防病虫害，注重运用新方法，预防松毛线虫侵袭风险。大力发展杨梅、油茶等适应性较强的特色林果，由过去的砍树人变成今日的种树人。这些实践创新样本，成为首创的荒山披绿"秘笈"，使昔日"火焰山"，变成今朝的绿满山、果飘香。水土保持不仅改善了生态，还增加了群众的收入，提高了生活水平，实现生态和经济社会发展相得益彰。至 2020 年年末，长汀水土流失率已降至 6.78%。昔日"山光水浊田瘦人穷"的长汀，如今处处风光处处景，小康之路越走越宽阔。

二是产业兴旺百姓富。长汀县按照"生态产业化、产业生态化"的发展理念，为实现"治一方水土、富一方百姓"的目标，全力打造"活力长汀、生态长汀、文化长汀、幸福长汀、廉正长汀"，把长汀建设成为"机制活、产业优、百姓富、生态美"有机统一的新典范。坚持因地制宜，通过创新理念、技术、机制和管理，探索出一条适宜南方水土流失治理的新路子。大力发展林下经济、苗木经济、乡村旅游等产业，不断扩大竹业产值，开创新植油茶示范林，被列为福建省现代竹业生产发展资金项目县和国家油茶林示范基地建设项目县。大力开展植树造林活动，林地面积不断扩大。加快土地流转步伐，完善农田水利基础设施建设，实施国家农业综合开发项目，改造中低产田，加大土地整理力度。深入探索生态富民的现实路径，大力发展多种经济，截至2020年年底，长汀森林覆盖率提高至80.31%，农村居民人均可支配收入提升至18149元，从"水土流失冠军"到"水土治理典范"，实现了"生态美""百姓富"，用生动实践诠释了习近平总书记"绿水青山就是金山银山"的科学论断。

三是青山绿水如画来。从前的长汀由于光秃秃的山头上只有星星点点的树木点缀，被人们称为"癞痢头""火焰山"，现在变成了"绿巨人"，满眼尽是绿意盎然，空气和水质质量好，蓝天白云青山水纯，宛如一幅水墨画、一首优美诗歌。近年来，长汀县按照福建省市"百姓富"与"生态美"有机统一的要求，认真贯彻和践行"生态兴则文明兴"理念，按照国家生态文明建设示范县和"绿水青山就是金山银山"创新实践基地的建设要求，艰苦创业，奋发进取，全面进行水土流失治理和生态文明建设，有力地推动了从生态治理向建设生态家园的转型升级，实现了业兴民富、山清水秀、风淳韵美、和谐宜居、幸福安康的生态家园目标，成为全省首个国家水土保持生态文明县，成功创建了全国科技进步县，列为全国首批"水生态文明城市"建设试点、全国第六批生态文明建设试点县，是我国治理水土流失的典范。

二、陕西榆林高西沟村打造黄土高原生态治理样板

黄土高原地区是中华民族重要的发祥地，我们的祖先黄帝及其后代子孙在这片古老的黄土地上繁衍生息，创造了光辉灿烂的华夏文化。陕西榆林米

脂县高西沟村从 20 世纪 50 年代起，就开始了征山治水运动，随着治理力度不断加大，将一个地表破碎、土地贫瘠的秃山沟治理成如今"梯田层层盘山头，高山松柏连成片"的"陕北小江南"。近年来，高西沟村先后荣获全国文明村镇、国家森林乡村、中国最有魅力休闲乡村、国家水利风景区等多项荣誉。2021 年 9 月，习近平总书记在榆林市考察时来到高西沟村，指出"高西沟村是黄土高原生态治理的一个样板，你们坚持不懈开展生态文明建设、与时俱进发展农村事业，路子走的是对的。"高西沟村干部群众牢记总书记的重要讲话，深入贯彻绿水青山就是金山银山的理念，把生态环境治理和发展特色产业有机结合起来，以更高的标准和要求在新时代走出一条生态和经济协调发展、人与自然和谐共生之路，续写新征程上高西沟村生态建设新的故事。

（一）背景与做法

一是治沟治坡。高西沟村地处黄土高原丘陵沟壑区，坡陡沟深、十年九旱。20 世纪 50 年代初，村民们就上山开荒、播种，"簸箕大的空地也不放过"。本以为"多刨一个坡坡，多吃一个窝窝"，不想却是广种薄收、地越刨越穷。痛则思变，高西沟人决定不再垦荒，开始探索治沟、治坡。他们在全面调研基础上，确定了沟坡兼治、治坡为主的做法，就是以治理坡面为主，修水平的台阶式梯田，同时在沟道节节筑坝、层层拦蓄，淤地种植。经过多年探索实践，高西沟村因地制宜、地尽其用，创新"三三制"模式：坚持宜粮则粮、宜林则林、宜牧则牧，全村 1/3 土地种植粮食，1/3 植树造林，1/3 种草养畜，形成以林固土、以草养牧、以牧肥田的格局。经过多年的综合治理，如今 40 座山峁、21 道沟岔郁郁葱葱，有力地推动了农、林、牧业协调发展。

二是护绿种果。高西沟村守护绿色家底，发展特色产业，促进生态和经济协调发展。坚持保护优先、封育结合，对划定的林地、草地等实施封山禁牧，既精心守护绿色家底，也积极推动绿色蝶变。前些年，担任高西沟村党支部书记的姜良彪带着村民管绿护绿，但也一直在思考：如何把生态治理和发展特色产业有机结合起来，将生态优势转化为产业优势、发展优势？他一次在延安参加农业技术培训会，听延安市洛川县一名村党支部书记分享当地发展苹果产业带动村民增收的经验，就邀请洛川县的农技师指导苹果种植，经过几年的努力获得成功。通过综合治理，保证水土不流失；打坝淤地，保证退耕不反弹；多种经营，保证收入不减少。截至目前，高西沟村共栽植山地苹果等经济林约 1000 亩，2020 年全村人均可支配收入超过 1.8 万元。

三是农旅融合。发展乡村生态旅游，促进第一、二、三产业融合发展，推动乡村全面振兴。高西沟村根据当地土壤、气候等条件，决定试种山桃树、油用牡丹、玫瑰、月季等既有经济价值又有观赏价值的花木，并以此吸引游客。近年来，依托自身生态优势，大力发展乡村旅游产业，建成水土保持生态展览馆、苹果采摘园、盘山梯田观光点等 10 余处景点，游客可在林区自助采摘苹果、葡萄等应季水果，还可以体验住土窑洞、吃农家饭、干农家活等活动。经过几十载不懈奋斗，如今的高西沟"层层梯田盘山头，阵阵果香飘满沟"，高西沟村的环境美了，大家的口袋鼓了，群众的笑容多了。2021 年，全村接待游客 8 万人次。他们生态治理的经验在全县和其他地方得到广泛推广和应用。

四是接续奋斗。高西沟村党支部"四任班子三代人"，坚持不懈开展生态文明建设、与时俱进发展农村事业，一任接着一任干，是凝聚、感召全村群众接续奋斗的带头人。第一任村党支部书记高祖玉看得长远，他带着村里的党员筚路蓝缕 20 多年，探索出农林牧发展"三三制"模式。随后的十几年，高锦玉、高增德两任党支部书记，继续带着全村人植树造林、管绿护绿，推动实施封山禁牧，夯实了高西沟的绿色家底。1996 年，姜良彪接过接力棒，成为高西沟村第四任党支部书记。在他们的带领下，种植和扩大"党员林"，培育山地苹果品牌，栽植适种的其他水果及经济作物，发展乡村旅游，探索和推进将绿水青山转化为金山银山，使高西沟的风景和光景更加美好。

（资料来源：高炳：《黄土高原生态治理的一个样板》，《人民日报》2022年 1 月 7 日。本书引用时有删减。）

（二）实践与评析

一是综合治理成效显著。高西沟村贯彻生态优先理念，在广泛征求人民群众意见的前提下，坚持宜乔则乔、宜灌则灌、宜草则草、乔灌合理搭配的原则，多措并举，综合施策，提高治理成效。在树种选择上，主要使用松树、柠条、侧柏等乡土树种，以提高造林成活率。在水土保持上，重点抓好淤地坝的除险加固工作，巩固已有治理成果，充分发挥现有淤地坝效益，改善生态环境。在造林的品类上，从原来的生态林转变为现在的经济林，不光有山地苹果，还有山地葡萄，显著增加了农民收入。在几代村支书的带领下，高西沟人矢志不渝推进水土保持和小流域综合治理，截至2021年9月，先后治理40座山、21条沟，建成淤地坝126座、水库2座、高产农田777亩、林地3300亩。

二是发展旅游增加收入。近年来，高西沟依托黄土高原生态治理样板效应和良好的生态资源，大力发展乡村旅游产业。目前已经形成占地4平方公里的高西沟村农业生态旅游区，主要包括660亩松柏林、200亩经济林、水库、水土保持成果展览室、村党建展室等。他们利用生态、庭院、水库等资源，兴办农家乐、特色饮食、民宿等，吸引了大量游客前来观光旅游，仅旅游业一项人均增收2000多元。在这里，游客不仅能进入林区自由采摘苹果、大扁杏、葡萄等应季水果，还可以体验黄土高原风貌和特色等活动，领略厚重的陕北风情。2005年，高西沟被命名为"全国农业生态旅游示范村"，在旅游业的带动下，还促进了种植业、养殖业的发展，每年几十万斤瓜果、小米、绿豆等杂粮以及家禽肉类，没有出村就销售一空。

三是统筹规划系统治理。高西沟村在种树治坡过程中，开始并没有认识到生态系统自身是一个生命共同体，山水林田草沟构成相依共存、有机关联的生命链条，结果走了不少弯路。之后在生态环境治理实践中，坚持山、水、林、田、草系统治理的原则，尊重自然规律和科学规律，根据生态功能划分不同的自然生态，因地制宜采取保护和建设措施，统筹兼顾、系统谋划，实施沟、坡、梁、峁、岔综合治理与同步建设的模式，统筹兼顾生态效益和经济效益，把荒山变成绿山，把绿山变成"金山"，有效推进了生态功能区保护与建设，把荒芜贫瘠的小山沟治理成山清水秀的美丽村庄，成为"生态建设的一面旗帜"。目前，高西沟村有稳产高产的410亩坝地，农、牧、林土地利用结构由1∶1∶1调整为1∶2∶3，成为远近闻名的小康示范村。

（三）经验与启示

一是种树植绿不停歇。高西沟村地处黄土高原丘陵沟壑区，是最缺绿的地方，也是最难长出绿色的地方。他们对绿色的执着，支撑着这里的人们一代代克服困难、长期奋斗。20世纪六十年代，村民们为了吃饱饭，上山开荒种地，但却是广种薄收，生活困难。每次雨后，大量泥沙注入无定河，向黄河流去。过度垦荒导致村里沟壑纵横、黄土裸露，水土流失加剧。经过反思后，高西沟人决定不再垦荒，探索治沟与治坡。他们先在沟里打坝，本想拦泥拦水，不料遇到山洪，拦坝又被冲塌了。遂后又在山上修坡式梯田、打埝窝。但因山的坡度没有改变，经洪水冲刷后，多数梯田出现垮塌。在一次次失败面前，他们没有气馁、没有后退、没有动摇，认真汲取教训，撸起袖子加油干，一代接着一代干，坚持修一亩、成一亩、用一亩，最终将一座座水平梯田修得坚实、平整，既保持了水土，又解决了群众的吃饭问题。"百灵子过河沉不了底，滚滚黄河里没有咱高西沟的泥。"这句在高西沟村广为流传的唱词，不是唱出来、喊出来的，而是高西沟村几代人、靠一双双手干出来的。

二是因地制宜创新路。黄土高原主要以塬、梁、峁地形为主，沟壑纵横、地貌复杂，土质疏松、易受侵蚀，缺水少绿，水土流失严重，生态极为脆弱。为了治理沟坡，高西沟村结合当地的实际及地形地貌特点，汲取多年经验教训，不断摸索，勇于实践。针对村北的山坡向阳，坡度缓、土质好情况，重点发展农业生产。村南的阴坡，土质略差、坡度陡，就重点发展林牧业，在开垦的低产远坡地种上林、草，规划发展林牧业，做到因地就势，地尽其用。实行山上缓坡修梯田，沟底淤地打坝埝，高山远山种林木，近山阳坡建果园，弃耕坡地种牧草，荒坡陡坬种柠条。经过70多年探索实践，有力地促进了农、林、牧业协调发展，实现了"泥不下山、洪不出沟、不向黄河输送泥沙"的宏愿。

三是荒坡变成金银山。高西沟村根据坡多沟多情况，坚持因地制宜、合理用地的原则，形成了全面规划、集中治理、沟坡兼治、林草齐上、长短结合的发展思路，制定了"山上缓坡修梯田、沟里淤地打坝堰、近村阳坡建果园、弃耕坡地种牧草"的发展规划。为了发展经济、提高村民收入，高西沟村创新符合人与自然和谐共处的生态型农业、主导经济型牧业、补充自给型农业的田林草种植新模式，闯出了一条农林牧副全面发展的新路子。目前，优越的生态环境让高西沟村的生态休闲观光和乡村旅游逐渐发展起来，村民的收入不断增加。2020 年，高西沟村集体经济收入突破 10 万元，人均可支配收入达到 2 万元左右，用事实印证了习近平总书记"人不负青山，青山定不负人"的科学论断。

三、浙江丽水创建新时代国家公园的生动实践

2013 年，党的十八届三中全会通过的全面深化改革若干重大问题的决定，在加快生态文明制度建设中首次提出"建立国家公园体制"。2015 年以来，国家先后确定了三江源、东北虎豹等 10 个国家公园体制试点单位，出台了关于建立国家公园体制的总体方案、指导意见等，试点工作于 2020 年结束。2019 年 6 月，中共中央办公厅、国务院办公厅印发《关于建立以国家公园为主体的自然保护地体系的指导意见》。浙江丽水坚持"国家公园就是尊重自然"的理念，于 2018 年启动国家公园创建工作，举全市之力、聚全民之智、下非常之功，2019 年 1 月，国家林草局将丽水确定为全国唯一的国家公园设立标准试验区。丽水把创建国家公园作为贯彻落实习近平生态文明思想的创新实践和重大载体来抓，创造性地以"一园两区"建设方案列入试点序列，以国家公园建设的"丽水样本"展示浙江生态文明建设的"重要窗口"，成为面向世界的"美丽名片"。

（一）背景与做法

一是一个理念：国家公园就是尊重自然。丽水为创建国家公园主动担当，积极作为。在 2015 年国家公园体制试点方案公布的第一批名单中，丽水不在其列。2019 年 1 月，国家林草局将丽水确定为全国唯一的国家公园

设立标准试验区，率先开展设立标准的试验检验。丽水从此担负起为国家公园设立标准提供检验和示范的重任。2019 年 7 月，国家公园中期评估专家组对浙江钱江源国家公园的创建给予高度评价和肯定，同时也指出"试点区面积小，且代表性不足"的问题。针对存在的问题，丽水创造性地提出"一园两区"建设思路：在钱江源国家公园体制试点的基础上，与丽水凤阳山、百山祖创建区域整合成一个国家公园，即钱江源—百山祖国家公园。这一方案得到了国家林草局的同意，同时明确与国家公园体制试点同步创建验收，为丽水带来了与体制试点同步创建国家公园的历史机遇。他们坚持主动作为抓创建，想尽一切办法、用尽一切力量、整合一切资源大力推进国家公园创建工作，凝聚各方力量，形成创建合力，表明了打赢创建国家公园攻坚战的坚强决心。

二是一大优势：原真完整的自然生态。丽水的百山祖冷杉是特有的珍稀植物，目前世界上仅存野生成熟植株 3 株，是国家一级重点保护野生植物，被列为全球最濒危的 12 种植物之一，有"植物活化石"和"植物大熊猫"之称，它生长于主峰西侧 1700 米以上的亮叶水青冈林中，是百山祖国家公园的"镇园之宝"。百山祖国家公园以凤阳山—百山祖国家级自然保护区为基础，整合庆元国家森林公园、庆元大鲵国家级水产种质资源保护区等自然保护地和周边具有优良自然生态、深厚文化底蕴的区域进行规划，面积 505.29 平方公里。区域内生态系统类型多样，以森林为主体，兼有沼泽湿地、中山草甸、河流及耕地等各种类型，共同组成包含山水林田湖草全要素的生命共同体。这里是天然的秘境、植物的宝库、动物的天堂、真菌的乐土、文化的摇篮、和谐的家园。

三是一份样本：创建国家公园的丽水之路。丽水按照"建设有丽水特色国家公园"定位，以抓好自然生态系统原真性、完整性保护为基础，高质量推动创建工作，为经济发达、人口密集、集体林地占比高的地方推进以国家公园为主体的自然保护地体系建设，提供了可推广的丽水经验，走出了一条可借鉴的丽水之路。丽水在全国首次形成了《百山祖国家公园科学考察及国家公园符合性认定报告》等三项技术研究报告，制定了摸清国家公园自然生态本底和社会影响因素的调查技术方法，编制了管理体制、自然资源管理、生态系统保护与修复等优选方案，检验了国家公园设立标准，完善了国家公园划定思路。国家公园体制试点评估验收组于 2020 年 9 月到丽水进行国家公园评估验收，对丽水创建工作给予高度评价，特别是在地役权改革、生态产品价值核算等方面，先行先试、不断探索，形成了浙江特色的国家公园创新和亮点。

四是一项载体：保护和擦亮丽水生态品牌。丽水是"绿水青山就是金山银山"理念的重要萌发地和先行实践地，也是习近平总书记提出"丽水之赞"的光荣赋予地。丽水是一个立足优势和特色、引领和推动加快发展的旗舰型"国家品牌"。在丽水建立国家公园有利于深入践行习近平生态文明思想、有利于加强自然资源和生态系统的保护传承、有利于探索生态地区绿色发展的科学路径、有利于推动生态保护和农民增收的互促共赢。

丽水将在"一园两区"的建设框架下，努力在更高领域、更深层次推动国家公园创建取得新的成绩。通过进一步强化生态优先意识，自觉从维护自然生态系统原真性、完整性的高度出发，带动全域高水平生态文明建设。大力推进体制机制创新，不断整合各方力量资源，持续推进生态林业和国家公园的建设、保护和管理；构建全域联动格局，充分用好国家公园作为我国具有全球价值、国家象征的品牌效益，做好国家公园品牌与生态产业融合的"国家公园＋"文章，努力形成丽水全域支持国家公园建设、国家公园引领丽水全域高质量绿色发展的互惠支撑、共同发展的生动局面。可以预期，具有丽水特色的国家公园样本必将成为新时代全面展示美丽浙江、生态浙江、全国国家公园建设的"重要窗口"。

（资料来源：胡敏、李步前：《以"丽水样本"展示"重要窗口"》，《学习时报》2020 年 12 月 31 日。本书引用时有删减。）

（二）实践与评析

一是全力绘好山水画卷。丽水是"绿水青山就是金山银山"理念重要发源地和实践地。习近平总书记曾于 2005 年 8 月到龙泉凤阳山考察，登上山顶后赞美"凤阳山是代表浙江的山，真是一幅山水大画卷，中国山水画讲究高远、深远、平远，在这里我都看到了"。创建丽水国家公园是落实习近平总书记嘱托的重大举措。丽水按照《建立国家公园体制总体方案》要求，贯彻"园内顶格保护、园外联动发展"思路，从体制机制、设立标准试验检验、地役权改革、生态产品价值实现机制、生态惠民等16个方面，做足优化文章，展现丽水特色。以国家公园的理念、品牌、标准引领丽水全域高质量绿色发展，构建"保护控制区＋辐射带动区＋联动发展区"三层级全域联动发展的新格局。依法清理整治探矿采矿、水电开发、工业建设等项目，以分类处置方式有序退出。全力打造保护生态高地、传统文化传承基地和国家公园生态教育体系，高标准、高水平、高质量地推动国家公园建设发展。

二是做好护山保水文章。丽水不断强化生态优先意识，进一步加大国家公园建设力度，充分彰显"以绿为脉，以水为源，以文为魂"的绿化特色，努力实现人与自然和谐共融的人居环境。在保护公园各种植物、动物、生物多样性上，自觉从维护自然生态系统原真性、完整性的高度出发，加强公园生态环境保护，以自然恢复为主，辅以必要的人工措施，分区分类开展受损自然生态系统修复，对一些极度濒危的物种开展抢救性保护；建设生态廊道、开展重要栖息地恢复和废弃地修复；加强野外保护站点、监测监控、应急救灾、森林防火、有害生物防治和保护管理设施建设，利用高科技手段和现代化设备促进自然保育、巡护和监测的信息化、智能化。在保护公园水资源上，立足当地特色，以美丽河湖为目标，以"国家公园＋绿色发展＋乡村振兴＋美丽河湖"为空间形态，大力挖掘水文化，治水造景相融，开展流域综合治理，联通支流和干流，以线带面，做好水文章，打好统筹全域水利牌，努力形成丽水全域国家公园建设、国家公园引领丽水全域高质量绿色发展的互惠支撑、共同发展的生动局面。

三是加强环境监督考核。丽水不断完善国家公园自然保护地生态环境监测、评估、考核、执法、监督等，形成一整套体系完善、监管有力的规章制度，确保国家公园建设健康有序发展。在生态环境监测上，制定相关技术标准，建设自然保护地监测网络体系，充分发挥生态系统、环境、气象、水文水资源、水土保持等监测站点的作用，加强生态环境监测。在环境评估考核上，适时对自然保护地管理进行科学评估，及时掌握各类自然保护地管理和保护成效情况；对国家公园建设情况进行评价考核，并将评价考核结果纳入建设目标评价考核体系，作为相关人员综合评价使用的重要参考。在执法监督上，建立自然保护地范围内统一执法制度，实行生态环境保护综合执法，强化监督检查，定期开展专项行动，发现问题，及时解决，坚决杜绝违法违规问题。

（三）经验与启示

一是创新机制添活力。丽水是全国唯一的国家公园设立试验区，按照《国家公园设立标准》，率先开展相关标准的试验检验，不断创新建设机制，为国家公园创建探索新路径。他们结合本地实际情况，从小范围的自发探索开始，由点及面、以小见大，及时总结建设实践中的好经验好做法，将成熟的经验和做法及时上升为和转化为机制。近年来，建立和完善了"一园两区"推进创建机制、林地地役权补偿收益权质押贷款机制、生态产品价值实现机制、全民共创的创建机制、完善生态保护的平台机制和护林联防机制等，不仅有力推进国家公园建设的有序开展，也为国家公园建设增添了新动力、注入了新活力。

二是"三共"奏响惠民曲。国家公园建设是一项国家所有、全民共享、世代传承的系统工程，实现自然资源科学保护和合理利用，不仅涉及丽水市所辖七县一市一区和丽水经济开发区，而且关系公园范围内的土地、森林、动植物、水资源、气象、人文、景观等方面。丽水按照国家公园建设总体规划，高起点统筹、高标准规划、高要求建设，共同发力，同下一盘棋，奏响共赢曲。在共建上，以最严标准守护最优生态。坚持自然保护为先、绿色发展为要、生态文明为本，高起点大手笔谋划，推进全域摸底规划，立足生态优势深入探索国家公园创建路径，发掘"珍珠"，串珠成链，变盆景为风景，发展特色产业，带动周边百姓经济创收，释放"国家公园+"生态红利。在共赢上，在更高起点谋求长远发展。按照园内严格保护、园外联动发展的理念，科学布局全域关联经济发展，发挥各地资源优势，大力发展生态资源和剑瓷文化资源的优势，开展自然生态旅游和民俗文化旅游，促进经济发展。

在共享上，让绿水青山捧出金山银山。充分发挥公园辐射作用，带动周边乃至全域发展，强化山水理念，大力发展民宿经济、生态精品现代农业，让村民享受护绿致富、点绿成金的成果。

三是大胆改革创新路。创建国家公园是一项新任务、新课题，也是一种新挑战、新实践。丽水干部群众面对诸多困难和问题，立足优势，迎难而上，积极作为，大胆尝试，坚持把国家公园作为新时代生态文明建设重要内容来认识来落实，主动承担建设使命，积极落实国家战略。在建设体制机制改革上，设立标准试验检验、地役权改革、生态产品价值实现机制等，创新建设思路，提供机制保障。在探索集体林地地役权改革上，出台建设方案、划定标准，先行试点、推动全局，建立队伍、专项攻坚，走出一条国家、集体、群众三方共建共赢之路。在出台惠民政策上，始终关心和维护群众利益，让群众有更多的获得感和幸福感，依托一系列优惠政策，让群众在产业、安居、就业、就学、就医等方面全方位享受国家公园建设的红利。在林地地役权补偿收益权质押贷款上，金融部门助力国家公园，创新"益林贷"惠民机制，为社区组织参与国家公园建设探索新机制，释放了潜在的生态价值和产品价值。在改革司法联合保障上，注重政法队伍建设，加强司法合作，提升执法素质，积极主动作为，为国家公园创建提供有力法治保障。

四、河北三代塞罕坝人接力在荒漠沙地成功植树造林

塞罕坝，是蒙古语和汉语的混合用语，意思是"美丽的高岭"。塞罕坝机械林场是河北省林业和草原局直属的大型国有林场，位于河北省最北部的坝上地区。1962 年，原林业部在此建立了塞罕坝机械林场。经过半个多世纪的接力奋斗，三代塞罕坝人在这片风大寒冷、人迹罕至的塞外高原上成功营造出总面积 112 万亩、森林覆盖率达到 80％的世界上最大的人工林海，创造了荒原变林海的人间奇迹。2017 年 8 月，习近平总书记对塞罕坝林场事迹作出重要指示："55 年来，河北塞罕坝林场的建设者们听从党的召唤，在'黄沙遮天日，飞鸟无栖树'的荒漠沙地上艰苦奋斗、甘于奉献，创造了荒原变林海的人间奇迹，用实际行动诠释了'绿水青山就是金山银山'

的理念，铸就了牢记使命、艰苦创业、绿色发展的塞罕坝精神，是推进生态文明建设的一个生动范例。"2017年12月5日，在肯尼亚首都内罗毕举行的第三届联合国环境大会上，河北省塞罕坝机械林场荣获2017年"地球卫士奖—激励与行动奖"，以塞罕坝林场为代表的中国防治沙漠化经验及贡献，得到了联合国环境署和世界190多个国家的赞扬。

（一）背景与做法

1961年，林业部决定在河北北部建立大型机械林场，并选址塞罕坝。1962年，塞罕坝机械林场正式组建。来自全国18个省市的127名大中专毕业生，与当地干部职工一起组成了一支369人的创业队伍，拉开了塞罕坝造林绿化的历史帷幕。

一是艰苦创业，还清历史欠账。建场初期，塞罕坝气候恶劣，沙化严重，缺食少房，偏远闭塞。"一年一场风，年始到年终。"因缺乏在高寒地区造林的经验，1962年、1963年连续两年造林成活率不到8%。创业者们没有放弃，很快找到了造林失败的原因：调运的外地苗木在环境恶劣的坝上地区"水土不服"，要想造林成功，必须自己育苗。通过不断研究实践，改进了苏联造林机械和植苗锹，创新了"三锹半"植苗技术，大大提高了植苗速度。1977年，林场遭遇了严重的"雨凇"灾害，20万亩林木一夜之间被压弯、压折，十多年的劳动成果损失过半；1980年，林场又遭遇了百年难遇的大旱，又有12万多亩林木被旱死。塞罕坝人凭着顽强的毅力、遇挫弥坚的精神，从1962年至1982年的二十年间，在这片沙地荒原上造林96万亩，总计3.2亿余株，"美丽高岭"重现生机。

二是科学管护，精心呵护"绿色银行"。1983年以后，林场大面积造林已基本结束，塞罕坝人按照"以育为主、育护造改相结合、多种经营、综合利用"的经营方针，探索并及时总结经验，确定适合塞罕坝林场特点的落叶松定向目标伐、樟子松大径材培育、绿化苗木培育、森林公园景观游憩林改良等六种森林经营模式，总结出造林、幼抚、定株、修枝、疏伐、主伐、更新造林等循环有序的森林培育作业流程。截至2018年，累计抚育森林300余万亩次，使林场结构更趋合理、质量更加优良。塞罕坝人始终把保护森林资源安全作为事关林场生死存亡的头等大事来抓，建立森防、监测检疫队伍体系，配备100余名专、兼职监测人员，健全预测预报网络，完善防火隔离带、防火通道建设，挖设防护沟、架设围栏，构筑造林地块立体防护网络，保护幼林不受牲畜危害，造林保存率达到了93%以上。

三是牢记使命，一代接着一代干。在2013年2月召开的京津冀协同发展座谈会上，习近平总书记对河北张承地区生态建设与脱贫攻坚统筹推进提出要求：建设京津冀水源涵养功能区，同步解决京津周边贫困问题。2014年早春，在习近平总书记亲自谋划和推动下，京津冀协同发展上升为重大国家战略。党的十八大以来，为使塞罕坝这座"绿色银行"青山常青，荫泽后代，林场在建场以来多次造林难以成活和从未涉足的荒山沙地、贫瘠山地等"硬骨头"地块实施了攻坚造林工程。为提高成活率，林场不断总结改进造林技术，采取客土、浇水、覆土防风、覆膜保水等超常规举措，整坡推进，见空植绿，造林成活率和保存率分别达到98.9%和92.2%的历史最高值，实现了"造一片，活一片，成林一片"的既定目标。截至2019年，林场已完成全部10万亩攻坚造林工程，幼树成林后，全场森林覆盖率将由现在的80%提高到86%的饱和值。

四是严守红线，推进绿色产业发展。木材生产曾经是塞罕坝林场的支柱产业，一度占总收入的90%以上。近年来，林场大幅压缩木材采伐量，木材产品收入占总收入的比例持续下降，最近这五年已降至40%以下。对木材产品收入的依赖减少，为资源的永续利用和可持续发展奠定了基础。红线之下，塞罕坝建立了极严格的林业生产责任追究制，一旦发现超蓄积、越界采伐林木行为，实行一票否决制，坚决追究责任。如今，森林面积在不断增加，森林质量越来越好。今天的塞罕坝，绿水青山带来真金白银，绿色发展之路越走越宽。塞罕坝林场在保证生态安全的前提下，以森林旅游观光游为主适度开发旅游，基本形成"吃、住、行、游、购、娱"旅游配套产业链。绿色产业发展为林场可持续发展提供了有力的经济支撑，同时也创造了大量就业岗位，带动了周边地区的乡村游、农家乐、养殖业等外围产业的发展，每年可实现社会总收入6亿多元。

（资料来源：《贯彻落实习近平新时代中国特色社会主义思想 在改革发展稳定中攻坚克难案例·生态文明建设（三代塞罕坝人接力打造生态文明建设的生动实践)》，党建读物出版社 2019 年版。本书引用时有删减。）

（二）实践与评析

五十多年筚路蓝缕，半个世纪沧桑巨变。塞罕坝人肩扛修复生态、保护生态的历史使命，创造了"荒原变绿洲、沙海变林海"的奇迹，孕育了"忠于使命、艰苦奋斗、科学求实、绿色发展"的塞罕坝精神，成功谱写了"一代接着一代干"不懈努力的奋斗史诗。

一是革命理想高于天。塞罕坝建设者们响应党的号召，艰苦创业、九转功成，一代接着一代干，从一棵树到百万亩林海，在极其恶劣的生态环境中，保持革命理想高于天的豪情，把对理想信念的追求和对党的忠诚转化为做好工作的强大动力，积极努力工作，培育出世界上面积最大的一片人工林，创造"荒原变林海"的人间奇迹。塞罕坝林场几代党员干部和广大职工始终坚守忠于党和人民赋予的光荣使命，他们用心血、汗水甚至生命践行着对党的绝对忠诚。"献了青春献终身，献了终身献子孙"，55 年坚守奉献，不忘初心、接续奋斗，矢志不渝朝着既定目标奋进，把青春和梦想安放在了塞罕坝上，将茫茫荒漠变成百万亩人工林海，为植树造林奉献了一生，把人生和事业扎根在这片林海，不断创新铸辉煌，开辟绿色新天地。

二是牢记使命铸丰碑。几代塞罕坝人始终牢记党和人民的重托，坚定理想信念，伏冰卧雪、艰苦奋斗，挥洒青春、奉献人生，勇于迎接一个又一个严峻挑战，克服一个又一个技术难题，战胜一个又一个艰难险阻，接续奋斗 55 年，创造了荒原变林海的人间奇迹。他们牢记使命，不忘初心，勇于探索，刻苦攻关，改进育苗方法，摸索出培育"大胡子、矮胖子"优质壮苗的技术要领，创新"三锹半"植苗技术，彻底解决了苗木供应问题，改变了传统的遮阴育苗法，大大提高了造林成活率。在一次次天灾和一个个困难前面，塞罕坝人没有退却、没有犹豫，强化坚忍不拔、使命至上的责任意识，心中始终牢记党的嘱托和人民的希望，在这片沙地荒原上造林 96 万亩，造林成活率高达 95%，总计 3.2 亿余株，林场造林面积达到了 112 万亩，成为世界上面积最大的人工林场，谱写了中华大地上不朽的绿色篇章。

三是英雄创业越千秋。55年来，几代塞罕坝林场干部职工听从党的召唤，忠诚党的事业，几十年如一日扎根荒漠、无怨无悔，植树造林敢攻坚，改革发展不停步，困难面前不低头。他们在坡度大、石块多、土壤贫瘠、沙化严重的地块植树造林，为提高成活率，认真总结经验教训，改革创新造林技术，采取客土、浇水、覆土防风、覆膜保水等超常规举措，整坡推进，见空植绿，硬是在荒山沙地、贫瘠山地等"硬骨头"地块造林成功，成活率和保存率分别达到98.9%和92.2%的历史最高值，实现了"造一片，活一片，成林一片"的目标。从爬冰卧雪石头缝里栽种树苗，到起早贪黑顶风冒雨修枝防虫，用双手艰苦创造，以心血浇灌而成，艰苦创业、久久为功，塞罕坝人身上处处彰显着苦干实干的精神底色，谱写出建设美丽中国的英雄史诗。让人由衷感佩生态建设者和保护者的雄心伟力，由衷赞叹"若问何花开不败，英雄创业越千秋"！

（三）经验与启示

一是坚持绿色发展理念是建设生态文明的重要前提。改革开放四十多年来，塞罕坝的林业人解放思想、勇于开拓、大胆探索、不断改革，在实践中探索出一条符合林场发展的思路，从国有林场改革、集体林权制度改革到实施林场振兴战略，取得辉煌的成绩。塞罕坝人牢牢把握"生态立场、营林强场、产业富场、文化靓场、人才兴场"的绿色发展战略，自觉树立绿色发展理念，用一样的情怀，不一样的生产方式建设绿色、不断壮大产业、推进林场发展。过去饱受风沙之苦，让塞罕坝人明白这片林子给他们带来绿水青山，如今深知生态环境没有替代品，必须全力保护绿水青山，守住生态红线和环境底线。塞罕坝的成功生动地诠释了坚持绿色发展理念的科学性重要性和正确性，为全国生态文明建设起到了示范作用。

二是各级领导发挥模范带头作用。矢志不渝艰苦创业是建设生态文明的关键。林场建设好不好，关键在领导。塞罕坝林场领导充分发挥带头作用，事事处处为大家作出好样子。在困难面前决不退缩和放弃，坚决完成党交给的任务，关键时刻，王尚海、刘文仕、张启恩等首任场领导班子成员带头把家从承德、北京等城市搬到了塞罕坝，以示决心。党委书记王尚海带着技术人员跑遍了塞罕坝的山山岭岭，仔细研究那些残存的落叶松，分析原因，寻找对策。1964年春天，他带领塞罕坝人开展了提振士气的"马蹄坑大会战"，造林516亩，成活率达到了90%以上，开创中国高寒地区机械栽植落叶松的先河，坚定了塞罕坝人创业的决心。他在塞罕坝干了13年，任职期间林场完成造林54万亩。1989年，68岁的王尚海病逝。遵从遗愿，他的骨灰被撒在了马蹄坑。伴他长眠的那片落叶松林，如今被叫作"王尚海纪念林"。在塞罕坝人心里，老书记王尚海就是一棵永远挺立的"先锋树"。

三是处理好环境保护和发展关系是生态文明建设的重大原则。塞罕坝人牢固树立可持续发展经营理念，大力推行营造珍贵树种和混交林等森林资源培育战略，在森林经营提质增效上下功夫，积极奋进，开拓创新，加快产业结构调整。随着对生态环境重要性认知的不断提升，思想观念逐步改变，发展模式全面创新。木材产业过去是林场的支柱产业，占到全部收入的90%以上，目前木材产业占不到50%。塞罕坝林场在保证生态安全前提下，合理开发利用旅游资源，严格控制游客数量。林场充分利用边界地带、石质荒山和防火阻隔带等无法造林的空地，与风电公司联手，建设风电项目，发展清洁能源，可观的风电补偿费反哺生态建设，为林场发展注入活力。2016年塞罕坝林场造林碳汇项目首批国家核证减排量（CCER）获得国家发改委核准，成为迄今为止全国签发碳减排量最大的林业碳汇自愿减排项目，赢得了新的发展空间，创造了新的经济增长点，取得了可喜的经济效益。

四是创新绿色科技是生态文明建设的有力支持。20世纪60年代，因缺乏在高寒地区造林的成功经验，植树造林技术落后，连续两年造林成活率不到8%，但在困难面前塞罕坝人没有放弃，查找失败原因。他们大胆实践，创新和发明"草方格"种植法、摸索出培育"大胡子、矮胖子"优质壮苗的技术要领，解决了苗木供应问题。之后，又总结改进造林技术，采取了客土、浇水、覆土防风、覆膜保水等方法，造林成活率和保存率分别达到98.9%和92.2%的历史最高值。先后改进推广了机犁沟、水平沟和小反坡等整地技术、"三锹半"人工缝隙植苗技术、容器苗技术等，创造了今天的绿色奇迹，也为全国植树造林和生态文明建设起到了示范作用。

上述生态文明建设先进典型事例证明，习近平总书记"我们既要绿水青山，也要金山银山。绿水青山既是自然财富、生态财富，又是社会财富、经济财富。保护生态环境就是保护生产力，改善生态环境就是发展生产力。只要把两者关系把握好、处理好了，既可以加快发展，又能够守护好生态"等科学论断的指导性科学性正确性。如今，我国绿色低碳发展之路越走越宽，天蓝、地绿、水净、山青的美丽中国画卷徐徐展现在我们眼前，人与自然和谐共生的幸福家园变得更加美好。

第四节　生态文明建设的实践经验

近年来，在以习近平同志为核心的党中央领导下，"我们加强党对生态文明建设的全面领导，把生态文明建设摆在全局工作的突出位置，全面加强生态文明建设，一体治理山水林田湖草沙，开展了一系列根本性、开创性、长远性工作，决心之大、力度之大、成效之大前所未有，生态文明建设从认识到实践都发生了历史性、转折性、全局性的变化。"①回顾我国生态文明建设的发展历程，坚持绿色、低碳、循环发展理念，全面坚持党对生态文明建设领导，建立健全生态文明制度建设，采取行之有效保护生态措施，加强环境保护检查督察，是新时代推进我国生态文明建设值得借鉴、总结、推广的实践经验。

一、党的领导是生态文明建设的根本保障

习近平总书记指出："中国共产党领导是中国特色社会主义最本质的特征，是中国特色社会主义制度的最大优势。党政军民学，东西南北中，党是

---

① 《习近平在中共中央政治局第二十九次集体学习时强调　保持生态文明建设战略定力努力建设人与自然和谐共生的现代化》，《人民日报》2021年5月2日。

领导一切的。"①生态文明建设是关系党的宗旨使命的重大政治问题。只有加强党的领导，不断提高政治站位，坚决扛起生态文明建设的政治责任，才能保证党中央关于生态文明建设的决策部署落地生根、开花结果，激发出推动生态文明建设的磅礴伟力。

（一）全面加强党对生态文明建设的领导

党的领导是我国宪法确定的基本原则，是实现社会主义法治的根本保证和强大推动力量。党的十八大以来，我国生态文明建设取得历史性成就，根本在于以习近平同志为核心的党中央的坚强领导，始终把生态文明建设置于新时代我国发展的国家全局战略来考量，坚持把建设美丽中国贯穿于中国共产党带领全国各族人民实现全面建成小康社会的奋斗目标过程中，贯穿于实现中华民族伟大复兴中国梦的目标愿景中。各级党委认真落实"党政同责、一岗双责"，层层压实责任，推动生态文明建设各项决策部署落地见效。在党的坚强领导下，各级党委政府自觉地科学统筹，认真抓好生态文明建设的各个环节，综合施策，有力地促进了生态文明建设健康快速发展。

2014年10月3日，党的十八届四中全会通过的《关于全面推进依法治国若干重大问题的决定》明确指出，党的领导贯彻到依法治国全过程和各方面，是我国社会主义法治建设的一条基本经验。2018年5月20日，习近平总书记在全国生态环境保护大会上指出："要增强'四个意识'，坚决维护中央权威和集中统一领导，坚决担负起生态文明的政治责任，全面贯彻落实中央决策部署。"2020年4月20日，习近平总书记到陕西考察调研，首站选择的是秦岭。在这里，他指出保护好秦岭生态环境意义十分重大，强调各级党委和领导干部要自觉讲政治，对"国之大者"一定要心中有数。2021年5月1日，习近平总书记在中共十九届中央政治局第二十九次集体学习时讲话指出，"各级党委和政府要担负起生态文明建设的政治责任，坚决做到令行禁止，确保党中央关于生态文明建设各项决策部署落地见效"。从上述关于加强党对生态文明建设领导的重要论述可以看出，习近平总书记历来重视

---

① 习近平：《在庆祝改革开放四十周年大会上的讲话》，《人民日报》2018年12月19日。

党对生态文明建设的领导，是党的十八大以来党中央作出的最重要的决策之一，也是党的执政宗旨、执政纲领的重要组成部分。党的领导是人民当家作主和依法治国的根本保证，党的领导是中国特色社会主义最本质的特征，应充分发挥党作为生态文明建设的领导核心作用。党的领导是以战略思维统领全局、以创新思维增进活力、以辩证思维解决问题、以法治思维稳定发展和以底线思维守住边界的重要保障，只有坚持党的领导，才能自觉执行党的路线方针政策，把党总揽全局、协调各方落到实处。

（二）党委要自觉担负起生态文明建设政治责任

习近平总书记指出："各级党委和政府要担负起生态文明建设的政治责任，坚决做到令行禁止，确保党中央关于生态文明建设各项决策部署落地见效。"①生态文明建设加强党的领导，就要不断强化政治意识，增强政治观念，旗帜鲜明讲政治，不断提升推进生态文明建设的思想自觉、政治自觉、行动自觉，坚决扛起推动绿色发展的政治责任。要认真贯彻落实中央决策部署，胸怀"两个大局"，心怀"国之大者"，坚决拥护党在生态文明领域各方面的集中统一领导，确保党始终总揽全局、协调各方，把握生态文明建设的方向，不断满足人民群众对美好生态的迫切需求，实现美丽强国的现代化建设目标。要深刻领会立足新发展阶段、贯彻新发展理念、构建新发展格局的核心要义和战略考量，坚持不懈推进绿色低碳发展，不断促进经济社会发展全面绿色转型。

各级党委是本行政区域生态环境保护第一责任人，要坚决担负起生态文明建设的政治责任，科学谋划、精心组织，加强领导、狠抓落实，远近结合、整体推进，从讲政治的高度，充分认识抓好生态文明建设的重要意义，主动扛起生态环境保护政治责任。要将生态文明制度建设和环保工作作为党的建设的重要内容之一，列入重要议事日程，加强组织领导，科学统筹规划，细化分工任务，制定配套政策措施，定期分析污染防治态势，肯定成绩

---

① 《习近平在中共中央政治局第二十九次集体学习时强调　保持生态文明建设战略定力　努力建设人与自然和谐共生的现代化》，《人民日报》2021 年 5 月 2 日。

解决存在问题。对生态文明建设和环境污染攻坚战思想认识不高，组织纪律性差，行动不积极，执行任务不坚决，保护责任制执行不到位的，要严格执行党的政治规矩和组织纪律，依纪依法进行严格的组织处理。

（三）充分发挥党员干部在生态文明建设中的作用

各级党员干部要加强新时代生态文明建设，党委领导要坚持定期分析研究工作制度，常态化研究生态环境保护工作，及时协调和解决生态文明建设工作中出现的问题。

党员干部要强化制度意识，提高认识，认清意义，思想上重视，行动上积极，落实上主动，各负其责，同向发力，积极作为，带头维护党委领导权威，做贯彻执行的表率。要坚决贯彻落实党中央的决策部署，在坚持巩固、完善发展、遵守执行生态文明制度体系上持续用力、久久为功，不断推进生态环境治理体系和治理能力现代化。要充分调动和发挥各级党委领导和党员干部的作用，认真落实"党政同责""一岗双责"，明确分工，责任到人，掌握具体情况，认真履行职责。要经常深入一线，了解情况，掌握实情，科学采取措施，发现问题，及时协调，加强生态保护，提升治理效能。大力推动主体责任、监督责任的协同，不断强化责任意识，提升能力素质和治理能力现代化水平。

党委主要领导要对本区域的生态环境质量负总责，总体设计、科学统筹，合理规划，加强组织领导，制定实施细则，确定工作重点任务和治理指标，将环境保护相关指标纳入党委考核评价体系，明确党委领导成员的职责范围和应担负责任，坚持分工明确，责任到人，既各负其责，又有相互协作，做到环境保护重点治理要亲自部署、重大问题亲自过问、重要环节亲自协调、重要案件亲自督办，压实责任，主动作为。党委各部门要密切配合、协调力量、统一行动，认真履行生态环境保护职责，及时统筹协调处理重大问题，形成强大合力。要积极作为，勇挑重担，迎难而上，时时处处发挥模范带头作用，自觉做政治上的明白人、生态保护的带头人、生态文明建设的践行人。

二、制度法规是生态文明建设的有力保证

习近平总书记指出：党的十八大以来，我们通过全面深化改革，加快推进生态文明顶层设计和制度体系建设，相继出台《关于加快推进生态文明建设的意见》《生态文明体制改革总体方案》，制定了四十多项涉及生态文明建设的改革方案，从总体目标、基本理念、主要原则、重点任务、制度保障等方面对生态文明建设进行全面系统部署安排。[①] 党的十九届四中全会对新时代的制度建设作出顶层设计与战略部署，提出要实行最严格的生态环境保护制度，全面建立资源高效利用制度，健全生态保护和修复制度，严明生态环境保护责任制度。反映了以习近平同志为核心的党中央对生态文明建设的高度重视和战略谋划，体现了坚持和完善生态文明制度体系在推进国家治理体系中的重要意义。

（一）实行最严格的生态环境保护制度

进入新时代，以习近平同志为核心的党中央坚持把生态文明建设作为关系中华民族永续发展的根本大计，把生态文明体制改革作为全面深化改革的重要内容，对加快生态文明制度建设作出部署，着力建立激励与约束相结合的生态文明体制，有效遏制了生态破坏现象，保护了自然环境，推动了发展方式转变和美丽中国建设。

保护生态环境必须依靠制度。2015年，中央政治局会议审议通过《生态文明体制改革总体方案》，从总体目标、基本理念、主要原则、重点任务、制度保障等方面对生态文明建设进行全面系统部署安排。加强生态环境保护总体规划和顶层设计，明确不同制度的目标任务、重点内容、责任主体、实施方式和保障措施。加大自然资源产权体系、落实产权主体、健全监督管理体系等方面改革力度；自然资源产权制度、健全国土空间规划和用途统筹协调管控制度，实现"多规合一"，解决好各类规划不衔接、不协调的问题；加快完善绿色生产和消费的法律制度，实行资源总量管理和全面节约制度；

---

① 习近平：《推动我国生态文明建设迈上新台阶》，《求是》2019年第3期。

完善生态环境监测和评价制度，依法明确地方监测事权，建设信息共享的生态环境监测网络，为我国生态环境保护提供制度保障。

用史上最严法律保护生态环境。生态文明建设是一场全方位系统性的变革，保护生态和改善环境必须依靠制度、依靠法治。自 2010 年出台《环境行政处罚办法》和 2015 年实行被誉为"史上最严"的新《环境保护法》，将违法企业所获得的经济利益纳入重要内容以来，随着"公益诉讼""按日计罚""查封扣押"等"撒手锏"法规制度的出台和实施，扩大了污染环境罪适用范围，降低了入罪门槛，环境执法有了更大的"杀伤力"，使"违法成本低，守法成本高"这些生态环境保护领域长期存在的不合理现象正在发生改变，破坏生态、污染环境、盲目开发自然资源的现象显著减少。目前，生态文明建设制度主体框架基本确立，重点领域和关键环节改革取得突破性进展，科学、完善、系统的生态文明建设体系，为新时代我国生态文明建设提供了可靠制度保障。

认真抓好生态文明制度落实。一分部署，九分落实。制度的生命力在于执行，关键在真抓，靠的是严管。严格遵守法规制度，要像抓中央环境保护督察一样抓好落实，坚决制止和惩处破坏生态环境行为。各级领导干部要认真落实生态文明建设责任制。企业要坚决摒弃"先污染、后治理"的老路，彻底改变损害甚至破坏生态环境的增长模式。要充分发挥环境监管部门的最大效能，依法从重从严治理，对造成严重后果和破坏生态环境的行为，不能手软，不搞下不为例，要依法追究责任，让制度成为不可触碰的高压线。

（二）全面建立资源高效利用制度

近年来，我国针对生态文明建设自然资源资产底数不清、所有者不到位、权责不明晰、权益不落实、监管保护制度不健全等问题。加大深化改革力度，不断完善法规制度。2019 年，为解决产权纠纷多发、资源保护乏力、开发利用粗放、生态退化严重等问题，出台《关于统筹推进自然资源资产产权制度改革的指导意见》，为加快健全自然资源资产产权制度，提高资源高效利用率，完善科学系统的生态文明制度体系，使生态文明建设进入法治化、制度化轨道，为进一步推动生态文明建设提供了重要的基础性制度。

坚持节约资源基本国策。新时代建设中国特色社会主义现代化，要贯彻"绿水青山就是金山银山"发展理念，坚持节约优先、保护优先、自然恢复为主的方针，科学统筹人与自然和谐发展。要坚持以人与自然、环境与经济、人与社会和谐共生为宗旨，以资源环境承载力为基础，以提高可持续发展能力为着眼点，不断强化生态观念、完善生态制度、维护生态安全、优化生态环境，构建资源节约型、环境友好型社会，让绿水青山充分发挥经济社会效益，使人民在良好生态环境中生产生活，实现经济社会永续发展。

健全资源节约集约利用制度。加快转变和创新思维方式，完善资源高效利用制度，大力发展节能环保产业，协同推动经济高质量发展和生态环境高水平保护。严守生态环境保护红线，自觉将各类经济开发活动限制在资源环境承载能力之内，构建科学合理的自然资源管理体系，守住天蓝、水净、山青、地洁的良好环境。积极做好经济发展的"加法"和能源资源消耗以及环境损害的"减法"，以最小的资源环境代价实现最大的经济效益，高效循环利用自然资源，不断优化产业结构，加快新能源和可再生能源利用，实现生产系统的良好和生活系统循环链接。

大力提升资源生产率水平。加快建立绿色生产方式，构建绿色发展的政策导向，正确把握我国资源国情，不断强化节约集约循环利用的资源意识，科学统筹谋划，搞好顶层设计，加大改革创新力度，推动全面节约和高效利用资源。坚持人口资源环境相均衡、经济社会生态效益相统一的原则，按照减量化、再利用、资源化思路，发展循环经济，降低能源消耗，提高资源利用率，决不以牺牲环境为代价去换取一时的经济增长。不断调整和优化产业结构，大力发展低能耗的先进制造业、高新技术产业、现代服务业。严格控制能源消费总量，大力加强节能降耗，支持节能低碳产业和新能源、可再生能源发展，以科学健全经济体系推进产业绿色发展。

（三）健全生态保护和修复制度

近年来，我国为适应新时代生态保护和环境修复需要，不断完善环境侵权案件审理规范，确立环境行政、民事公益诉讼规则，推动自然资源专门审判机构建设，构建预防性、恢复性、惩罚性环境司法责任体系，为生态环境法律的严格实施提供重要支撑。

完善生态环境保护制度。要根据我国目前生态环境治理情况，结合制度动态性、更替性、发展性特点，对我国已经实施的环境保护管理制度、法律法规和政策措施、实施效果进行系统梳理和科学评估，总结成功经验，增强制度的指导性可行性有效性。要本着"谁污染、谁负责，多排放、多负担，节能减排得收益、获补偿"原则，积极推行和健全激励与约束并举的节能减排新机制。加强休渔禁渔管理，加快海洋牧场建设，加大渔业资源增殖放流，促进耕地草原森林河流湖泊海洋休养生息。完善对重点生态功能区的生态补偿政策，推动开发与保护地区之间、生态受益与生态保护地区之间的生态补偿，用经济政策调动治理环境污染的积极性，加强生态保护和污染防治统一监管，促进环境改善和生态保护。

健全生态环境修复制度。坚持全面保护、突出重点，尊重自然、科学修复，生态为民、保障民生，政府主导、社会参与的原则，加快完善环境保护修复制度，保障生态面积逐步增加、质量持续提高、功能稳步提升。要按照整体保护、系统修复、综合治理的思路，科学筹划，综合施策，实施重要生态系统保护和修复重大工程，增强生态系统质量和稳定性。建立全面保护、系统恢复、用途管控、权责明确的保护修复制度体系。不断强化底线思维，坚决制止和惩处破坏生态环境的行为，防止边修复、边破坏的现象发生。完善环境保护修复监管体制，加强资源保护修复成效考核监督和年度核查力度，实行绩效管理，通过加快构建完善生态环境修复机制，使我国经济发展质量和效益显著提升，实现生态环境质量根本好转。

严格生态保护和修复执法。要严格环境资源监督执法，充分发挥环保执法的震慑作用，确保环境攻坚战防治有序开展。习近平总书记指出："要建立健全生态产品价值实现机制，让保护修复生态环境获得合理回报，让破坏生态环境付出相应代价。"①创新环境保护案件办理机制，加大生态环境违法

---

① 《习近平在中共中央政治局第二十九次集体学习时强调　保持生态文明建设战略定力努力建设人与自然和谐共生的现代化》，《人民日报》2021 年 5 月 2 日。

犯罪行为的制裁和惩处力度。不断完善督察监管机制，强化传导压力，坚持依法进行监管，完善生态环境保护法律法规体系，开展重点区域、重点领域、重点行业专项督察。重点督察在环境污染中的虚假整改、敷衍整改、假装整改等问题，依法严厉打击各类环境违法行为，保持环境执法的高压态势。开展随机性、点穴式、常态化专项督察，强化要素综合、职能综合、手段综合，实现污染治理全防全控，做到发现一起、查处一起、处罚一起，以科学完善的监管制度为实行统一监管和提升执法效能提供保障。

三、精准施策是增强生态保护实效的关键

近年来，党中央十分重视生态文明建设，采取一系列生态保护和环境治理措施，坚决打好蓝天、白云、碧水攻坚战，多措并举，全面保护，科学治理，生态文明建设取得历史性成就，美丽中国建设迈出重大步伐。截至 2020 年，全国共建立自然保护地近万处，保护面积覆盖陆域国土面积的 18%，约 90% 的陆地生态系统类型和 85% 的重点野生动物种群得到有效保护。全国森林覆盖率由 20 世纪 70 年代初的 12.7% 提高到 2020 年的 23.04%。在全球森林面积持续净损失达 1.78 亿公顷的不利形势下，中国森林面积近十年年净增约 249.9 万公顷，居全球第一。2012 年至 2021 年 6 月，累计完成防沙治沙任务面积超过 1900 万公顷，封禁保护面积达到 177.2 万公顷。中国率先实现了荒漠化土地零增长，为实现《联合国 2030 年可持续发展议程》提出的 2030 年全球退化土地零增长目标作出了重要贡献，[①] 赢得了国内外的高度评价。

（一）多措并举综合发力协同推进环境治理

当前，我国区域性、结构性污染问题依然突出，持续改善环境质量是解决生态环境领域的突出问题，要充分发挥生态环境保护的引导和倒逼作用，以持续改善环境质量促进经济社会发展全面绿色转型，推进新时代生态文明

---

① 中华人民共和国国务院新闻办公室：《全面建成小康社会：中国人权事业发展的光辉篇章》，《人民日报》2021 年 8 月 13 日。

建设发展。要深入打好污染防治攻坚战，集中攻克影响我国建设发展突出的生态环境问题，改善生态环境质量，提高环境治理水平。

近年来，我国生态保护和环境治理取得显著成效。但是，目前环境污染治理压力依然存在，生态环境保护任重道远，成效还不稳固，与人民群众期待和美丽中国目标相比还有一定差距。要着眼美丽中国建设目标，立足满足人民日益增长的美好生活需要，坚持精准治污、科学治污、依法治污，深入打好蓝天、碧水、净土攻坚战。

在强化多污染物协同控制和治理上，要加大力度，严控严治。习近平总书记指出，环境治理是一个系统工程，"用途管制和生态修复必须遵循自然规律，如果种树的只管种树、治水的只管治水、护田的单纯护田，很容易顾此失彼，最终造成生态的系统性破坏。"[1]要从山水林田湖草沙冰是一个生命共同体着眼，用系统工程理念全面保护生态、加强环境治理。要按照提气、降碳、强生态，增水、固土、防风险思路，突出精准、科学、依法治污，积极发挥政府、企业、社会组织、公民个体等在参与环境污染治理中的作用，运用政策、经济、行政、技术、工程等手段，大力推进系统治理、智慧治理、综合治理，推动生态环境治理在关键领域、关键指标上实现新的突破，使我国的空气质量继续提升，碳排放的强度逐年降低，生态保护监管体系不断强化。要按照整体性、协同性、开放性的原则，建立包括相关地方政府、非政府组织、社区等主体共同参与的治理体系。

在运用工程技术手段上，要根据我国大尺度、多介质、多过程污染物迁移、扩散、转化及影响的科研相对薄弱情况，科学构建土壤—水—大气协同治理、废弃物资源协同循环利用、区域环境协同管控等工程应用体系，形成协同治理的系统化解决方案。

在强化多污染物协同控制和治理上，以细颗粒物和臭氧协同控制为主线，把产业结构、能源结构、运输结构、用地结构、农业投入结构调整摆到更加突出位置，突出抓好挥发性有机物和氮氧化物协同治理。要"坚持精准

---

[1] 《习近平关于社会主义生态文明建设论述摘编》，中央文献出版社 2017 年，第 47 页。

治污、科学治污、依法治污，保持力度、延伸深度、拓宽广度，持续打好蓝天、碧水、净土保卫战。要强化多污染物协同控制和区域协同治理，加强细颗粒物和臭氧协同控制，基本消除重污染天气。"①

在健全环境治理信息平台上，要利用环境保护、国土资源、农业、住建、水利等部门相关数据，建立土壤、水、大气环境基础数据库，构建区域一体化环境信息管理平台，并借助移动互联网、物联网等新技术新手段，拓宽数据获取渠道，实现数据动态更新，通过信息共享，促进各相关主体全面参与环境治理。

在制度化手段推进协同治理上，要充分发挥政府、企业、社会组织和公众作用，政府积极调动相关资源与力量积极参与，使之密切协作、相互配合、形成合力，企业要自觉执行国家各项环境标准和污水排放要求。社会组织要充分发挥监督作用，公众要不断强化环保意识，逐步形成尊重自然、保护生态、爱护环境的良好社会氛围。

（二）生态环境"三大攻坚战"取得可喜成绩

近年来，以习近平同志为核心的党中央遵循经济社会发展规律，顺应人民期待，彰显执政担当，将生态文明建设摆在更加重要的战略位置，把打好污染防治攻坚战作为加强生态环境保护工作、解决人民群众关心的突出环境问题的重大决策部署，重视程度之高、部署频次之密、推进力度之大，堪称前所未有。深入打好污染防治攻坚战，集中攻克老百姓身边的突出生态环境问题，有力地推动经济社会高质量发展、可持续发展，污染防治攻坚战取得显著成效，生态环境质量持续改善。从总体上看，目前是我国生态环境质量改善成效最大、生态环境保护事业发展最好时期，为"十四五"规划了新的起跑线，也为今后的工作积累了宝贵经验。

蓝天攻坚战成效持续显现。为打好蓝天攻坚战，党中央、国务院对大气污染治理进行战略部署，先后颁布实施《大气污染防治行动计划》《打赢

---

① 《习近平在中共中央政治局第二十九次集体学习时强调 保持生态文明建设战略定力努力建设人与自然和谐共生的现代化》，《人民日报》2021 年 5 月 2 日。

蓝天保卫战三年行动计划》，明确我国大气污染防治工作的总体思路、基本目标和主要任务。各级领导高度重视，列入党委政府重要议事日程，以电代煤，分级管理的污染治理思路，采取措施，狠抓落实，对重点污染地区和行业采取严密监督，重点帮扶，不断优化产业结构，加快能源结构调整，科学统筹车、油、路，加强区域联防联控，有效解决存在多年雾霾频发、环境污染问题，办成了许多过去想办、没办成的大事。经过多年持续努力，我国的空气质量总体改善，重点区域明显好转，人民群众的蓝天获得感显著增强。据报道，2020 年，全国万元国内生产总值二氧化碳排放较 2005 年下降 48.4%，提前完成比 2005 年下降 40% 至 45% 的碳排放目标。天然气、水电、核电、风电等清洁能源消费量占能源消费总量比重从 2016 年的 19.1% 上升到 2020 年的 24.3%（初步核算数）。全国 337 个地级及以上城市中，2020 年空气质量达标的城市占 59.9%。[①]2021 年上半年，全国细颗粒物（PM2.5）平均浓度为 34 微克/立方米，同比下降 2.9%。全国优良天数比例为 84.3%，同比下降 0.7 个百分点。下降的主要原因是 3 月几轮境外源为主的强沙天气过程拉低了优良天数比例。但第二季度空气质量与第一季度相比明显好转，尤其是 4 月和 5 月，优良天数比例和 PM2.5 浓度指标均为有监测数据以来月度最优值。尤其是京津冀重点地区、汾渭平原及长江三角地区空气质量同比变化均优于全国。[②] 从总体上看，通过深入打好蓝天保卫攻坚战，我国的生态环境质量持续好转，出现了稳中向好的趋势。

碧水攻坚战取得重要进展。近年来，我国《水污染防治行动计划》和《水污染防治法》先后实施和修订，围绕水生态环境改善目标，出台配套政策措施，加快推进水污染治理，落实各项目标任务，建立地上地下、陆海统筹的生态环境治理制度，水污染防治工作全面推进。以习近平同志为核心的党中央按照生态系统的整体性、系统性及其内在规律，科学统筹水资源、水生态、水环境、水治理，保好水、治差水、增加生态水，推进城镇污水管网

---

① 中华人民共和国国务院新闻办公室：《全面建成小康社会：中国人权事业发展的光辉篇章》，《人民日报》2021 年 8 月 13 日。

② 温笑寒：《生态环境部举行 2021 年 7 月新闻发布会》，《中国环境报》2021 年 7 月 27 日。

全覆盖，加强生活源污染治理。全国地表水优良水体逐年增加、重度污染水体逐年减少，国控断面水质优良比例累计上升 8.9 个百分点，劣 V 类比例下降 6.3 个百分点。截至 2020 年年底，全国地级及以上城市 2914 个黑臭水体消除比例达到 98.2%，城市里的"臭水沟""黑池塘"现象基本消失；长江流域首次实现劣 V 类水体"清零"，干流首次全部实现 II 类及以上水质，黄河干流全线达到地表水 III 类水质；大力加强农业面源污染防治，累计完成 13.6 万个建制村环境整治。① 全国近岸海域优良（一、二类）水质比例为 77.4%，比 2019 年上升 0.8 个百分点；劣四类水质比例为 9.4%，比 2019 年下降 2.3 个百分点。② 另据报道，2021 年上半年，全国 I—III 类水质断面比例为 81.7%，同比上升 1.1 个百分点；劣 V 类水质断面比例为 1.9%，同比下降 0.7 个百分点。

净土攻坚战稳步扎实推进。近年来，我国在土地管理方面，出台了土地管理法；在保护耕地方面，我国出台了土壤污染防治法。国家"土十条"和土壤污染防治法实施后，各地积极开展"净土"行动，减少污染排放，使全国土壤污染防治工作驶入了"快车道"。坚持以农用地保护为核心，开展"净土"行动，加强土壤重金属污染防控，深入推进土壤污染防治工作。实施全口径清单管理，做到"底数清"；主动帮助涉重企业优化减排，做到"源头减"。坚持以农产品安全和人居环境健康两大突出问题为重点，督促各地强化土壤污染风险管控责任落实，并将净土保卫战硬指标硬任务纳入污染防治攻坚战成效考核指标体系。坚持完善配套法规标准，推进污染防治制度化，不断完善农用地、建设用地土壤污染风险管控和修复有关标准规范，强化排污许可证管理。严格落实农用地分类管理制度，加强建设用地准入管理。坚持以土壤污染重点监管单位为重点，加强土壤污染预防制度监管，推进土壤污染治理，防控土壤污染风险，加强耕地健康保护，高标准农田建设加快，2020 年建成高标准农田 8391 万亩，高效节水灌溉面积 2395 万亩；

---

① 李玲玉：《生态环境部举行 3 月例行新闻发布会》，《中国环境报》2021 年 3 月 31 日。

② 中华人民共和国国务院新闻办公室：《全面建成小康社会：中国人权事业发展的光辉篇章》，《人民日报》2021 年 8 月 13 日。

2021 年要完成 1 亿亩高标准农田和 1500 万亿亩高效节水灌溉建设任务。保护耕地提升质量，2021 年将在东北实施黑土地保护性耕作 6500 万亩以上，建设 200 个退化耕地治理集中连片示范区，治理污染耕地 5000 万亩，耕地轮作休耕试点面积达到 4000 万亩。良田力助生产提质增效，高标准农田项目区耕地质量提升 1—2 个等级，粮食产能平均提高 10%—20%，农药施用量减少 19.1%，化肥用量减少 13.8%。[1]2020 年，全国农村卫生厕所普及率超过 68%，生活垃圾进行收运处理的行政村比例超过 90%，全国农村生活污水治理率达 25.5%；46 个重点城市生活垃圾分类覆盖居民 8300 万户，居民小区覆盖率 94.6%，地级及以上城市建成黑臭水体消除比例超过 90%。[2] 目前，全国土壤环境和自然生态状况总体稳定，逐步实现耕地数量、质量、生态"三位一体"保护，有效遏制了土壤污染和退化现象，全面提升了土壤和耕地质量，有效管控了生态环境风险，保障了土壤环境的安全。

（三）生态文明建设示范区和"两山"基地成绩显著

近年来，为推进我国生态文明建设向更高层次、更广领域拓展，大力开展和推广生态文明建设示范区和"绿水青山就是金山银山"实践创新基地建设，充分发挥了先行者、探索者、领跑者的作用，对新时代加强社会主义生态文明建设具有重要示范意义。

目前，我国国家生态文明建设示范区已命名 262 个，"绿水青山就是金山银山"实践创新基地已命名 87 个。这些示范创建地区根据当地具体情况和自身特点，创新绿色发展的途径和模式，经过多年的探索与实践，取得了良好成效。在生态文明意识和参与水平上，人民群众对生态保护和环境治理意识不断增强，并自觉地转化为生产方式和生活方式。报有关数据显示：示范区政府绿色采购比例超过 80%；群众生态文明建设参与度和满意度都达到 80% 以上；新建绿色建筑、公共交通出行等均达到 50% 以上，也就是说

---

[1] 王浩：《耕地提质量丰收添底气》，《人民日报》2021 年 5 月 7 日。

[2] 中华人民共和国国务院新闻办公室：《全面建成小康社会：中国人权事业发展的光辉篇章》，《人民日报》2021 年 8 月 13 日。

全社会的绿色消费、绿色生活水平不断提升。①我国生态文明建设的成功经验和实践探索，形成一批可推广和可复制的模式，对于新时代区域性生态文明的推进以及"美丽中国"建设具有重要的实践示范作用。

在推动生态经济体系建设上，坚持以生态产业化、产业生态化为主体的生态经济体系，贯彻以改善环境质量为核心的发展思路，聚焦突出问题，抓重点、补短板、强弱项，全面推进、加快解决，大力推动生产生活方式的绿色转型、培育绿色新动能，生态文明建设示范区和"两山"基地发挥了重要的引领者作用。

在区域生态环境改善上，采取多种行之有效的生态保护和环境治理措施，注重同步推进物质文明建设和生态文明建设，使生态文明建设示范区的空气质量、水环境质量都排在各省前列，而且超前圆满完成了污染防治攻坚战的目标和任务，并在推动区域环境质量改善方面发挥了重要的带动作用。

在推动生态文明建设改革实效上，各示范区紧紧抓住产业结构调整这个关键，深入推进生态文明体制改革，大力推动战略性新兴产业、高技术产业、现代服务业加快发展，推动能源清洁低碳安全高效利用，持续降低碳排放强度。不断强化绿色发展法律和政策保障，完善环境保护、节能减排约束性指标管理；建立健全稳定的财政资金投入机制；不断深化生态文明改革，有效提升了改革创新性实效性。

总之，我国通过生态文明建设示范区和"绿水青山就是金山银山"实践创新基地建设和生动实践，全面贯彻新发展理念，坚持节约资源和保护环境的基本国策，探索出了一批"绿水青山就是金山银山"的转化经验和模式，进一步优化了产业结构，提升了生态产业的生产效率，保证了生产过程的生态化转向，拓展了包括生态补偿、特色产业、复合业态、生态市场、生态金融等不同转化路径，是全国践行"绿水青山就是金山银山"理念的先进典型，为新时代中国特色社会主义现代化建设提供了可借鉴的实践经验。

---

① 《国新办举行落实五中全会精神　以高水平保护促进绿色发展新闻发布会》，《中国环境报》2020 年 12 月 23 日。

四、环保督察是实现环境好转的重要抓手

习近平总书记指出，"党中央对生态环境保护高度重视，不仅制定了一系列文件、提出了明确要求，而且组织开展了环境督察，目的就是要督促大家负起责任，加紧把生态环境保护工作做好。"① 中央生态环境保护督察，是习近平总书记亲自谋划、亲自部署、亲自推动的重大制度创新，是贯彻落实习近平生态文明思想的关键举措，是得人心、顺民意、解民忧的重要改革措施。中央生态环境保护督察坚持严的基调，坚持问题导向，坚持精准科学和依法把握督察政治方向，聚焦督察重点，坚持为人民群众办实事，注重方式创新，有序推动中央生态环境保护督察向纵深发展。

（一）健全和完善中央生态环境保护督察制度

习近平总书记在党的十九大报告中指出："要深化政治巡视，坚持发现问题、形成震慑不动摇，建立巡视巡察上下联动的监督网。"习近平总书记在 2018 年 5 月全国生态环境保护大会上强调："中央环境保护督察制度建得好、用得好，敢于动真格，不怕得罪人，咬住问题不放松，成为推动地方党委和政府及其相关部门落实生态环境保护责任的硬招实招。"中央生态环保督察是党的十八大以后，在习近平总书记的亲自倡议和推动下，我们国家实施的一项生态文明领域的重大改革措施和重大制度安排。2015 年，开始搞试点，到 2018 年，已经实现了 31 个省市和新疆生产建设兵团的例行督察全覆盖。2015 年，《环境保护督察方案（试行）》发布实施。2019 年 6 月，中办、国办出台《中央生态环境保护督察工作规定》，进一步从制度上、领导机制上完善了中央生态环保督察工作。2019 年 11 月，经党中央、国务院批准，成立中央生态环境保护督察工作领导小组。2021 年 5 月，中央生态环境保护督察办公室印发《生态环境保护专项督察办法》，进一步强化了督察工作的领导体制。

生态环境保护督察主要围绕党中央、国务院关于生态文明建设和生态环

① 《习近平关于社会主义生态文明建设论述摘编》，中央文献出版社 2017 年版，第 90 页。

境保护的一些重大决策部署的落实情况，围绕解决老百姓所反映的周围、身边的一些突出生态环境问题，以及污染防治攻坚战各项重点任务的落实情况开展督察。这一重要制度的建立和实施，推动和解决了一大批长期想解决而未解决的生态环境"老大难"问题，有力地保障了生态文明建设的顺利开展，成为推动落实生态环境保护"党政同责""一岗双责"的有力措施。2017 年，首轮中央环保督察经过两年时间完成了对全国 31 个省区市督察全覆盖，约谈党政领导干部 18448 人，问责 18199 人。2018 年，中央生态环境保护督察"回头看"边督边改工作问责 8644 人。截至 2020 年年底，各轮次的生态环保督察，总共受理了群众举报 19.8 万件。目前，第二轮第三批 8 个中央生态环境保护督察组于 2021 年 4 月 6 日至 4 月 9 日陆续进驻山西、辽宁、安徽、江西、河南、湖南、广西、云南等省（自治区）开展督察。截至 5 月 9 日，全面完成督察进驻工作。① 督察组在进驻期间，认真落实党的十九届五中全会精神，严格执行《中央生态环境保护督察工作规定》。始终坚持以人民为中心，坚持问题导向，深入基层、深入一线、深入现场，查实了一批盲目上马"两高"项目、违法采石采矿、环境基础设施建设滞后、违规侵占湿地、违法污染排放、虚假敷衍整改等突出的生态环境问题，核实了一批不作为、慢作为，不担当、不碰硬，甚至敷衍应对、弄虚作假等形式主义、官僚主义问题，曝光了多起在全国有影响的数十件典型案例，严肃处理了一批相关领导和人员。大力推进环保管理体制改革，持续开展中央生态环境保护督察，不仅完善了中央和省级环境保护督察体系，推动生态环境保护督察向纵深发展，而且推进实施中央和国家机关有关部门生态环境保护责任清单，健全了齐抓共管、各负其责的大生态环保格局。

　　中央生态环境保护监督检察制度不断完善，是做好生态环境保护工作重要的思想基础和根本保障，形成了协调配套的生态文明建设监督约束机制，成为促进生态环境逐步好转的有效措施。我国生态环境监督检察实践表明，

---

① 李玲玉：《第二轮第三批中央生态环境保护督察全面完成督察进驻工作》，《中国环境报》2021 年 5 月 17 日。

中央生态环保督察不仅是对生态文明建设和生态环境保护的"工作督察"，更是对领会习近平生态文明思想、贯彻党中央加强生态文明建设决策部署的"政治检阅"；不仅是强化生态环保责任上肩、任务落实的重要举措，更是推动解决生态环保领域顽瘴痼疾、加快建设生态文明建设的重大契机；不仅是利剑高悬、震慑常在的外部压力，更是促进经济高质量发展和生态环境高水平保护相得益彰的内生动力。多一份督察，就多一份清醒；多一份指导，就多一份助力。①

（二）巡视管理为生态文明建设提供监督保障

习近平总书记十分重视我国的巡视制度，强调指出，"巡视发现问题的目的是解决问题……做好巡视'后半篇文章'，关键要在整改上发力。"②"这是对我国环保管理体制的一项重大改革，有利于增强环境执法的统一性、权威性、有效性。"③加强对生态文明建设的巡视与管理，要发挥党的领导优势，用好中央环境保护督查制度，督查生态文明建设各项政策措施的落实情况，不断完善中央和省级环境保护督查体系，促进生态环境保护督查体制改革不断深入，确保中央关于生态文明建设的决策部署落到实处。

强化环保巡视管理工作，推进环保督察，要不断完善督查、交办、巡查、约谈、专项督察等机制，督促党委政府加大督查考核力度，定期开展重点区域、领域、行业专项督查，尤其是对环境问题突出、环境事件频发、环境保护责任落实不力地方进行全覆盖督查，紧盯破坏生态、污染环境，以及整治不严、落实不力、整改不彻底等问题，组织开展巡视和回头看，逐一复查整改落实情况，确保整改事项事事有回音、件件有落实。2019年7月至2020年12月，中央生态环保督察对9个省（市）、4家中央企业进行了例行督察，同时对2个国务院有关部门启动探讨式督察试点。2020年8月，

① 《生态环境部部长黄润秋在两会"部长通道"接受媒体采访》，《中国环境报》2020年5月26日。
② 中央巡视工作领导小组：《巡视整改落实是"四个意识"的试金石》，《人民日报》2018年11月2日。
③ 《习近平关于社会主义生态文明建设论述摘编》，中央文献出版社2017年版，第108页。

第二轮第二批中央生态环保督察启动，除了对 3 个省（直辖市）、两家中央企业开展督察之外，首次对国家能源局、国家林业和草原局等国务院的两个部门开展探讨式督察。此次督察共受理转办群众举报 1.05 万余件。截至2021 年 1 月 25 日，已办结 8766 件，立案侦查 131 件，问责 283 人。[①]据报道，2021 年 5 月，第二轮第三批中央生态环境保护督察近日集中通报了第四批典型案例，其中，昆明市围绕滇池"环湖开发""贴线开发"现象突出，长腰山区域被房地产开发项目蚕食。习近平总书记高度重视云南生态环境保护工作，两次考察云南均对滇池等高原湖泊保护治理作出重要指示。他还特别指出，生态环境损害容易治理恢复难，滇池就是一个活生生的例子。由于不断加大环保督察和巡查力度，及时通报曝光环境问题突出的单位，倒逼环境责任落实，坚持严格追责问责，严肃处理不作为、慢作为、乱作为等问题，保证了生态文明建设任务落到实处。

（三）严格生态环境监督、纪律和执法

习近平总书记指出："只有实行最严格的制度、最严密的法治，才能为生态文明建设提供可靠保障。"[②]严格的生态监督执纪和执法是加强生态文明建设的重要举措。生态环境保护法律法规在生态文明建设中具有十分重要的作用，既是生态保护的底线，也是不能踩踏的红线，必须严格遵守各项法规制度，认真抓好贯彻落实。要坚持以监督促监管、以整治促整改、以常态促长效，努力实现政治生态、自然生态两个"绿水青山"，加强生态环境监督执纪和执法，做好生态文明领域的执法工作，强化执法监督检查。

党的政法部门要制定严格标准，拓宽监督层面，强化监督力度。在与其他部门共同执法的时候，要加大追查生态事件背后的政治责任，坚持原则，相互协同，营造风清气正的生态治理环境，保证生态的有效治理，避免国有资产的流失。建立跨区域环境联合监测制度，由环保部门会同有关部门共同制定环境监测方案，设立一体化环境监测网络，定期发布区域环境监测报

---

① 马新萍：《为了中国更美丽》，《中国环境报》2021 年 2 月 22 日。
② 《习近平关于社会主义生态文明建设论述摘编》，中央文献出版社 2017 年版，第 99 页。

告，并向社会公布。坚持从在线监测、污染防治设施运行、排放标准执行、重污染天气应急响应等方面开展全面检查。聚焦权力运行和监督，深入开展廉政风险点排查，建立健全纪检、组织、审计、巡察、社会立体化监督体系。推进巡察全覆盖，开展巡察"回头看"，督促做好巡察整改，深化巡察结果运用。[①] 不断完善区域环境联合监察执法制度，通过开展联合执法、交叉执法、互查行动等措施，及时消除环境安全隐患，联合打击各类环境违法行为，协商解决环境问题，积极应对突发环境事件。

  不断完善制度配套，构建源头预防、过程严管、后果严惩的制度体系。生态环境的监督执纪和执法，要坚持原则，动真碰硬。对少数企业干扰自动监测设施，使生产期间监测数据失真；或伪造生产记录，应急减排措施不落实，对生产环节记录进行造假，应付执法检查；或对环境管理比较粗放，未按规定采取集中收集处理、密闭等措施，控制污染物排放的企业，要追究原因，严肃处理。对破坏生态和环境污染的事件，要健全和运用生态执法与公安、检察机关联合办案机制，依法进行严惩重处。对涉嫌环境违法企业依法启动行政处罚，同时暂扣或注销排污许可证，重污染天气绩效评级全部降为最低的 D 级；情节严重的，公安机关依法对相关责任人予以行政拘留；涉嫌污染环境犯罪的，要移交公安机关立案侦查办理。对于污染破坏环境的企业或个人，要处以巨额环境损害赔偿罚款，让违法者付出沉痛的代价，使其不能为之、不敢为之，胆敢为之必须进行重罚。要通过监督检查，把督察整改的倒逼压力转变为攻坚克难的强大动力，敢于动真、敢啃"硬骨头"。同时，对于地方领导和政府干预执法部门的行为，对于执法部门执法违法的行为，对于那些玩忽职守、不作为的行为，都要严格追究办事人的责任及责任单位的领导责任，视其情节，给予处分、撤职，甚至刑事处罚，保障监督执纪和执法的严肃性，确保新时代我国生态文明建设的顺利健康发展。

---

① 杨建武：《坚持六个聚焦 加快打造陇原生态环境保护铁军》，《中国环境报》2021 年 6 月 17 日。

第七章　新时代生态文明思想的时代贡献

　　习近平总书记科学把握国内外形势的新动态新格局新走向，站在坚持和建设中国特色社会主义战略高度，准确掌握新时代中国特色社会主义现代化新特点新常态，着眼人民群众的新要求新期待，以高远的战略高度、深邃的辩证思维、开阔的国际视野，传承中华民族优秀传统文化，顺应时代潮流和人民意愿，将生态文明建设摆在重要位置，融入经济建设、政治建设、文化建设和社会建设。系统论述了事关生态文明建设的科学内涵、现实意义、战略地位、重要举措，深刻回答了什么是生态文明、为什么建设生态文明、建设什么样生态文明、怎样建设生态文明等重大理论和实践问题，形成了习近平生态文明思想。这是具有原创性、时代性的概念和理论，是对马克思主义生态思想的继承和发展，是对新时代我国生态文明建设的原创性贡献，对加快建设美丽中国、维护人类共同的地球家园和实现人与自然和谐共生，具有十分重大的理论与实践价值和意义。

第一节　新时代生态文明思想的基本特性

　　"思想"是关于整个世界或者其中某一领域、某一问题的本质规律性的理性认识，具有"说人所未说、见人所未见"的创新性特征。习近平总书记指出："我们要用马克思主义观察时代、解读时代、引领时代，用鲜活丰富的当代中国实践来推动马克思主义发展。"①习近平生态文明思想形成、完善和发展于中国特色社会主义建设的新时代，实现了对人类文明发展规律的再认识和再发展，是人类社会发展史、文明演进史上具有里程碑意义的新理念和新实践，这既是一个重大的理论问题，也是一个重要的实践问题，具有鲜明的时代特色。

一、实现中华民族伟大复兴中国梦的战略性

新时代，是全体中华儿女勠力同心、奋力实现中华民族伟大复兴中国梦的新时代。

（一）生态文明建设是实现"中国梦"的重大抉择

习近平总书记指出："走向生态文明新时代，建设美丽中国，是实现中华民族伟大复兴的中国梦的重要内容。"②我们党的一百年，是矢志践行初心使命的一百年，是筚路蓝缕、奠基立业的一百年，是创造辉煌开辟未来的一百年。实现中华民族伟大复兴，是近代以来中华民族最伟大的梦想，是不断激励中华儿女团结奋进、开辟未来的精神旗帜。实现中华民族伟大复兴的中国梦，是以习近平同志为核心的党中央对人民的庄严承诺，也是党和国家面向未来的政治宣言，充分体现了在中国特色社会主义建设发展中的战略地位，彰显了中国共产党人高度的责任担当和使命追求，为推进中国特色社会主义现代化建设注入了新的活力，指明了新的方向。

习近平总书记在庆祝中国共产党成立100周年大会上的讲话指出："一百年来，中国共产党团结带领中国人民进行的一切奋斗、一切牺牲、一切创造，归结起来就是一个主题：实现中华民族伟大复兴。"自中国共产党1921年成立以来，为了实现中华民族伟大复兴的历史使命，不忘初心，矢志不渝，带领中华儿女前赴后继、英勇斗争、浴血奋战，进行了艰苦卓绝的英勇斗争，打败日本帝国主义，推翻国民党反动统治，完成新民主主义革命，建

---

① 《习近平谈治国理政》第三卷，外文出版社2020年版，第76页。
② 《习近平关于社会主义生态文明建设论述摘编》，中央文献出版社2017年版，第20页。

立了新中国。在社会主义革命和建设时期，我们党团结带领中国人民完成社会主义革命，确立和完善社会主义制度，加快社会主义建设步伐，极大地解放和发展社会主义生产力，人民生活水平显著提升，综合国力不断增强，国际影响日益扩大，中华民族焕发出蓬勃生机与活力，中华民族伟大复兴的中国梦迈出坚实的步伐。当前，中国特色社会主义进入新时代，我们比历史上任何时期都更加接近中华民族伟大复兴的目标，而且更加有信心和能力实现这一目标。

生态文明建设是新时代的伟大事业，是工业文明发展到一定历史阶段的产物，是人类文明发展的历史趋势，更是事关"五位一体"中国特色社会主义事业总体布局和实现中华民族伟大复兴中国梦的大事，要恪守人民情怀，以"让天更蓝、山更绿、水更清，让生活更美好"为目标，不断满足人民群众对美好环境的向往。习近平总书记着眼新时代生态文明发展走势，把生态文明建设提升到中华民族伟大复兴的战略高度，作为党和国家的奋斗目标和施政方略，这是我党对生态文明建设战略布局的集中反映，也是对人类文明发展规律的重大哲学创新，更是符合历史发展潮流的时代宣言，不仅丰富了中国特色社会主义现代化的建设内容，也丰富了中国梦的科学内涵。

（二）生态文明建设是实现"中国梦"的必要条件

习近平总书记在二〇二一年新年贺词中指出："我们秉持以人民为中心，永葆初心、牢记使命、乘风破浪、扬帆远航，一定能实现中华民族伟大复兴。"实现中华民族伟大复兴的中国梦，是全党全国人民的共同心愿和追求。习近平总书记在党的十九大报告中指出，实现中华民族伟大复兴，这是近代以来中华民族最伟大的梦想，也就是到 2021 年中国共产党成立 100 周年和 2049 年中华人民共和国成立 100 周年时，最终顺利实现中华民族的伟大复兴，实现中华腾飞梦想。习近平总书记曾经指出："现在，我们比历史上任何时期都更接近中华民族伟大复兴的目标，比历史上任何时期都更有信心、有能力实现这个目标。"这里的"现在"就是新时代。新时代是实现中华民族伟大复兴的历史时刻，而要实现这一目标就要加强政治、经济、文化、社会、生态文明五位一体建设。所以说，新时代生态文明建设正是事关中华民族的永续发展和"两个一百年"奋斗目标,以及中华民族伟大复兴中国梦实现的关键节点。

当前,加强新时代生态文明建设,实现碳达峰、碳中和是一场广泛而深刻的经济社会系统性变革,事关中华民族永续发展,与人民群众根本利益息息相关。生态文明建设不仅是实现"中国梦"的必要条件,而且是实现"中国梦"的重要内容。新时代要从战略高度加强生态文明建设,把建设生态文明作为一项重要的战略任务,贯彻新发展理念,坚持节约资源、保护环境的基本国策和可持续发展的国家战略,做到既要金山银山、更要绿水青山,珍惜和爱护自然资源,加大环境保护力度,以生态文明助推"中国梦"的实现。习近平总书记以一种崭新的生态文明建设理论与实践形态实现了中华文明的生态文化在新时代的升华,为中华民族伟大复兴中国梦的实现奠定了坚实的理论与实践基础。

(三)生态文明建设是实现"中国梦"的重要内容

生态文明建设关系人民利益,关乎中华民族永续发展的根本大计。习近平总书记关于实现中华民族伟大复兴中国梦的重要论述和战略思想,为推进生态文明建设提供了科学路径,是建设美丽中国、实现中华民族永续发展的根本指引。

习近平总书记指出:"为了实现中华民族伟大复兴,中国共产党团结带领中国人民,自信自强、守正创新,统揽伟大斗争、伟大工程、伟大事业、伟大梦想,创造了新时代中国特色社会主义的伟大成就。"[①]习近平总书记提出实现中华民族伟大复兴的中国梦,传承和弘扬了中华民族的生态智慧。国家富强、民族振兴、人民幸福,内在地包含生态优良、环境优美、人与自然和谐相处。改革开放以来,我国经济社会发展取得历史性成就,同时也积累了大量生态环境问题,成为新时代中国特色社会主义现代化建设的明显短板。人类发展历史证明,人类对大自然的伤害最终会伤及人类自身,以大量消耗资源、牺牲生态环境为代价的经济增长是不可持续的,将会影响人类社

---

① 习近平:《在庆祝中国共产党成立100周年大会上的讲话》,《人民日报》2021年7月2日。

会的生存与发展。

新时代加强生态文明建设，必须立足"两个大局"，心怀"国之大者"，自觉地将生态文明建设纳入实现中国梦的重要内容之中，不断提高把握新发展阶段、贯彻新发展理念、构建新发展格局的政治能力和战略眼光，坚持把实现中国梦作为全面推进生态文明建设的指引，加强党对生态文明建设的领导，健全生态文明领域统筹协调机制，加快生态保护和环境治理，协调推进新型工业化、信息化、城镇化、农业现代化和绿色化，注重同步推进物质文明建设和生态文明建设，从而实现更高质量、更有效率、更可持续的发展。

我国进入新发展阶段，以习近平同志为核心的党中央把碳达峰、碳中和纳入生态文明建设整体布局，强调要完整准确全面贯彻新发展理念，加快推动发展方式绿色转型，健全绿色低碳循环发展的生产体系、流通体系、消费体系、绿色技术创新体系和法律法规政策体系，促进经济社会发展全面绿色转型，拿出抓铁有痕的劲头，如期实现2030年前碳达峰、2060年前碳中和的目标。习近平总书记的重要论述，体现了中国各民族的共同愿景，为生态文明建设实现新进步指明了前进方向，对新时代推进我国生态文明建设、实现"两个一百年"奋斗目标和中华民族伟大复兴中国梦，具有十分重要的指导意义。

二、建设富强民主文明和谐美丽国家的创新性

新时代，是决胜全面建成小康社会、进而全面建设社会主义现代化强国的新时代。

（一）建设社会主义现代化强国必须搞好顶层设计和战略安排

习近平总书记在庆祝中国共产党成立100周年大会上的讲话指出："党的十八大以来，中国特色社会主义进入新时代，我们坚持和加强党的全面领导，统筹推进'五位一体'总体布局、协调推进'四个全面'战略布局，坚持和完善中国特色社会主义制度、推进国家治理体系和治理能力现代化……实现第一个百年奋斗目标，明确实现第二个百年奋斗目标的战略安排，党和国家事业取得历史性成就、发生历史性变革，为实现中华民族

伟大复兴提供了更为完善的制度保证、更为坚实的物质基础、更为主动的精神力量。"

党的十九大报告围绕新时代实现中华民族伟大复兴新的历史使命，对新时代推进我国社会主义现代化建设作出顶层设计和宏观规划，提出分两步走在本世纪中叶建成社会主义现代化强国的战略安排，展现了把我国建成富强民主文明和谐美丽的社会主义现代化强国的光明前景。第一个阶段，从2020年到2035年，在全面建成小康社会的基础上，再奋斗15年，基本实现社会主义现代化；第二个阶段，从2035年到本世纪中叶，在基本实现现代化的基础上，再奋斗15年，把我国建成富强民主文明和谐美丽的社会主义现代化强国。建设社会主义现代化建设强国，是中华民族的最高利益和根本利益，也是人类历史上前所未有的伟大变革。这一战略安排，体现了我国社会主义历史发展的传承性和延续性，反映了社会主义实践发展的新特征和新要求，充分凸显了以习近平同志为核心的党中央进行战略谋划的全局性和前瞻性。这一战略安排，与中华民族从站起来、富起来到强起来的历史逻辑一脉相承，吹响了新时代全面建设社会主义现代化强国的进军号，彰显了社会主义的强大生命力，描绘了一幅中华民族伟大复兴的宏伟蓝图。

推进和实现这一战略安排，要围绕建设社会主义现代化强国目标，深入贯彻新发展理念，坚定不移、坚忍不拔，锲而不舍、全力以赴，开拓进取、不懈努力，奋力开启全面建设社会主义现代化国家的新征程。

（二）建设人与自然和谐共生现代化必须加强生态文明建设

习近平总书记指出："我们坚持和发展中国特色社会主义，推动物质文明、政治文明、精神文明、社会文明、生态文明协调发展，创造了中国式现代化新道路，创造了人类文明新形态。"[①]生态环境根本好转是建设中国特色社会主义现代化强国的重要前提与特征，标志着我们党对社会发展规律的认知达到一个新的境界，承载着新时代中国共产党人对新时代祖国发展的美好愿景，奏响了新的时代乐章。

---

① 习近平：《在庆祝中国共产党成立100周年大会上的讲话》，《人民日报》2021年7月2日。

"我国建设社会主义现代化具有许多重要特征，其中之一就是我国现代化是人与自然和谐共生的现代化，注重同步推进物质文明建设和生态文明建设。"[①]建设美丽中国是建设中国特色社会主义现代化强国的重要内容和标志，包含着生态文明建设的目标和指向，也反映了全面建成小康社会的重要特征。新时代的一个重要特征是由工业文明时代进入生态文明时代。目前，虽然我国在全面建成小康社会和美丽中国建设中已经注意到可持续发展问题，但生态保护、环境治理和生态文明建设是伴随社会建设发展长期存在的问题。建设中国特色社会主义现代化强国，必须坚持节约资源和保护环境的基本国策，采取有效措施，把环境污染治理好、把生态环境建设好，为人民群众创造良好的生产生活环境。要"正确处理好经济发展同生态环境保护的关系，牢固树立保护生态环境就是保护生产力、改善生态环境就是发展生产力的理念，更加自觉地推动绿色发展、循环发展、低碳发展。"[②]习近平总书记关于建设富强民主文明和谐美丽的社会主义现代化强国的重要论述，充分体现了生态文明和美丽中国建设对中国特色社会主义事业总体布局的重要地位和拓展创新，生动地凸显了生态文明建设在实现中华民族伟大复兴进程中的发展动力和作用意义。

（三）建设中国特色社会主义必须走绿色低碳循环发展之路

随着我国经济社会健康快速发展，我们党对中国特色社会主义事业总体布局的认识不断深化、逐步加深和日益提高，从当年提出的"两个文明"再到今天的"五位一体"，不仅体现了发展理念和发展方式的深刻转变，而且是重大的理论和实践创新。

习近平总书记指出：要"站在人与自然和谐共生的高度来谋划经济社会发展，坚持节约资源和保护环境的基本国策，坚持节约优先、保护优先、自然恢复为主的方针，形成节约资源和保护环境的空间格局、产业结构、生产方式、生活方式，统筹污染治理、生态保护、应对气候变化，促进生态环境

---

① 《习近平在中共中央政治局第二十九次集体学习时强调　保持生态文明建设战略定力　努力建设人与自然和谐共生的现代化》，《人民日报》2021 年 5 月 2 日。
② 《习近平关于社会主义生态文明建设论述摘编》，中央文献出版社 2017 年版，第 20 页。

持续改善，努力建设人与自然和谐共生的现代化。"①习近平总书记根据新时代我国建设发展实际，要求在现代化的第一阶段基本实现生态环境根本好转和建设美丽中国目标，坚持走绿色低碳循环的高质量发展之路，既要关注我国当前的经济发展，又要考虑社会主义现代化的可持续发展。强调"要在坚持以经济建设为中心的同时，全面推进经济建设、政治建设、文化建设、社会建设、生态文明建设，促进现代化建设各个环节、各个方面协调发展。"②牢固树立和增强贯彻落实创新、协调、绿色、开放、共享的发展意识，克服"唯增长速度"现象，把生态建设嵌入经济社会发展大格局，将生态优势转化为发展优势，促进生态环境保护与高质量发展协同发展，全力打造优美的生态环境，建设天蓝、地绿、水净、山青的美丽中国，还老百姓蓝天白云、繁星闪烁、清水绿岸、鱼翔浅底的美好景象，实现国家富强、民族振兴、经济发展、人民幸福、生态良好，谱写中国特色社会主义现代化国家新篇章。

三、满足人民对优美生态环境需要的民生性

新时代，是全国各族人民团结奋斗、不断创造美好生活的新时代。

（一）人民对美好生活的向往是共产党人奋斗目标

中国共产党的根本宗旨是全心全意为人民服务，习近平总书记反复强调："江山就是人民、人民就是江山，打江山、守江山，守的是人民的心。中国共产党根基在人民、血脉在人民、力量在人民。中国共产党始终代表最广大人民根本利益，团结带领中国人民不断为美好生活而奋斗。"③习近平总书记坚持以人民为中心的发展理念，强调推进社会主义发展，必须加强生态文明建设，不断满足人民对优美生态环境的需要，深刻体现了以人民为中心的发展思想和执政理念。随着我国经济社会发展和人民生活水平不断提高，

---

① 《习近平在中共中央政治局第二十九次集体学习时强调　保持生态文明建设战略定力努力建设人与自然和谐共生的现代化》，《人民日报》2021年5月2日。
② 《习近平关于社会主义生态文明建设论述摘编》，中央文献出版社2017年版，第10页。
③ 习近平：《在庆祝中国共产党成立100周年大会上的讲话》，《人民日报》2021年7月2日。

人民群众对干净的水、清新的空气、优美的环境要求越来越强烈，生态环境在群众生活幸福指数中的地位不断凸显，环境问题日益成为重要的民生问题，以及成为衡量人民生活水平和质量的一个重要标志。人民有所呼，我们就要有所应。面对人民群众对良好生态环境的新期待，以习近平同志为核心的党中央坚持把生态环境保护放在更加突出位置，把高质量发展与生态环境保护有机地结合起来，切实把保护生态、治理环境污染、加强生态文明建设抓紧抓好抓实，促进生态文明建设在重点突破中整体推进。

习近平总书记始终坚持以人民为中心的发展思想，从人与社会发展的层面上，阐明新时代中国社会的主要矛盾，以及通过解决这个主要矛盾促进人的全面发展、全体人民共同富裕的社会理想。指出"我们一切政策和工作的出发点就是让中国人民过上幸福生活。"① 要坚持执政为民的理念，着力解决人民最关心最直接最现实的问题，这也是中国共产党的初心所在。中国共产党从人民中走来，依靠人民发展壮大，对人民有着深厚的情怀。坚持人民主体地位，全心全意为人民服务，是中国共产党从成立之时就坚持的初心，一直被视为是党的使命担当。充分折射出习近平总书记作为马克思主义政治家的战略眼光，生动诠释了我们党发展为了人民、发展依靠人民、发展成果由人民共享的执政理念，充分彰显了习近平总书记人民至上的根本立场、浓厚情谊和博大情怀，体现了他在生态文明建设领域坚持群众观念和对人民的深厚感情。

（二）生态环境在人民生活幸福指数中地位不断凸显

习近平总书记致力于建设美丽中国，将绿水青山作为人民幸福生活的重要内容，强调良好生态环境是最公平的公共产品，是最普惠的民生福祉。在党的十九大报告明确提出："我们要建设的现代化是人与自然和谐共生的现代化，既要创造更多物质财富和精神财富以满足人民日益增长的美好生活需要，也要提供更多优质生态产品以满足人民日益增长的优美生态环境需要。"

---

① 《习近平会见欧洲理事会主席米歇尔和欧盟委员会主席冯德莱恩》，《人民日报》2020年6月23日。

这个判断从根本上体现了中国共产党以人民为中心的发展理念，充分印证了以人民为中心的发展理念与新时代中国特色社会主义生态文明价值观核心理念的内在契合性与高度一致性，这从根本上回答了"为了谁"的问题，是我们党立党为公、执政为民的生动体现。

新时代加强生态文明建设，要积极回应人民群众所想、所盼、所急，提供更多优质生态产品，不断满足人民日益增长的优美生态环境需要。人民群众是否感受到了生态环境质量改善，是从自己身边的环境问题有没有解决开始的。从老百姓满意不满意、答应不答应出发，生态环境显得十分重要；从改善民生的着力点看，生态文明也关系到人民群众的生活环境质量和健康与安全。随着中国特色社会主义现代化进程的加快，人民群众对环境问题高度关注，生态环境在群众生活幸福指数中的地位必然会不断凸显。2016 年 8 月 19 日，习近平总书记在全国卫生与健康大会上指出，绿水青山不仅是金山银山，也是人民群众健康的重要保障。2018 年 5 月 18 日，他在全国生态环境保护大会上讲话强调，当前，重污染天气、黑臭水体、垃圾围城、农村环境已成为民心之痛、民生之患，严重影响人民群众生产生活，老百姓意见大、怨言多，甚至成为诱发社会不稳定的重要因素，必须下大气力解决好这些问题。2019 年 3 月 5 日，习近平总书记在参加十三届全国人大二次会议内蒙古代表团审议时指出，解决好人民群众反映强烈的突出环境问题，既是改善民生的迫切需要，也是加强生态文明建设的当务之急。习近平总书记关于生态文明关系人民福祉、关乎民族未来的重要论述，充分体现了中国共产党人对社会主义建设规律在实践和认识上不断深化的重要成果，也是我党为人民服务的根本宗旨在新时代的具体体现。

（三）加强生态环境治理满足人民群众对优美环境需要

习近平总书记坚持马克思主义人民观，认为人民群众是社会历史的创造者，是社会实践的主体，是推动社会历史发展的决定性力量。

我国进入新发展阶段，我们党将在更高水平上增进民生福祉，不断实现人民对美好生活的向往。建设美丽中国，实现中华民族永续发展是社会主义的本质要求，也是人民群众的共同期盼。习近平总书记强调，生态环境保护是功在当代、利在千秋的事业。2021 年 5 月，他在主持中共十九届中央政治局第二十九次集体学习时强调，"十四五"时期，我国生态文明建设进入了以降碳为重点战略方向、推动减污降碳协同增效、促进经济社会发展全面绿色转型、实现生态环境质量改善由量变到质变的关键时期，并提出一系列具体要求和重大举措，充分体现了以人民为中心的发展思想。新时代既要国家富强，也要人民幸福，在解决人民群众"从无到有"的需求之后，注重解决"从有到优"的需求，满足人民的多样性期盼，不断为人民的生存和发展创造更好的条件，朝着创造美好生活、共同富裕的目标前进。

目前，广大人民群众热切期盼加快提高生态环境质量，我国也到了有条件有能力解决生态环境突出问题的窗口期。新时代要立足中国特色社会主义建设发展的新需要和人民的新期待，坚持人民至上、紧紧依靠人民、不断造福人民、牢牢植根人民，自觉贯彻生态惠民、生态利民、生态为民新理念，积极回应人民群众所想、所盼、所急，大力推进生态文明建设，重点解决损害群众健康和环境污染等群众反映强烈的突出生态环境问题。努力为人民提供更多优质生态产品，让城乡环境更宜居、人民生活更美好，为人民创造更多物质财富和精神财富，让人民群众共享蓝天白云、繁星闪烁，清水绿岸、鱼翔浅底，鸟语花香、田园风光，大力提升人民群众的获得感、安全感和幸福感。习近平总书记关于生态为民、环境为民的新论述新观点，深刻表明了中国共产党人对人民群众对优美生态环境需要的高度重视，也是对党的执政规律认识的提升。

四、携手共建人类地球美好家园的全球性

新时代，是我国日益走进世界舞台中央、不断为人类作出更大贡献的新时代。

（一）建设绿色家园是全世界人民的共同心愿

人类只有一个地球，各国共处一个世界，是"人类命运共同体"，建设绿色家园是全世界人民的共同心愿与梦想。"地球是全人类赖以生存的

唯一家园。我们要像保护自己的眼睛一样保护生态环境,像对待生命一样对待生态环境,同筑生态之基,同走绿色发展之路。"① 习近平总书记立足中国立场、世界眼光、人类情怀,指出国际社会应该团结一心、携手同行,世界各国要深入开展生态文明领域的交流合作,推动成果分享,共谋全球生态建设之路。

当今世界,全球工业化在不断创造物质财富的同时,也对生态环境造成严重的创伤,而且世界上没有一个国家能够幸免。实践表明,人类的无序开发、粗暴掠夺,一定会遭到大自然的无情报复。世界各国只有加强合作,共同努力,才能应对生态环境破坏和气候变化的挑战,保护好地球家园,建设人类命运共同体。改善全球环境,不是一个国家的事情,世界各国必须同舟共济,积极参与,积极应对气候变化、能源资源安全、重大自然灾害等全球性问题。习近平总书记关于"建设世界绿色家园"的重要论述,彰显了权责共担的命运共同体意识,明确了推动全球生态环境治理变革的基本目标,展示了推动各国走向绿色循环低碳发展之路、实现经济发展及应对气候变化双赢的全球视野与大国担当,为解决全球生态文明建设发展模式提供了可行路径。

(二)人类是你中有我和我中有你的命运共同体

大时代需要大格局,大格局需要大智慧。习近平总书记指出,在全球生态保护和环境治理上,要树立绿色发展理念,加强团结,积极行动,全面合作,积极保护自然环境,共同治理环境污染,加快建设清洁美丽世界。

在国际交往合作和全球环境治理中,中国是全球气候治理的积极参与者,并积极承担应尽的国际义务。生态文明建设的中国实践,不仅将以美丽中国的生动画卷为中华民族永续发展完成奠基,更以生态文明建设的中国探索,为人类现代化进程提供新方案和新经验。积极应对气候变化、保护生态环境、加快环境治理是一个长期而艰巨的任务,也是全球面临的共同挑战和

---

① 《习近平出席二○一九年中国北京世界园艺博览会开幕式并发表重要讲话》,《人民日报》2019 年 4 月 29 日。

共同责任，需要世界各国高度重视，积极行动，共同努力。习近平总书记强调，"建设美丽家园是人类的共同梦想。面对生态环境挑战，人类是一荣俱荣、一损俱损的命运共同体，没有哪个国家能独善其身。"①建设绿色家园是世界的共同梦想，各国命运紧密相连，人类是同舟共济的命运共同体。只有坚持共商共建共享，才能建设一个清洁美丽世界。

构建地球家园，加快全球生态环境治理，中国既有责任、也有能力为人类繁荣与进步作出新的更大贡献。习近平总书记指出："在气候变化挑战面前，人类命运与共，单边主义没有出路。我们只有坚持多边主义，讲团结、促合作，才能互利共赢，福泽各国人民。"②我国将在更高层次和更高标准上加强生态文明建设，加大生态环境保护力度，全面推进节能减排和低碳发展，努力建设美丽中国，不断加强国际交流合作，为呵护人类共有的地球家园和解决人类社会持续发展作出新的贡献。

（三）加强全球环境治理必须加强国际交流与合作

当今，全球变暖、生态危机、环境治理等问题尚未根本扭转，一些新的环境问题也不断出现。输入性环境问题、物种入侵、危险废弃物转移，特别是 2020 年初全球暴发的新冠肺炎疫情对世界各国人民造成极大的伤害，世界面临诸多严重生态安全挑战。

习近平总书记指出："人类正处在大发展大变革大调整时期，也正处在一个挑战层出不穷、风险日益增多的时代。世界怎么了、我们怎么办？这是整个世界都在思考的问题，也是我一直在思考的问题。让和平的薪火代代相传，让发展的动力源源不断，让文明的光芒熠熠生辉，是各国人民的期待，也是我们这一代政治家应有的担当。中国方案是：构建人类命运共同体，实现共赢共享。"③随着我国日益走向世界舞台的中央，已越来越多

① 《习近平出席二〇一九年中国北京世界园艺博览会开幕式并发表重要讲话》，《人民日报》2019 年 4 月 29 日。

② 习近平：《继往开来，开启全球应对气候变化新征程——在气候雄心峰会上的讲话》，《人民日报》2020 年 12 月 13 日。

③ 习近平：《共同构建人类命运共同体》，《求是》2021 年第 1 期。

地主动承担生态治理的国际责任，奉行互利共赢的开放战略，积极参与全球环境治理，加强气候变化国际合作。以积极的态度和有力的行动，大力推动全球环境治理，利用应对气候变化、生物多样性保护等环境议题对冲"逆全球化"的负面影响，为世界可持续发展和维护全球生态安全提供中国智慧和中国方案。

从当前世界潮流来看，绿色低碳发展是大势所趋，尤其是后疫情时代，美欧等发达经济体积极推动经济绿色复苏计划。我们应当抓住这一领域合作大于竞争的机遇，进一步巩固我国全球生态文明建设引领者、参与者、贡献者的地位。习近平总书记强调，加强环境治理、承担减排任务和应对气候变化挑战，任何一国都无法置身事外，指明了建设绿色家园的全球性和必要性。世界各国要加强相互交流和合作，共同承担治理责任，改变粗放型发展模式，坚持走绿色循环低碳的发展之路，树立人与自然共生共存的理念，实现可持续发展模式，为当代和后代人维护良好的生活、生产、生存空间，共同营造和谐宜居的人类家园，让自然生态休养生息，让世界各国人民共享环境治理带来的蓝天白云和绿水青山。

目前，中国生态文明建设正经历着历史上最为广泛而深刻的社会变革和最为宏大而独特的实践创新。习近平总书记坚持和发扬马克思主义生态理论，提出一系列强化生态文明建设的方针政策，是新时代精神的精华，是对当今世界生态环境治理的伟大贡献，为新时代生态文明建设指明了前进方向和实践路径。

习近平总书记关于走向社会主义生态文明新时代的论述

序号	时间	论述	出处	备注
1	2012 年 11 月 8 日	我们一定要更加自觉地珍爱自然，更加积极地保护生态，努力走向社会主义生态文明新时代	党的十八大报告	这是我们党首次提出"生态文明新时代"概念

序号	时 间	论述	出处	备注
2	2013 年 5 月 24 日	要清醒认识保护生态环境、治理环境污染的紧迫性和艰巨性，清醒认识加强生态文明建设的重要性和必要性，以对人民群众、对子孙后代高度负责的态度和责任，真正下决心把环境污染治理好、把生态环境建设好，努力走向社会主义生态文明新时代，为人民创造良好生产生活环境	习近平在主持中共十八届中央政治局第六次集体学习时的讲话	
3	2013 年 7 月 18 日	走向生态文明新时代，建设美丽中国，是实现中华民族伟大复兴的中国梦的重要内容	习近平总书记在致生态文明贵阳国际论坛年会的贺信	
4	2016 年 1 月 18 日	让中华大地天更蓝、山更绿、水更清、环境更优美，走向生态文明新时代	在省部级主要领导干部学习贯彻党的十八届五中全会精神专题研讨班上的讲话	
5	2016 年 9 月 3 日	落实创新、协调、绿色、开放、共享的发展理念，坚持尊重自然、顺应自然、保护自然，坚持节约资源和保护环境的基本国策，全面推进节能减排和低碳发展，迈向生态文明新时代	习近平出席在浙江杭州举行的二十国集团工商峰会开幕式并发表主旨演讲	
6	2016 年 11 月 28 日	要切实贯彻新发展理论，树立"绿水青山就是金山银山"的强烈意识，努力走向社会主义生态文明新时代	关于做好生态文明建设工作的批示	

续表

序号	时 间	论述	出处	备注
7	2018 年 5 月 18 日	新时代推进生态文明建设，必须坚持好坚持人与自然和谐共生、绿水青山就是金山银山、良好生态环境是最普惠的民生福祉、山水林田湖草是生命共同体、用最严格制度最严密法治保护生态环境和共谋全球生态文明建设六项原则，推动我国生态文明建设迈上新台阶	在全国生态环境保护大会上的讲话	
8	2019 年 3 月 5 日	党的十八大以来，我们党关于生态文明建设的思想不断丰富和完善，各地区各部门要认真贯彻落实，努力推动我国生态文明建设迈上新台阶	习近平在参加内蒙古代表团审议时的讲话	

第二节　新时代生态文明思想的原创性贡献

新时代催生新思想，新思想引领新时代。习近平总书记指出："新中国成立以来特别是改革开放以来，中国发生了深刻变革，置身这一历史巨变之中的中国人更有资格、更有能力揭示这其中所蕴含的历史经验和发展规律，为发展马克思主义作出中国的原创性贡献。"[1]党的十八大以来，习近平总书记在领导我国推进生态文明建设伟大实践中，提出许多具有原创性、时代性、指导性的重大思想观点，是新时代中国共产党的思想旗帜，是发展创新马克思主义的典范，极大地丰富了马克思主义生态理论，充分体现了中国共产党人的历史使命、执政理念和责任担当，为丰富和发展马克思主义及推动

---

[1] 《习近平谈治国理政》第二卷，外文出版社 2017 年版，第 66 页。

新时代生态文明建设迈上新台阶作出了原创性的理论贡献。

一、丰富马克思主义生态思想新内涵

自马克思恩格斯的生态文明观传入中国以来，以理论的创新性、指导的科学性、实践的有效性，展现出其改变世界的理论品质和强大的生命力，为解决人与自然之间的矛盾、加强世界环境治理、实现人的自由全面发展提供了理论基础和精神支撑。习近平总书记以马克思主义生态文明经典作家历史和时代的眼光，创造性地提出和解决我国生态文明建设的重大理论与实践问题，继承和发展了马克思主义关于人与自然关系思想的精华和理论品格，创造性地丰富和拓展了马克思主义自然观，开辟了马克思主义人与自然关系的新境界，体现了对马克思主义生态文明思想的自觉运用和积极实践，是对马克思主义生态观的创新发展和马克思主义中国化的重大成果。

（一）继承马克思和恩格斯的理论财产

马克思主义摆脱了旧哲学对人与自然关系的抽象理解，认为人与自然和谐共生，人与自然是生命共同体，使人与自然的关系成为人和社会发展的主要矛盾，人类自身和生产活动都离不开自然，必须在尊重自然界客观规律的基础上利用和改造自然，不应该是自然的掠夺者，而应该承继天地生生之德，这是自然界的客观规律，不以人的意志为转移。

马克思说，"不以伟大的自然规律为依据的人类计划，只会带来灾难。"[1]恩格斯认为，"我们每走一步都要记住：我们决不能像征服者统治异族人那样支配自然界，决不能像站在自然界之外的人似的去支配自然界——相反，我们连同我们的肉、血和头脑都是属于自然界和存在于自然界之中的。"[2]在这里，马克思和恩格斯强调自然、环境对人具有客观性和先在性，人们对客观世界的改造以及对自然资源的利用，必须建立在尊重自然、顺应自然、爱护自然的基础上，遵守自然规律、按照自然规律办事，才能实现人与自然和

---

[1] 《马克思恩格斯全集》第 31 卷，人民出版社 1972 年版，第 251 页。
[2] 《马克思恩格斯选集》第 3 卷，人民出版社 2012 年版，第 998 页。

谐相处。他们在研究人类社会发展规律、探索人与自然和谐相处、思考人类的前途和命运的过程中，形成了科学系统的生态文明思想，对于当今人们正确处理人、自然与社会的关系，加快生态环境治理，理性认识并解决当代环境问题提供了强大的思想武器。

（二）发展马克思主义生态理论

习近平总书记认为，人与自然具有内在统一性。生态环境是人类生存最为基础的条件，是我国持续发展最为重要的基础。顺应自然，就要按照自然规律办事，人类的各种活动必须尊重自然，特别是在经济建设时，要在自然资源可支撑的条件下走可持续道路，维护人类文明发展的基础和条件，爱护自然环境、维护自然价值、保障自然权利，坚持走开发利用自然和保护生态环境之路。

"纵观人类文明的发展历史，生态兴则文明兴，生态衰则文明衰。工业化进程创造了前所未有的物质财富，也产生了难以弥补的生态创伤。杀鸡取卵、竭泽而渔的发展方式走到了尽头，顺应自然、保护生态的绿色发展昭示着未来。"[①]自然生态规律对人类实践行为具有制约性，人类必须爱护自然，不要试图征服老天爷，违背了自然规律就必然会受到自然规律的惩罚。习近平总书记 2018 年 5 月在纪念马克思诞辰 200 周年大会上指出：学习马克思，就要学习和实践马克思主义关于人与自然关系的思想。马克思主义认为，人靠自然界生活。自然界给人类提供了生活资料来源，如肥沃的土地、渔产丰富的江河湖海和多种多样的生物。但是，"如果说人靠科学和创造性天才征服了自然力，那么自然力也对人进行报复。"[②]习近平总书记继承和发展马克思主义生态思想，认为随着人类社会不断发展，自然生态对社会发展的影响不仅逐渐减弱，而且随着技术进步而不断加深，人类社会发展所依赖的自然环境遭到破坏，会对自然造成严重的影响。改变这一现象，既要不断强化自然生态系统的功能，又要保护生态环境，才能实现人与自然和谐相

---

① 《习近平出席二〇一九年中国北京世界园艺博览会开幕式并发表重要讲话》，《人民日报》2019 年 4 月 29 日。

② 《马克思恩格斯文集》第 3 卷，人民出版社 2009 年版，第 336 页。

处，推进人类社会可持续发展。强调保护自然，就要坚持绿色发展理念，使环境和经济社会同步发展，继承和发展马克思主义关于人与自然关系的思想精华和理论品格，创造性地丰富和拓展了马克思主义自然观，开创了马克思主义生态文明观新的理论境界，是当代马克思主义中国化的重大理论成果。

（三）开创马克思主义中国化新境界

人来自于自然界，因自然而生，受着各种自然规律的制约，人的生存和发展一刻也离不开生态环境。人类在工业化发展进程中，曾一度为了提高生产力，增加经济效益，不顾自然规律，对自然资源进行了疯狂的污染和破坏，但是也遭到了自然界毫不留情的报复。生态文明建设的实践充分表明，"你善待环境，环境是友好的；你污染环境，环境总有一天会翻脸，会毫不留情地报复你。这是自然界的客观规律，不以人的意志为转移。"①习近平总书记对人与自然关系的科学认识，标志着我们对人类社会规律认识的深化，是新时代处理人与自然、发展与保护、生态与社会关系的科学遵循。

人类只有科学认识自然，自觉地运用自然规律，才能促进自然、社会与人的真正统一，实现人、自然与社会的和谐相处。保护生态环境必须遵循生态系统的内在规律，采取有效措施加强生态系统保护，注重综合治理。要坚持人与自然和谐共生，推动生态文明建设，促进人与自然和谐共生，努力实现经济社会可持续发展和人的全面发展。习近平总书记根据新时代生态文明建设情况，继承马克思主义生态思想，但其目的不仅是为了丰富和发展马克思主义，更重要的是运用马克思主义生态理论指导和解决我国的生态环境问题。一方面吸收了我国几代领导人不同历史时期对生态文明建设的探索、创新和实践经验；另一方面，结合新时代我国生态文明建设具体情况，提出了一系列保护生态和环境治理的方针战略，进一步发展了马克思主义中国化的生态文明建设理论成果，开辟了当代中国马克思主义新境界。

习近平总书记在新时代坚持和发展马克思主义，坚持人与自然和谐共生，推进生态文明建设迈向新征程、迈上新台阶，继承和发展马克思主义人

---

① 习近平：《之江新语》，浙江人民出版社 2007 年版，第 141 页。

与自然、人与社会、人与人和谐思想，是中国共产党人创造性地回答人与自然关系问题所取得的最新理论成果，彰显了我党对生态环境保护经验教训的科学总结、对人类发展意义的深邃思考，开创了马克思主义中国化时代化大众化的新境界。

二、谱写中国特色社会主义理论新篇章

习近平总书记围绕新时代坚持和发展中国特色社会主义这个主题，科学筹划、全面部署、重点突破，带领党和人民开拓进取、持续奋斗，不断加大生态文明建设力度，在实践上勇于创新，在理论上不断发展，是新时代加强生态环境保护与发展的重要指导思想和行动指南，表明了我们党对生态文明建设认识的提升和规律的把握，谱写了新时代中国特色社会主义事业建设发展的新篇章。

（一）内涵丰富的科学理论体系

习近平总书记历来高度重视生态文明建设，科学分析中国特色社会主义发展规律，准确把握我国经济社会发展新常态，把生态文明建设作为"五位一体"总体布局，发表了一系列关于生态文明建设的重要论述，作出了大量专门的重要指示批示，提出了许多充满哲学辩证思考的科学论断，构建起了系统完备、逻辑严密、内在统一的科学理论体系。

2018 年 5 月 18 日，习近平总书记在全国生态环境保护大会上将生态文明建设集中体现为"八个坚持"：坚持生态兴则文明兴；坚持人与自然和谐共生；坚持绿水青山就是金山银山；坚持良好生态环境是最普惠的民生福祉；坚持山水林田湖草是生命共同体；坚持用最严格制度最严密法治保护生态环境；坚持建设美丽中国全民行动；坚持共谋全球生态文明建设。2019 年 3 月 5 日，习近平总书记参加内蒙古代表团审议时指出："党的十八大以来，我们党关于生态文明建设的思想不断丰富和完善。在'五位一体'总体布局中生态文明建设是其中一位，在新时代坚持和发展中国特色社会主义基本方略中坚持人与自然和谐共生是其中一条基本方略，在新发展理念中绿色是其中一大理念，在三大攻坚战中污染防治是其中一大攻坚战。这'四个一'体现了

我们党对生态文明建设规律的把握，体现了生态文明建设在新时代党和国家事业发展中的地位，体现了党对建设生态文明的部署和要求。各地区各部门要认真贯彻落实，努力推动我国生态文明建设迈上新台阶。"①这"四个一"构成一个具有内在逻辑结构的有机整体，将生态文明建设与中国特色社会主义事业的总体布局、基本方略、新发展理念和近期必须完成的环境治理"三大攻坚战"紧密地结合起来，充分体现了我们党对生态文明建设规律的把握，体现了生态文明建设在新时代党和国家事业发展中的地位，体现了党对建设生态文明的部署和要求。

习近平总书记全面阐述了新时代社会主义生态文明观的科学内涵和发展方略，科学回答了生态文明建设的一系列重大理论和现实问题。"八个坚持"的深刻内涵和"四个一"的战略定位，构成了习近平生态文明思想的主要内核。生动地体现了理论体系的科学性指导性原创性，反映了习近平总书记对新时代我国生态文明建设规律的科学把握，凸显了生态文明建设在新时代党和国家事业发展中的重要地位，明确了坚持和发展中国特色社会主义的基本方略，形成了科学完整的生态文明建设理论体系，为实现人与自然和谐共生的现代化提供了方向指引和根本遵循，为全球生态环境治理提供了中国经验中国智慧中国方案。

（二）指导新时代生态文明建设行动指南

习近平总书记坚持马克思主义生态观，植根于中国特色社会主义建设的伟大实践，聚焦时代课题、擘画时代蓝图、演奏时代乐章，坚持马克思主义生态理论与中国生态环境实际相结合，提出一系列生态文明建设的新观点新理论新思想，是指导新时代我国生态文明建设的理论指南和行动纲领，丰富和书写了马克思主义中国化的新篇章。

习近平总书记根据中国特色社会主义现代化建设的新特点，立足人民群众生态环境需要的新期待，着眼新时代解决生态保护和环境治理的新需求，

① 《习近平在参加内蒙古代表团审议时强调　保持加强生态文明的战略定力　守护好祖国北疆这道亮丽风景线》，《人民日报》2019 年 3 月 6 日。

提出推进我国生态文明建设的新举措。科学把握人类发展客观规律，深刻揭示"生态兴则文明兴"的历史规律，正确处理人类文明与环境保护之间的关系，丰富和发展了马克思主义生态观。坚持把生态环境保护和经济高质量发展的新理念新思想新战略纳入党和国家事业发展的总体布局，融入习近平新时代中国特色社会主义思想体系之中。科学分析和准确把握我国经济建设发展的新特点新规律新要求，坚持既要"绿水青山"又要"金山银山"的观念，把"绿水青山就是金山银山"的发展观凝结为新时代我国建设发展的新理念。坚持生态惠民、生态利民、生态为民执政理念，把生态环境严格保护和良性发展的思想行动注入以人为本、人民至上的执政理念，努力为人民提供优美的生活环境，表明了坚持生态文明建设走生态优先、绿色发展之路的决心和意志。加快制度创新，构建明生态环境保护责任制度，强化制度的贯彻落实，使我国的生态文明建设走上制度化、法治化轨道。积极应对全球生态危机、气候变化和环境污染的挑战，倡导全球团结合作，将中国生态文明建设纳入人类命运共同体建设的大视野加以积极推动，为全球治理贡献中国智慧和中国方案，推进清洁美丽世界的建设，等等，是新时代我国生态文明建设理论指南和根本遵循。

新时代加强我国生态文明建设，要坚持用习近平生态文明思想武装头脑、指导实践、推动工作，认真贯彻落实习近平总书记提出的一系列方针政策，以有效措施和可行方法，扎实推进新时代人与自然和谐发展现代化。

（三）中国特色社会主义思想组成部分

党的十九大概括和提出习近平新时代中国特色社会主义思想，确立为党必须长期坚持的指导思想并写进党章，实现了党的指导思想的创新发展。2018 年 3 月 11 日，十三届全国人大一次会议通过宪法修正案，将习近平新时代中国特色社会主义思想载入宪法，实现了从党的指导思想向国家指导思想的转化，体现了国家指导思想的与时俱进。习近平新时代中国特色社会主义思想，是当代马克思主义中国化的最新成果，是党和人民实践经验和集体智慧的结晶，是新时代中国特色社会主义现代化建设和国家政治生活的根本指针。

习近平生态文明思想，以坚持马克思主义生态理论为指导，结合中国特色社会主义建设实际，系统地论述了生态文明建设的重要地位、指导思想、方针原则、总体布局、战略目标、价值取向、制度保障、全面保护、系统治理等，深刻回答了什么是生态文明、为什么要建设生态文明、怎样建设生态文明等重大理论和实践问题，是在中国特色社会主义建设过程中形成的关于生态文明建设的论述和思想，以及关于人的发展、社会发展和时代发展的理论结晶，是中国特色社会主义生态文明建设新阶段的重要理论成果，是中国特色社会主义理论体系的重要组成部分，发展了中国特色社会主义生态文明观。

习近平总书记关于新时代生态文明建设的科学论断和具体实践，丰富和发展了习近平新时代中国特色社会主义思想内涵，是其思想的有机组成部分，进一步拓展了对人类文明发展规律、自然规律、经济社会发展规律的认识，创新和发展了中国特色社会主义理论，是以习近平同志为核心的党中央对中国特色社会主义理论作出的历史性贡献。

三、开辟新时代生态文明建设新境界

习近平生态文明思想，在汲取中国优秀传统文化和继承我国几代领导人生态思想的基础上不断创新发展，在借鉴其他国家环境治理经验和结合我国国情而形成的一系列创新性理论，把我们党对生态文明的认识和把握提升到了一个新的理论高度，是新时代我国生态文明建设的根本遵循，为新时代生态文明建设提供了理论指导，指明了前进方向。

（一）建设美丽中国的理论指导

生态文明是人类社会进步的重大成果，是反映人与自然和谐的新型文明形态。习近平总书记坚持把生态文明建设摆在现代化建设全局的突出位置，贯彻新发展理念，不断深化生态文明体制改革，围绕生态文明建设创造性提出一系列新思想新观点新论断，形成了系统完整的关于加强生态文明建设的重要战略思想，为建设美丽中国、实现中华民族永续发展提供了理论遵循和科学指导。

党的十八大第一次将"美丽"二字写入社会主义现代化强国的目标，成为新时代建设美丽中国的根本指导思想。习近平总书记在致生态文明贵阳国际论坛 2013 年年会的贺信中指出："走向生态文明新时代，建设美丽中国，是实现中华民族伟大复兴的中国梦的重要内容。"2015 年 4 月 3 日，习近平总书记在参加首都义务植树造林活动时说："要坚持全国动员、全民动手植树造林，努力把建设美丽中国化为人民的自觉行动。"之后，在不同场合又多次提出加强美丽中国建设。这一全新理论的提出，承载着新时代中国共产党人对未来发展的美好愿景，标志着中国共产党对执政规律的科学把握和对执政能力建设更加重视，寄托着亿万华夏儿女对未来发展美好愿望的期盼。

在建设美丽中国伟大征程中，必须以习近平生态文明思想为指导，牢固树立生态价值观念，大力推进绿色发展理念，全面加强党对生态领导，坚决扛起保护生态环境政治责任，着力解决环境污染问题，加大生态环境保护和修复力度，让绿水青山的自然财富转化为更多经济财富，用生态之美引领发展之变。不断加大生态环境监管体制改革力度，确保我国到 2035 年美丽中国目标的实现，到 21 世纪中叶建成美丽中国，让人民群众在绿水青山中共享自然之美、生命之美、生活之美。

（二）解决生态环境问题的科学指南

新时代生态文明思想是在不断总结我国生态环境现实中的得失，面对生态保护和环境治理中的新问题、新情况作出的新的概括和总结，为新时代解决生态环境提供了科学理论指导。

近年来，我国生态文明建设取得可喜的成绩。但是，也积累了大量生态环境问题，成为影响我国经济社会可持续发展的明显短板。我国的生态环境问题是长期积累下来的，加之我国自然禀赋相对比较薄弱，各地自然环境情况不一，生态环境修复需要一个较长的时期，不可能在短期内完全解决，加之有些地方对生态环境治理重视不够、力度不大、措施不力，各类环境污染仍呈高发态势，影响了生态文明建设，成为民生之患、民心之痛。生态环境问题仍然是新时代我国经济建设、社会持续发展的制约因素和影响我国经济社会建设发展的瓶颈。我国是一个发展中的大国，建设中国特色社会主义现代化国家，必须坚持绿色发展理念，协调推进新型工业化、信息化、城镇化、农业现代化和绿色化，走出一条经济发展和生态文明相得益彰的新路。

习近平总书记以强烈的问题意识，认真总结我国生态环境保护工作的经验教训，为保护生态环境和环境治理作出了全面统筹和战略部署，提出了生态保护和环境治理时间表、路线图、施工图。强调必须坚持节约优先、保护优先、自然恢复为主的基本方针，充分认识生态文明建设的重要性必要性紧迫性，以及环境治理的长期性艰巨性复杂性，要采取有力措施推动生态文明建设在重点突破中实现整体推进。习近平总书记成功破解了我国现实生态保护和环境治理的困境，为新时代建设人与自然和谐发展现代化提供了科学的理论指导。

（三）拓展生态文明建设路径的根本遵循

近年来，我国生态文明建设取得显著成效。实践证明，生态环境保护和经济发展是辩证统一、相辅相成的。新时代加强生态文明建设，要全面准确贯彻新发展理念，坚持节约资源和保护环境的基本国策，坚持问题导向，加强顶层设计，充分认识生态文明建设面临的诸多矛盾和挑战，持之以恒推进生态环境保护工作，促进生态保护和环境治理又快又好发展。

理论的创新是在不断总结实践中的得失正误，面对生态文明建设中的新问题、新情况作出的新的概括和总结，为生态危机的解决提供思想指南和理论指导。中国特色社会主义开创的文明发展道路，蕴含着生态文明建设和坚持走生态文明之路。习近平生态文明思想是在结合中国具体国情的基础上提出的，形成适用于新时代中国发展的生态文明思想，是将马克思主义生态理论赋予中国化特色的生态文明思想。

习近平总书记从战略和全局高度出发，结合中国生态问题的具体实际，在社会主义生态文明建设进程中，将生态文明建设融入中国特色社会主义现代化建设的总任务和"五位一体"总体布局，作为我国现代化建设的重要组成部分，实施可持续发展战略，正确处理生态与政治、经济和社会之间的关系，是实现可持续发展的内在要求，也是推进现代化建设的重大原则。习近平生态文明思想提出一系列内涵丰富的生态文明建设和生态环境保护的新论断新措施，深刻表明了党中央对于建设中国特色社会主义生态文明的鲜明态度和坚定决心，使我们党对共产党执政规律、社会主义建设规律、人类社会发展规律的认识提高到一个新的高度，为建设美丽中国和实现中华民族永续发展提供了理论遵循，指明了正确方向。

四、创新生态保护和环境治理新方法

方法论是关于认识世界和改造世界的方法，是人们正确推动社会活动的思想武器。习近平总书记准确把握时代发展趋势，从世界观、辩证法、方法论、社会历史观等哲学层面提出生态文明建设问题，从方法论的视角把我们党对生态文明建设规律的认识提升到一个新的高度，聚焦我国现代化建设中生态文明面临的重大理论和实践问题，提出关于生态保护和环境治理一系列富有哲理性和创新性的思想，贯穿着马克思主义立场、观点和方法，蕴含着丰富而深刻的方法论底蕴，是新时代加强生态文明建设、保护生态和治理环境、建设美丽中国的行动指南，为实现中国特色社会主义现代化强国的战略目标提供了方法论指导。

（一）用科学思维方法谋划生态文明建设

科学思维方法是人类创造力的核心和思维的最高级形式，是思维活动中最积极、最活跃和最富有成果的一种思维方式。用科学思维谋划建设发展全局，是我们党社会主义革命和建设的一条重要历史经验，也是治国理政的科学方法。

生态文明建设是一项复杂的整体工程，与经济、政治、文化、社会相互关联、相互作用，需要多角度、多领域统筹谋划，优化生态系统中各组成要素之间的关系，以科学思路统筹规划和协调推进。同时，也需要其他领域改革密切配合，否则就会出现治标不治本、顾此失彼现象，造成生态文明建设的失衡。习近平总书记指出，思路不对，方式不科学，即使生态环境不脆弱的地方也会导致环境问题。习近平总书记着眼对自然界自身复杂性结构的深刻认识，从"五位一体"高度来谋划新时代生态文明建设的战略布局，贯穿着科学思维方法的脉络。坚持从唯物辩证法出发，高瞻远瞩，统揽全局，科学把握社会发展趋势，注重从维护自然生态出发，根据我国生态文明建设实际情况，科学筹划，协调发展，兼顾各方，突出重点，加强生态文明建设的顶层设计和整体谋划，以实现经济、社会、生态效益为目标，用科学思维方法统筹生态文明建设工作，注重发挥整体最佳效益，增强生态文明建设工作的预见性、主动性、创造性，为新时代勾画出一幅中国未来人与自然和谐发展的宏伟蓝图，鲜明地凸显了马克思主义方法论的特色。

（二）用辩证分析方法加强生态文明建设

辩证分析法是用马克思主义世界观和方法论来提高认识和解决复杂问题的思维方法。生态环境问题，不是简单的治理问题，而是与社会发展阶段、经济结构、思想观念、行为习惯等密切相关。这就决定了解决生态文明建设问题，不能"头疼医头脚疼医脚"，而要治标和治本双管齐下，用治标为治本赢得时间，用治本巩固治标成果。习近平总书记指出，要善于运用辩证思维谋划经济社会发展，处理好发展与人口资源环境的关系，就是发展中最大的辩证法。习近平生态文明思想贯穿着普遍联系观、永恒发展观、全面系统观以及矛盾运动规律等辩证分析方法，闪耀着辩证思维的智慧光芒，为走向社会主义生态文明新时代提供了理论指导。

习近平总书记针对我国生态环境保护情况，从历史和现实相贯通、国际和国内相关联、理论与实际相结合的宽广视角，辩证分析、深入思考和科学把握新时代我国生态文明建设面临的重大理论和实践问题。既从一些严重损害生态环境事件抓治理，又从生态破坏现象的背后找原因，弄清生态环境问题哪些是由体制机制不健全造成的、哪些是由于工作不负责任造成的、哪些是由于措施不力造成的？要善于透过生态环境情况看本质，具体问题具体分析，从诸多繁杂问题中把握事物的规律性，从苗头问题中发现事物的倾向性，从偶然问题中揭示事物的必然性。针对出现的生态环境问题和新时代我国生态文明建设要求，制定科学有效的保护政策，采取全面治理可行措施，健全生态文明各项机制，推进新时代生态文明迈出坚实步伐。

（三）用系统工程方法加强生态环境保护

系统工程方法是按照事物本身的系统性特征把对象放在系统的联系中加

以把握和用于解决复杂问题的逻辑步骤和方法。习近平总书记将生态文明建设看作一个系统的由各种要素组成的有机统一体，善于从整体性上思考生态环境保护问题，运用系统工程方法解决和处理生态环境治理问题，有力地推进了我国生态文明建设工作。

习近平总书记从山水林田湖草沙冰这个生命共同体出发，既要求加大力度进行整体性保护，又强调下足气力进行系统性修复，还自然以宁静、和谐、美丽。生态治理是一项系统工程，要以系统工程思路来抓生态环境建设，遵循自然规律，注重系统修复，否则"就很容易顾此失彼，最终造成生态的系统性破坏。"① 例如，黄河、长江的生态环境较为脆弱，治理就要实行保护和修复共同发力的思路和政策，科学统筹和全面谋划上下游、干支流、左右岸，共同抓好大保护，协同推进大修复，使黄河、长江成为造福人民的幸福河。习近平总书记着眼生态文明建设的整体保护，从系统工程思路出发，重点部署和大力推进全面促进资源节约、优化国土空间开发格局、加大自然生态系统与环境保护力度、加强生态文明制度建设等方面的建设工作，将每个工作任务分别构成一个子系统，分别对各自提出建设原则、具体要求、实现目标和落实措施，并注重某一个子系统与其他几个子系统的相互关联、相互区别和相互支撑的关系，以系统工程方法有力地推进新时代我国生态文明建设重点任务的圆满完成。

第三节　新时代生态文明思想的实践价值

新时代呼唤新理论，新实践催生新方略。习近平生态文明思想是生态价值观、认识论、实践论和方法论的总集成，深刻阐释了建设美丽中国的目标愿景和路径方法，具有很强的科学指导性，为实现人与自然和谐共生现代化提供了行动指引和实践遵循。习近平生态文明思想理论来源于实践、高于实

---

① 习近平：《之江新语》，浙江人民出版社 2007 年版，第 85 页。

践、指导实践，是在中国特色社会主义现代化建设过程中形成、发展和完善的。在我国生态文明建设中，习近平总书记从实践中所获得和总结的宝贵经验，对新时代我国生态文明建设具有重要的指导价值，为加强生态环境保护和推进生态环境治理提供了崭新的实践路径。

一、推进建设美丽中国的行动指南

建设美丽中国是党的十八大报告描绘的一幅美好蓝图，是新时代生态文明建设的重要内容，也是广大人民群众对未来美好家园的热切期待。面对新时代我国经济高质量发展的新态势，习近平总书记立足于我国生态环境的实际情况，提出一系列加强生态文明建设的新观念新理论新战略，采取一系列加强生态文明建设的方针政策，形成新的理论和新的论断，为建设美丽中国提供了实践指导，有力地推进了中华民族伟大复兴中国梦的建设进程。当前，我国生态文明建设发生巨大变化，污染防治攻坚战取得重要进展，生态环境质量有了很大改善，老百姓对优质生态环境的获得感、幸福感不断提高，生态建设措施逐步完善，美丽中国建设迈出坚实步伐，其根本原因在于以习近平同志为核心的党中央的坚强领导，在于习近平生态文明思想的科学指引和生动实践。

（一）统一新时代生态文明建设思想和行动

美丽中国建设关系新时代中国特色社会主义现代化建设，要大力提高人民群众的思想认识，认清建设美丽中国的重要意义，牢固树立新发展理念，转变思想观念，统一行动步调。

大力培育弘扬生态文化，推进全民绿色行动，不断增强人民群众在加强和创新生态环境治理中的主体意识和责任意识，积极投身生态环境保护，培育良好生态道德，高扬生态文明建设的旗帜，构建以生态价值观念为准则的生态文化机制，积极引导人民群众自觉践行《公民生态环境行为规范》，让生态环境保护成为人们的价值理念和行为准则，完善生态文明建设全民行动体系。

2021年2月，生态环境部、中央宣传部、中央文明办等六部门联合发布《美丽中国，我们是行动者，提升公民生态文明意识行动计划（2021年—2025年)》，强调要进一步加强生态文明宣传教育工作，引导全社会牢固树立生态文明价值观和行为准则，加强生态保护，推进生态文明建设。鼓励和引导全民主动参与生态环境治理，坚持知行合一，促进绿色生产和消费，不断提升生态环境社会治理的广度和深度，自觉践行文明健康、简约适度、绿色环保的生活方式，以行动促进认识提升，以认识转化为行动的内生动力，汇聚形成共建美丽中国的强大合力，为建设美丽中国贡献智慧和力量，确保到2035年基本实现美丽中国目标，到21世纪中叶建成美丽中国。

（二）遵循人与自然和谐共生自然规律

坚持人与自然和谐共生是新时代坚持和发展中国特色社会主义基本方略之一，也是习近平生态文明思想的理论基石和实践指导。

加强新时代美丽中国建设必须遵循自然规律和社会发展规律，突出自然主体地位，主动顺应自然规律，将保护自然生态环境内化于心、外化于行。人因自然而生，人是大自然的一部分，人的发展离不开自然界，从这个意义上来说，生态文明与民族兴衰相辅相成。在人与自然的交流和互动中，要自觉约束和控制人的行为，将资源开发、经济活动、人的行为限制在自然资源和生态环境能够承受的限度之内，从改变自然、征服自然转向调整人的行为、纠正人的错误行为，真正做到取之有时、用之有度。要正确处理人与自然的关系，不仅要在认识上敬畏自然、尊重自然，更要在实践上顺应自然、保护自然，特别是要调整和约束人的行为。要牢固树立自然生态的红线、建设发展的底线、资源利用的上线意识，严格按照自然规律办事，注重从人与自然和谐共生的视角看待和处理问题，对暂时看不清环境影响的行为一定要充分论证，科学审慎，宁严勿宽，努力形成人与自然和谐发展的新格局。

（三）坚持走生态优先和高质量发展之路

生态环境是关系党的使命宗旨的重大经济问题和政治问题，绿色是美丽中国最动人的底色，绿色发展是高质量发展的重要形态。自然环境是人类生存与发展的基本条件，是经济与社会发展的重要前提。

我国建设发展实践表明，生态文明建设在经济社会发展中具有十分重要的地位和作用。建设美丽中国，要坚持用习近平生态文明思想武装头脑，坚定不移走生态优先、绿色发展之路。在认识上要摒弃将发展经济和保护环境割裂甚至对立的错误观念，在实践上要坚持协同推进经济高质量发展和生态环境高水平保护，始终把建设更加优美的生态环境作为一项事关全局的战略任务摆在突出的位置，不断优化经济结构，增强转换增长动力，调整经济结构、能源结构、产业结构，严格控制高消耗、高排放项目上马和新增过剩产能，才能正确贯彻国家经济产业政策，推动经济高质量发展。

当前，重点要在充分发挥农业生态供给与绿色发展功能、加强工业重点领域的循环发展与再制造、加大绿色能源供给与生态服务产品、以持续海绵城市建设和增强城镇生态功能等方面全面发力，咬紧牙关、保持定力，决不为高耗能高污染项目开口子。要站位全局谋划经济建设和推进生态环保工作，找准落实经济高质量发展的着力点，在促进经济高质量发展上主动作为、精准施策，加强生态保护和环境治理与修复工作，努力在高质量发展中实现高水平保护、以高水平保护促进高质量发展，加快美丽中国建设步伐。

二、努力形成和推进绿色发展模式

习近平总书记指出，"在新发展理念中绿色是其中一大理念。"[1]绿色发展是以绿色理念为指导，以绿色科技和绿色制度为驱动，以产业生态化、消费绿色化、资源节约化、生态经济化为重点的可持续发展模式。绿色发展理念是习近平新时代中国特色社会主义思想的重要内容，是我们党对执政理念认识论上的新升华，也是习近平治国理政的重大举措，对于促进我国经济社会发展具有十分重要意义。

（一）以思想观念转变推进新的发展模式

习近平总书记指出："要完整、准确、全面贯彻新发展理念，保持战略定力，站在人与自然和谐共生的高度来谋划经济社会发展，坚持节约资源和

---

[1] 《习近平在参加内蒙古代表团审议时强调　保持加强生态文明的战略定力　守护好祖国北疆这道亮丽风景线》，《人民日报》2019 年 3 月 6 日。

保护环境的基本国策，坚持节约优先、保护优先、自然恢复为主的方针，形成节约资源和保护环境的空间格局、产业结构、生产方式、生活方式，统筹污染治理、生态保护、应对气候变化，促进生态环境持续改善，努力建设人与自然和谐共生的现代化。"①

推进绿色发展，要以绿色低碳循环为原则，从经济社会发展全局出发，全面推动绿色发展，转变思想观念，加快绿色转型。要将"生态优先、绿色发展"作为核心理念和战略定位，加强绿色发展总体设计和组织领导，重视资源环境监测体系建设，不断完善生态环境监管体制，健全绿色发展决策体系，坚守"共抓大保护，不搞大开发"的实践基准，从整体上推进绿色发展。我国是世界上最大的能源生产国和消费国，需要更加注重经济和资源环境空间均衡，缩小地区间人均国内生产总值差距，促进地区间经济和资源环境承载能力相适应，缩小经济和资源环境间的差距。要构建以市场为导向的绿色技术创新体系，建立系统完备、科学规范的绿色质量标准体系，加快推进能源绿色革命，加大气水土污染治理力度，促进绿色技术、绿色资本、绿色产业有效对接。坚决控制能源消费总量，有效落实节约资源、保护环境的方针，不断优化产业结构，大力发展绿色、高效、节能产业，以绿色转型推动经济加快发展，努力开创新时代绿色发展的新格局。

（二）以绿色发展理念推动经济发展

贯彻绿色发展理念，要以尊重自然、顺应自然、保护自然的生态文明理念引领绿色发展，努力实现人与自然的和谐统一。习近平总书记指出："生态环境保护和经济发展是辩证统一、相辅相成的，建设生态文明、推动绿色低碳循环发展，不仅可以满足人民日益增长的优美生态环境需要，而且可以推动实现更高质量、更有效率、更加公平、更可持续、更为安全的发展，走出一条生产发展、生活富裕、生态良好的文明发展道路。"②

---

① 《习近平在中共中央政治局第二十九次集体学习时强调 保持生态文明建设战略定力 努力建设人与自然和谐共生的现代化》，《人民日报》2021 年 5 月 2 日。

② 《习近平在中共中央政治局第二十九次集体学习时强调 保持生态文明建设战略定力 努力建设人与自然和谐共生的现代化》，《人民日报》2021 年 5 月 2 日。

坚持绿色发展，要坚决摒弃损害甚至破坏生态环境的发展模式，加大产业结构调整力度，大力发展低能耗的先进制造业、高新技术产业、现代服务业，努力把推动发展的立足点转到提高质量和效益上来。要建立绿色生产和消费的政策导向，健全绿色低碳循环发展的经济体系，支持绿色低碳技术创新成果转化，支持绿色技术创新，用新发展理念引领经济发展。要注重"金山银山"与"绿水青山"相结合，使"发展率先"与"保护优先"互相支撑、互相促进。要坚持改革引领、创新驱动思路，有效促进我国经济建设在发展中保护、在保护中发展，大力推动生态创业、绿色创业和可持续创业的蓬勃发展。不断优化产业结构，健全法规制度，优化国土空间布局，全面节约资源有效推进，资源消耗强度大幅下降，促进经济建设和社会健康发展。

（三）以绿色发展促进社会绿色转型

绿色发展理念是习近平总书记在针对我国社会主义建设发展出现的突出矛盾，深刻总结国内外发展经验教训，以及科学判断国内外发展大势基础上提出和形成的，充分体现了我党对自然界发展规律和中国特色社会主义建设规律的深刻认识和科学把握，深刻揭示了我国社会主义建设可持续发展和实现高质量的必由之路，是践行绿色发展理念的科学理论和行动指南。

习近平总书记在 2021 年 5 月 2 日主持中共十九届中央政治局第二十九次集体学习时讲话指出，新时代经济建设，"要坚持不懈推动绿色低碳发展，建立健全绿色低碳循环发展经济体系，促进经济社会发展全面绿色转型。要把实现减污降碳协同增效作为促进经济社会发展全面绿色转型的总抓手，加快推动产业结构、能源结构、交通运输结构、用地结构调整。"习近平总书记根据我国社会主义建设实际情况，在认真总结我国四十多年改革发展经验和科学分析国内国外经济社会发展规律基础上，提出创新、协调、绿色、开放、共享五大发展理念。这是党中央对我国社会发展规律的新认知，是对新时代执政理念的新概括，也是推进中国特色社会主义建设的新方略。这五大发展理念是在深刻总结国内外发展经验教训的基础上形成的，集中反映了我们党对经济社会发展规律认识的深化。五大发展理念相互贯通、相互促进，在贯彻落实过程中，必须树立整体观念，提高对发展理念执行和落实能力，不断开拓发展新境界。

习近平总书记关于绿色发展理念的重要论述，深刻地阐述了经济发展和生态环境保护的辩证关系，科学阐明了保护生态环境就是保护生产力、改善生态环境就是发展生产力的道理，指明了新时代我国实现发展和保护协同共生的新路径。

三、指明打好环境治理攻坚战路径

习近平总书记在 2018 年 5 月全国生态环境保护大会上强调，"要以壮士断腕的决心、背水一战的勇气、攻城拔寨的拼劲，坚决打好污染防治攻坚战。"2021 年 5 月，习近平总书记主持中共十九届中央政治局第二十九次集体学习时讲话指出："要深入打好污染防治攻坚战，集中攻克老百姓身边的突出生态环境问题，让老百姓实实在在感受到生态环境质量改善。要坚持精准治污、科学治污、依法治污，保持力度、延伸深度、拓宽广度，持续打好蓝天、碧水、净土保卫战。"2021 年 8 月，习近平总书记在主持召开中央全面深化改革委员会第二十一次会议时强调："要巩固污染防治攻坚成果，坚持精准治污、科学治污、依法治污，以更高标准打好蓝天、碧水、净土保卫战，以高水平保护推动高质量发展、创造高品质生活，努力建设人与自然和谐共生的美丽中国。"习近平总书记关于打好环境污染防治攻坚战的重要论述，体现了党中央对影响社会发展和损害群众健康的环境问题的关心与重视，凸显了我们党彻底解决环境污染问题的坚强决心，为加快生态保护和环境治理提供了理论指导和行动指南。

（一）充分认识解决突出环境问题的意义

近年来，党中央十分重视生态保护和环境治理，综合施策，全面治理，使浪费资源和破坏自然现象得到遏制，环境污染和生态状况得到改善。目前，从总体上看，我国在长期快速发展中累积的环境问题还较突出，生态保护和环境治理任重道远。打好污染防治攻坚战，有利于解决影响经济发展和损害人民群众健康突出的环境污染问题，对推动新时代生态文明建设具有重要意义。

我国经过多年环境治理，生态环境有所好转，取得一定的成绩。但由于一些地方和领域以过度消耗资源、破坏环境为代价换取经济发展的现象时有发生，经济建设中高能耗、高污染、高排放问题仍未彻底解决，生态环境治理面临严峻挑战。加快环境污染防治，建设天蓝、地绿、水净的美好家园，既是党和政府的紧迫任务，也是全体社会成员的共同责任。习近平总书记指出："要统筹生态保护和污染防治，加强生态环境分区管控，推动重要生态系统保护和修复，开展大规模国土绿化行动，扩大环境容量的同时，降低污染物排放量。要加快推动产业结构、能源结构、交通运输结构、用地结构调整，严把'两高'项目准入关口，推进资源节约高效利用，培育绿色低碳新动能。"①要充分认识生态文明建设和加快环境污染防治的重大意义，树立绿水青山就是金山银山和保护生态环境就是保护生产力的理念，以解决突出环境问题为契机，全面节约资源，加大污染防治力度，确保生态系统保护和修复重大工程顺利进行，下决心把环境污染治理好、把生态环境建设好。

党的十九大报告作出"我国经济已由高速增长阶段转向高质量发展阶段"的重大判断，为新时代我国确立高质量发展思路、制定经济政策、实施宏观调控提供了重要依据。在经济高质量发展阶段，需要跨越污染防治这一关口。"这是一个凤凰涅槃的过程。如果现在不抓紧，将来解决起来难度会更高、代价会更大、后果会更重。"②新时代生态文明建设要以改善生态环境质量为核心，以防控生态环境风险为底线，以压实地方党委和政府及有关部门责任为抓手，抓重点、严治理、出猛拳，严厉追责问责，保持加强生态文明建设的战略定力。统筹生态文明建设和推动经济高质量发展，始终保持生态环境保护建设的定力，不松劲、不动摇、不懈怠。坚守阵地、巩固成果，加大工作和投入力度，聚焦做好打赢污染防治攻坚战，实现复杂形势下宏观经济的稳中求进，推动经济在高质量发展上取得新成效。

---

① 《习近平主持召开中央全面深化改革委员会第二十一次会议强调——加强反垄断反不正当竞争监管力度　完善物资储备体制机制深入打好污染防治攻坚战》，《人民日报》2021年8月31日。

② 习近平：《推动我国生态文明建设迈上新台阶》，《求是》2019年第3期。

目前，搞好生态文明建设的关键是持续打好环境污染防治攻坚战，着力推进重点行业和重点区域大气污染治理，对一些严重破坏生态环境的企业，决不能心慈手软，必须坚决叫停。改造一批高能耗、高碳排放、污染严重的重化工业，特别是钢铁、建材、石化、有色等大耗能产业。控制煤炭消费总量、控制汽车尾气排放和城市扬尘等各关键环节，多种措施协调治理大气污染。"要坚持精准治污、科学治污、依法治污，保持力度、延伸深度、拓宽广度，持续打好蓝天、碧水、净土保卫战。要强化多污染物协同控制和区域协同治理，加强细颗粒物和臭氧协同控制，基本消除重污染天气。要统筹水资源、水环境、水生态治理，有效保护居民饮用水安全，坚决治理城市黑臭水体。大力推进土壤污染防治，有效管控农用地和建设用地土壤污染风险。实施垃圾分类和减量化、资源化，重视新污染物治理。推动污染治理向乡镇、农村延伸，强化农业面源污染治理，明显改善农村人居环境。"①加强生态环境监管执法，对违法行为"零容忍"。加大对污染环境处罚力度，增加违法成本，并追究相关领导的责任，努力为人民群众创造良好生产生活生态环境。

（二）自觉扛起打好污染防治攻坚战的重任

习近平总书记指出："要深入打好污染防治攻坚战，集中攻克老百姓身边的突出生态环境问题，让老百姓实实在在感受到生态环境质量改善。要坚持精准治污、科学治污、依法治污，保持力度、延伸深度、拓宽广度，持续打好蓝天、碧水、净土保卫战。"②当前，坚决打好污染防治攻坚战是我国生态文明建设的重要任务，要严格按照党中央的部署和要求，以更高的标准、更严的要求、更好的措施，积极作为，勇于担当，加大力度、加快治理、加紧攻坚，夺取环境污染治理胜利。

打好污染防治攻坚战与军队打仗一样，要制定攻坚方案，确定战术策

① 《习近平在中共中央政治局第二十九次集体学习时强调　保持生态文明建设战略定力　努力建设人与自然和谐共生的现代化》，《人民日报》2021年5月2日。
② 《习近平在中共中央政治局第二十九次集体学习时强调　保持生态文明建设战略定力　努力建设人与自然和谐共生的现代化》，《人民日报》2021年5月2日。

略，明确目标任务和达到的目的，才能按计划、有步骤、有序地实施，取得污染防治攻坚战的胜利。要坚持以改善生态环境质量为核心，贯彻远近结合、坚守底线、全面统筹、尽力而为的原则，科学制定污染防治攻坚战的思路和实施方案。按照高标准进行高质量治理，并与现行规划、计划等相衔接，着重围绕主要污染物排放总量大幅减少，加强生态保护与修复，强化环境风险管控。注重统筹协同，集中优势兵力，以重点突破带动全面推进，针对重点时段，对重点区域、重点行业和领域进行集中治理，加严法规政策，形成制度优势，实现打好打胜污染防治战役的目标。

生态环境保护是全社会共同支持、共同参与、共同享有的事业。打好污染防治攻坚战是一场大仗硬仗，必须贯彻落实党中央的作战部署，全党重视、全民参与、全力以赴，形成政府统领、企业施治、公众参与的合力，调动全民参与打好污染防治攻坚战的热情和内生动力，夺取污染治理攻坚战的全面胜利。目前，在解决重点环境污染问题上，要以解决损害群众健康的突出环境问题为重点，集中力量优先解决细颗粒物、饮用水、土壤、重金属、化学品等方面的突出环境问题。在打好蓝天攻坚战上，要采取有效措施，大力开展大气污染联防联控，还老百姓蓝天白云、繁星闪烁。在打好碧水攻坚战上，要加大饮用水水源地保护力度，整治城市农村黑臭水体，还老百姓水清岸绿、鱼翔浅底。在打好净土攻坚战上，要加大土壤污染治理力度，让老百姓吃得放心、住得安心，夺取污染环境防治攻坚战的全面胜利。

打好污染防治攻坚战，要不断强化各种措施，切实为打好污染防治攻坚战提供相应的支撑和保障，确保攻坚战任务落地见效。一方面，在政治保障上，各级党委和政府要担负起生态文明建设的政治责任，坚决做到令行禁止，强化政治担当，以高度的政治责任感，积极贯彻中央打好污染防治攻坚战的各项决策部署，确保党中央关于生态文明建设各项决策部署落地见效。另一方面，在政策机制保障上，要本着"谁污染、谁负责，多排放、多负担，节能减排得收益、获补偿"的原则，全面清理和取消对高耗能行业的优待类电价等优惠政策，利用生物质发电价格政策，支持秸秆等生物质资源消纳处置，严格执行环境保护税法，对符合条件的新能源汽车免征车辆购置税，继续落实并完善对节能、新能源车船减免车船税的政策。^①推动开发与保护地区之间、生态受益与生态保护地区之间的生态补偿，用经济政策调动地方政府治理环境污染的积极性，促进经济建设与环境保护的协同发展。

（三）综合施策持续打好污染防治攻坚战

深入打好污染防治攻坚战，要集中人力、精力、财力，采取超常规措施，打几场重大战役，集中力量攻克老百姓身边大气污染、黑臭水体、垃圾围城、农村脏乱差等突出的生态环境问题。要保持攻坚力度和势头，不断推进重点区域大气环境综合整治，持续推进主要污染物总量减排。严格按照中央生态环境保护督察制度改革要求，推动由监督企业向监督政府转变。紧盯被巡视党组织领导班子和"关键少数"，突出管党治党责任，查找政治偏差，及时解决苗头性、倾向性问题。要加强监督质量，严格遵守巡视工作办法和制度，优化和完善环境政策标准，架起监督执纪问责的"高压线"，严肃处置巡视移交的问题线索，坚决查处严重违纪案件。

我国生态文明建设实践证明，实行最严格的制度和最严密的法治，是生态文明建设的可靠保障。加大污染防治综合治理力度，就要按照源头严防、过程严管、后果严惩的思路，严格环境资源监督执法，充分发挥环保执法的震慑作用，确保环境攻坚战防治有序开展和取得胜利。要督促各地区各单位和有关部门严格落实"党政同责、一岗双责"，强化部门监管责任和企业污染治理、生态修复的主体责任。加强与检察、公安等司法机关联动，综合运用多种措施，依法严厉打击各类环境违法行为，保持环境执法的高压态势。坚持铁腕治污，在防治污染、城市黑臭水体治理、柴油货车污染治理等方面，要严厉追责问责，对未依法取得排污许可证、随意排放的，要依法依规从严处罚。对大气污染防治工作不力和环境质量改善达不到进度要求甚至恶化的单位和地区，要加强专项督察，强化督察问责，用严格的制度机制，确保打好环境污染治理攻坚战的胜利。

---

① 《国务院印发〈打赢蓝天保卫战三年行动计划〉》，《人民日报》2018年7月4日。

四、构建全球环境治理体系新范式

当今世界正经历百年未有之大变局，世界多极化、经济全球化处于深刻变化之中，各国相互联系、相互依存、相互影响更加密切。习近平总书记顺应和平、发展、合作、共赢的时代潮流，着眼解决全球生态环境面临的现实问题，大力倡导人类命运共同体意识，强调携手共建生态良好的地球家园和清洁美丽世界，体现了全球生态环境治理思想，得到世界上越来越多国家和政党的支持与认同，不仅为全球生态环境治理提供了理论指南，而且构建了当今世界生态全球化时代的新范式，为世界和平与发展作出重大贡献。

（一）全球环境治理关乎人类的未来

习近平总书记从人类命运共同体和全球环境治理的视角，就世界生态建设与环境治理等提出一系列新思想新观点新倡议，是具有全球视野、人类情怀的大格局，是普惠世界、造福众生的大智慧，在世界大发展大变革大调整中确立了人类文明走向的新航标，有力地推动了世界美丽家园建设。

当前，加强全球环境治理，不仅是一项迫切需要解决的世界性重大课题，而且关系到人类生存发展和未来。习近平总书记指出："我们要坚持同舟共济、权责共担，携手应对气候变化、能源资源安全、网络安全、重大自然灾害等日益增多的全球性问题，共同呵护人类赖以生存的地球家园。"[①] 建设绿色家园，是人类的共同梦想，人类可以利用自然、改造自然，但必须尊重自然、呵护自然，决不能为了人类发展需要掠夺自然、破坏自然，凌驾于自然之上。必须坚持人与自然和谐相处，构建尊崇自然、保护环境、绿色发展的生态环境体系，实现可持续发展和人的全面发展。积极应对气候变化等全球性生态挑战，为维护全球生态安全作出应有贡献。这些重要论述，充分体现了习近平总书记以人类整体视野把握生态环境问题而形成的命运共同体意识，展现了环境治理的大国担当。

人类只有一个地球，面对当前全球工业化生产所带来的世界范围内的环

---

① 《习近平关于社会主义生态文明建设论述摘编》，中央文献出版社2017年版，第128页。

境破坏、资源锐减和生态系统恶化等问题，全球环境治理、污染防治、应对气候变暖等已成为全世界人民共同关注和亟须解决的重要课题。在经济发展和建设过程中，应该遵循天人合一、道法自然的理念，既要满足人类生活、生产、生存的需要，又要崇敬自然、爱护生态、保护环境，决不能用破坏性方式搞发展，吃祖宗饭、断子孙路，要坚持走人类永续发展与自然和谐相处之路。习近平总书记从加快环境治理、爱护生态环境、造福人类未来的高度，指出应对全球气候变化和环境污染治理，绝不是一国或几个国家可以在短时间内解决的，世界各国都应担负起相应的责任与义务，加强国际交流与合作，推动全球环境治理，积极应对气候变化等全球性生态挑战，各国一道维护人类共同的地球家园，还自然以和谐美丽，为人民谋幸福安康。这是从全球整体利益和人类文明持续发展的高度思考环境治理和生态文明建设问题，展现了一个大国领导人的大国担当和占据人类道义制高点的大国情怀，是对人类进步发展作出的重大贡献。

（二）共同建设一个清洁美丽的世界

当今世界呈现出相互联系、相互依存的发展趋势，应对全球生态变化，解决全球生态变化问题需要所有国家的共同努力。习近平总书记指出："我们要努力建设一个山清水秀、清洁美丽的世界。地球是人类的共同家园，也是人类到目前为止唯一的家园。"① 习近平总书记关于建设清洁美丽世界的科学论述，彰显了同舟共济、权责共担的命运共同体意识，指出了创新全球生态文明建设发展模式的有效途径。

当前，应对气候变化，维护资源安全，遏制环境污染，是全球面临的共同挑战，需要在全球范围内采取可行有力的行动。习近平总书记指出，国际社会应该携手同行，共谋全球生态文明建设之路。加强生态环境问题全球治理的实现，有赖于各国的积极参与，建立公平有效的应对气候变化、环境治理体系。只要世界各国展现诚意、齐心协力、勇于担当，就能构建合作共赢

---

① 习近平：《携手建设更加美好的世界——在中国共产党与世界政党高层对话会上的主旨讲话》，《人民日报》2017 年 12 月 2 日。

的国际关系，实现在更高水平上的可持续发展，体现了中国共产党人强烈的大国担当。

积极应对气候变化是人类共同的责任。当前，世界各国的生态状况联结成了一个安危与共、利益攸关的人类生态共同体，应对气候变化是人类共同的责任，建设清洁美丽的世界，是全球生态保护和环境治理的主旋律。广大发展中国家要大力推行绿色低碳发展理念，努力改变传统的经济发展模式，加快推进经济发展与环境保护协调发展步伐。发达国家要严格按照国际公约的要求，改变现有的发展方式和消费模式，担当自己应承担的责任和义务，并大力协助发展中国家实现经济建设依赖自然资源向低碳经济发展模式转变，推进绿色经济发展。人类社会发展的实践表明，人与自然共生共存，伤害自然最终将伤及人类。面对生态环境挑战，世界各国必须团结一心，加强合作，积极应对气候变化，全力保护好人类赖以生存的地球家园，共同推进清洁美丽世界建设快速发展。

（三）开展国际环境治理交流与合作

党的十八大以来，从气候变化巴黎大会到二十国集团领导人杭州峰会、从中非合作论坛约翰内斯堡峰会到金砖国家领导人厦门会晤、从上合组织元首峰会到"一带一路"国际合作高峰论坛、从中国北京世界园艺博览会到 2020 年召开的气候雄心峰会，以及 2021 年《生物多样性公约》第十五次缔约方大会领导人峰会，习近平总书记所倡导的积极开展国际环境治理合作观，展示了中国在生态文明建设方面的决心和立场，进一步提升了中国在全球环境治理中的国际话语权。

当今世界正经历百年未有之大变局，人类再次站在了历史的十字路口。习近平主席站在人类命运共同体的高度，强调在生态文明领域加强同世界各国的交流合作。2015 年，为推动《巴黎协定》谈判取得成功，他向与会各国领导人介绍了我国生态文明建设的实践与成绩，得到普遍认可和赞誉。在2016 年二十国集团领导人杭州峰会上强调，只有加强团结协作，坚持共商共建共享理论，才能凝聚力量、才能积累共识、才能保护好地球，建设美好地球家园，构建人类命运共同体。在党的十九大上指出："积极参与全球环境治理，落实减排承诺。"习近平总书记关于加强国际交流合作，加快环境治理的理念，把人类文明与生态建设紧密联系起来，科学论述了加强国际合作的重要意义，彰显了中国共产党人对人类文明发展规律和人与自然和谐发展规律的深刻认识。

推进全球生态环境治理，必须加强国际合作，积极应对气候变化。要统一认识、统一思想、统一步调，共同推进生态危机的解决，实现 2030 年可持续发展目标。当前，新冠病毒在世界多个国家出现，必须加强疫情防控科研攻关的国际合作。习近平总书记指出，"病毒不分国界，疫情不分种族。国际社会必须树立人类命运共同体意识，守望相助，携手应对风险挑战，共建美好地球家园。"① 作为负责任大国，中国积极同世界卫生组织开展沟通交流，加强同有关国家的科研合作，为打造人类卫生健康共同体贡献智慧和力量。这些关于加强国际生态环境治理合作的重要思想，丰富和发展了马克思主义世界治理思想，有力地推进了全球环境治理的合作与发展。

新时代背景下中国以崭新的姿态拥抱世界，一直秉承负责任的大国态度，积极参与国际合作，承担大国责任担当，携手各国应对气候变化，主动完成节能减排目标，把我国生态文明建设的经验与各国分享，帮助发展中国家应对生态环境问题，通过自身的发展与壮大为世界贡献中国智慧和中国方案。中国是经济发展大国，在积极解决本国生态问题的同时，积极开展生态文明建设领域的国际合作，努力为解决全球环境问题作出一个负责任大国应有的积极贡献。坚持"共同但有区别责任"原则上，积极推进应对全球气候变化的多边谈判和国际协商，凝聚共识，努力实现中国政府自主确定的减缓温室气体排放目标。积极参与全球及区域性的环境科技合作，大力加强全球性的重大生态环境污染问题的国际协作。加强与世界各国的科技合作，引进和借鉴国外环境保护先进技术及管理经验，不断提升生态治理的品质。统筹国内市场与融通国外渠道，携手应对严峻的生态系统恶化的挑战，在优势互补互促和共建共享的框架中，应对气候变化和环境污染等挑战，进而推动全

---

① 《习近平同联合国秘书长古特雷斯通电话》，《人民日报》2020 年 3 月 13 日。

球生态保护和环境治理。

中国历来是一个负责任的发展中大国，始终坚持正确的义利观，认真落实气候变化领域南南合作政策承诺，支持发展中国家积极应对气候变化挑战。2015 年，中国向联合国提交了应对气候变化国家自主贡献文件，同时还积极推动自身可持续发展，极大地提高了中国在全球气候治理中的话语权和引导力。中国承诺将于 2030 年左右使二氧化碳排放达到峰值，并争取尽早实现。中国以积极的态度、合作的理念和实际的行动参与全球生态环境治理，百分之百承担自己的义务，以自己实际行动，与世界各国一道共同改善生态环境，积极应对气候变化等全球性生态挑战，为建设绿色发展清洁美丽世界贡献了中国力量、中国智慧和中国方案，赢得了世界各国的高度赞誉。

第四节　新时代生态文明思想的世界意义

当今世界有 70 多亿人口、200 多个国家和地区、2500 多个民族、5000 多种语言，形成了人类文明的多样性。只有不同国家、不同文明既竞相展示自己的独特魅力，又在求同存异中守望相助、共同发展，才能和睦相处、共同发展，营造一个和谐、安定、美好的世界家园。习近平总书记在 2021 年 5 月主持中共十九届中央政治局第二十九次集体学习时讲话强调，要积极推动全球可持续发展，秉持人类命运共同体理念，积极参与全球环境治理，为全球提供更多公共产品，展现我国负责任大国形象。这是习近平总书记以全球视野，着眼人类发展和世界前途提出的中国理念和方案，擘画了人类命运共同体发展的新格局，生动体现了秉持人类命运共同体理念、积极参与全球环境治理、共建生态良好的地球美好家园的世界意义。

一、秉持人类命运共同体的理念

习近平总书记在庆祝中国共产党成立 100 周年大会上的讲话指出："新

的征程上，我们必须高举和平、发展、合作、共赢旗帜，奉行独立自主的和平外交政策，坚持走和平发展道路，推动建设新型国际关系，推动构建人类命运共同体，推动共建'一带一路'高质量发展，以中国的新发展为世界提供新机遇。"构建人类命运共同体重要战略思想，是习近平总书记着眼人类发展和全球生态环境背景提出加强环境治理和推进治理革命的新认识，准确把握当今世界生态保护和环境治理的新形势新挑战新要求，提出构建人类命运共同体的新主张，多次被写入联合国文件，成为中国引领时代潮流和人类文明进步方向的鲜明旗帜。

（一）贯彻人类命运共同体理念，顺应世界和平、发展、合作、共赢的时代潮流

马克思主义认为，世界历史是一个具有内在联系的有机整体，每一个民族和国家都具有自身特色，并与别的民族和国家相互联系，构成整体的世界历史。人类发展的实践证明，每一个民族或国家不可能孤立地存在，与世界其他国家与地区存在政治、经济、文化等多方面连接，世界各国的整体性决定了在人类发展进程中必须树立人类命运共同体的理念。

人类只有一个共同的地球，你中有我、我中有你。习近平总书记提出的人类命运共同体理念，以"打造命运共同体"为宗旨，以构建合作共赢为核心，积极发展全球伙伴关系，扩大同各国的利益交汇点，推动建立共商共建共享的全球治理体系。人类命运共同体理念的提出，是习近平总书记基于全球政治、经济、生态等多方面情况，在遵循人类发展规律的基础上所提出的，是对全球发展大势的科学把握和清醒认识。随着当今全球化进程的不断加深，世界各国和各地区形成利益交融、安危与共的局面，呼唤着新的全球环境治理理念。人类命运共同体理念着眼于解决全球诸如气候变暖、环境破坏、海洋污染、生物多样性锐减等世界性问题。在解决这一问题的过程中，每个国家都不能独善其身，只有世界各国人民同心协力，加强合作团结，才能应对气候变化，保护好人类赖以生存的地球家园。

针对全球性的生态环境危机，习近平总书记指出："在气候变化挑战面前，人类命运与共，单边主义没有出路。我们只有坚持多边主义，讲团结、促合作，才能互利共赢，福泽各国人民。"①国际社会应该携手同行，共谋全球生态文明建设之路，牢固树立尊重自然、顺应自然、保护自然的意识，坚持走绿色、低碳、循环、可持续发展之路，要将绿色、循环、低碳发展理念作为转变发展方式、破解生态环境难题的有效途径。习近平总书记构建人类命运共同体重要战略思想，着眼于解决当前全球生态环境面临的现实问题，顺应世界和平、发展、合作、共赢的时代潮流，大力倡导人类命运共同体意识，强调携手共建生态良好的地球家园和清洁美丽世界，体现了全球生态环境治理思想，得到世界上越来越多国家和政党的支持与认同，不仅为全球生态环境治理提供了理论指南，而且构建了当今世界生态全球化时代的新范式，为世界和平与发展作出了重大贡献。

（二）构建命运共同体，国际社会应该展示诚意、聚同化异、相向而行

人类是一个整体，地球是一个家园。要"完善全球环境治理，积极应对气候变化，构建人与自然生命共同体。"②当今，面对共同挑战，任何人任何国家都无法独善其身，人类只有和衷共济、和合共生这一条出路。人类已生活在一个利益交融、兴衰相伴、安危与共的地球村里，推进全球生态环境治理，必须加强国际合作，积极应对气候变化，必须统一认识、统一思想、统一步调，共同推进全球生态环境治理，实现2030年可持续发展目标。

当今世界呈现出相互联系、相互依存的发展趋势，应对全球生态变化，需要全球所有国家的共同努力。习近平总书记立足于中国立场、世界眼光、人类胸怀，推动人类命运共同体建设，指出创新全球生态文明建设发展模式的有效途径。强调国际社会应该携手同行，共谋全球生态文明建设之路。"共同保护不可替代的地球家园，共同医治生态环境的累累伤痕，共同营造和谐

---

① 习近平：《继往开来，开启全球应对气候变化新征程——在气候雄心峰会上的讲话》，《人民日报》2020年12月12日。

② 习近平：《坚定信心 共克时艰 共建更加美好的世界——在第七十六届联合国大会一般性辩论上的讲话》，《人民日报》2021年9月22日。

宜居的人类家园。"①"巴黎大会将对二〇二〇年后国际应对气候变化机制作出安排，在全球应对气候变化多边进程中具有重要意义……各方要最大程度展示诚意，聚同化异，相向而行。"②建设生态文明关乎人类未来，国际社会应该携手同行，共谋全球生态文明建设之路。生态环境问题全球治理的实现，有赖于各国的积极参与，以及建立公平有效的应对气候变化、环境治理体系。只有世界各国展现诚意、齐心协力、勇于担当，才能构建合作共赢的国际关系，加快全球环境治理步伐，从而实现在高水平上的可持续发展。

"命运共同体"是习近平总书记反复强调关于人类社会的新理念，也是中国特色社会主义生态文明观的重要组成部分。构建人类命运共同体理念，从生态危机全球化背景出发，基于中国生态建设成就和问题，以人类社会发展史维度、现实社会系统维度为切入口，以加强中国生态文明建设的实际行动表明构建人类命运共同体理念的真心诚意，带头实践《联合国气候变化框架公约》等国际承诺，始终是世界规则、条约、宣言的积极参与者、忠实执行者、模范实践者，以实际行动与世界各国一道秉持人类命运共同体理念，同心同向同行，既是对人类文明发展规律和人与自然关系的新把握，也是对人类命运共同体和全球环境治理的新实践，彰显了中国同舟共济、权责共担、同心同德的命运共同体意识。

（三）迈向命运共同体，要秉持绿色、合作、可持续、和谐为主题的发展观

人类命运共同体是一种超越民族国家和意识形态的国际观，将世界视为国与国相互联系构成的整体。习近平总书记强调，要牢固树立命运共同体意识，"构建人类命运共同体，关键在行动。国际社会要从伙伴关系、安全格局、经济发展、文明交流、生态建设等方面作出努力。坚持对话协商，建设一个持久和平的世界；坚持共建共享，建设一个普遍安全的世界；坚持合

① 习近平：《携手建设更加美好的世界——在中国共产党与世界政党高层对话会上的主旨讲话》，《人民日报》2017年12月2日。
② 《习近平关于社会主义生态文明建设论述摘编》，中央文献出版社2017年版，第133页。

作共赢，建设一个共同繁荣的世界；坚持交流互鉴，建设一个开放包容的世界；坚持绿色低碳，建设一个清洁美丽的世界。"①习近平总书记关于构建人类命运共同体的倡议一经提出，就受到国际社会的热烈欢迎，于2017年2月10日首次被写入联合国"非洲发展新伙伴关系的社会层面"决议中，成为国际共识。

当今世界，需要各国更紧密的团结在一起，在多领域开展广泛合作。世界各国人民命运与共、唇齿相依，不存在一个国家能够完全脱离世界生态系统，也不存在建立在其他国家生态紊乱而自身完全不受影响的情况。在"命运共同体"理念指引下，中国开创全方位外交布局，积极促进全球治理体系变革，始终做世界和平的建设者、全球发展的贡献者、国际秩序的维护者。全球气候变暖和环境污染的现实表明，各国的生态状况联结成了一个安危与共、利益攸关的人类命运共同体，应对气候变化是人类共同的责任。当前，建设清洁美丽的世界，是全球生态保护和环境治理的主旋律。广大发展中国家要大力推行绿色低碳发展理念，努力改变传统的经济发展模式，加快推进经济发展与环境保护协调发展步伐。发达国家要严格按照国际公约的要求，改变现有的发展方式和消费模式，担当自己应承担的责任和义务，并协助发展中国家实现向绿色低碳经济发展模式转变。

面对生态环境挑战，世界各国必须团结一心，共同努力，加强合作，积极应对气候变化，才能全力保护好人类赖以生存的地球家园，推进清洁美丽世界建设快速发展。构建人类命运共同体的理念，把人类文明与生态建设紧密联系起来，科学论述了当前加强国际合作的重要意义，不仅是对我国生态文明建设需求的积极回应，更能够为世界生态治理提供可行的理论基础和实践依据，丰富发展了马克思主义世界治理思想，为构建人类命运共同体和全球环境治理提供了新范式。

---

① 习近平：《共同构建人类命运共同体——在联合国日内瓦总部的演讲》，《人民日报》2017年1月19日。

二、携手构建全球环境治理机制

当今世界正经历百年未有之大变局，人类再次站在了历史的十字路口。习近平总书记站在人类命运共同体的高度，强调应对气候变化和环境治理是全球性挑战，任何一国都无法置身事外。国际社会应该携手同行，共谋全球生态文明建设之路，在生态文明领域加强同世界各国的交流合作。习近平总书记倡导的积极开展国际环境治理合作观，不仅展示了中国在生态文明建设的决心和立场，提升了中国在全球环境治理中的国际话语权，而且展示了一个负责任大国的态度与担当，彰显了习近平生态文明思想的全球价值。

（一）加强生态文明建设领域国际合作

从共建人类命运共同体的视角看，保护生态保护、环境治理和应对气候变化具有全球性的特质，已经不仅是某个国家面临的任务，而是一个需要世界各国团结一心、共同面对与承担的挑战和责任。习近平总书记关于"共谋全球生态文明建设"的倡导，已经成为当今国际社会加强生态文明建设国际合作的唯一选择。

习近平总书记深刻指出："国际社会日益成为你中有我、我中有你的命运共同体。各国在谋求自身发展时，应该积极促进其他国家共同发展，让发展成果更多更好惠及各国人民。"① 要坚持把加强和应对全球环境作为加强世界团结与合作的重要内容，坚持正确义利观，积极参与气候变化国际合作，实现互利共赢。世界各国之间构建平等相待、互商互谅的伙伴关系。要尊重彼此核心利益和重大关切，管控矛盾分歧，努力构建团结协作、相互尊重、合作共赢的新型关系。中国在生态文明建设领域的国际合作中，高度重视国内生态和环境问题，不断加强生态文明建设，加大生态保护力度，加强环境污染防治，加快建设美丽中国，取得了举世瞩目的伟大成就，得到国际社会广泛认同和赞许。同时，积极参与加强应对气候变化和全球环境治理的国际

---

① 习近平：《在和平共处五项原则发表 60 周年纪念大会上的讲话》，《人民日报》2014 年 6 月 29 日。

合作，在坚持"共同但有区别责任"原则的基础上，携手各国应对气候变化，积极完成节能减排目标。中国始终秉持构建人类命运共同体理念，坚定与国际社会携手共治生态环境，坚定走生态优先、绿色低碳的发展道路。将碳达峰、碳中和纳入生态文明建设整体布局，在"十四五"规划和2035年远景目标纲要中明确提出提升适应气候变化能力等一系列目标任务，并编制了《国家适应气候变化战略2035》。中国所作出的努力正在成为拉动世界经济复苏、引领全球迈向正轨的重要动力。中国积极参与全球及区域性的环境科技合作，大力加强全球性的重大生态环境污染问题的国际协作。

习近平总书记关于加强全球各国人民的密切联系、携手共进、全力推进生态环境领域的国际合作的重要论述，充分反映了人类社会共同价值追求，汇聚了世界各国人民对和平、发展、繁荣向往的最大公约数，为人类社会实现共同发展、持续繁荣、长治久安指明了方向，对中国促进世界和平、共同发展、繁荣进步具有重大而深远的意义。

（二）中国是全球生态文明建设引领者

世界各国人民生活于同一颗星球、呼吸着同一片空气，每个国家都有义务为保护地球生态环境贡献力量，中国始终以负责任的大国姿态与责任，通过加强生态文明建设和全球环境治理，与世界各国共同应对气候变化，开展国际合作交流，为造福人类共有家园而不懈努力。

当前，中国正日益成为全球生态文明建设的重要参与者、贡献者、引领者，发挥在带领各国保护生态、加强污染防治中发挥负责任大国的形象和作用。近年来，中国积极倡导绿色、低碳、循环、可持续的生产生活方式，大力推进联合国2030年可持续发展议程，构筑尊崇自然、绿色发展的全球生态体系。中国大力实行国际生态环境保护合作规划，与世界各国一道将生态、绿色、可持续理念与各国经济、政治、文化相结合，使生态环保理念融入人们生产生活的各个方面，不断提升人们的生态环保意识和参与行动的积极性主动性自觉性。

中国在推进建设清洁美丽世界的进程中，彰显负责任的大国形象，不断增强绿色发展能力，提高生态治理水平，深度参与全球生态修复和环境治理实践，推动建立公正合理、合作共赢的国际环境规则和生态新秩序。积极搭建生态环保的合作平台，与世界各国建立长效合作机制，倡导合作共赢的生态理念，增加政府高层对话，不断扩大国际合作，探讨互惠互利的生态治理联动方案，致力于构建区域绿色发展，加快全球生态环境治理步伐。2015年9月，中国宣布设立200亿元人民币的中国气候变化南南合作基金。在巴黎气候大会开幕式上，习近平主席又提出"十百千"计划，即启动在发展中国家开展10个低碳示范区、100个减缓和适应气候变化项目及1000个应对气候变化培训名额的合作项目。2020年9月，中国向世界作出庄重承诺，中国将提高国家自主贡献力度，采取更加有力的政策和措施，力争在2030年前实现碳达峰、2060年前实现碳中和，加快了共建地球美好家园步伐，为全球生态文明建设作出新的贡献。

（三）积极承担中国应该担负国际义务

习近平总书记在多个场合公开表明，我国在世界生态环境保护方面，能够也愿意承担应尽的责任，承担大国责任担当，携手世界各国共建人类共有的美好家园，努力为解决全球环境问题作出一个负责任的大国应有的贡献。

习近平总书记指出，要大力倡导绿色、低碳、循环、可持续的生产生活方式，中国积极推进应对全球气候变化的多边谈判和国际协商，凝聚共识，努力实现中国政府自主确定的减缓温室气体排放目标。2015年11月30日，他在《携手构建合作共赢、公平合理的气候变化治理机制》讲话中指出："中国为加大对国际环保和应对气候变化的支持力度，中国在今年九月宣布设立二百亿元人民币的中国气候变化南南合作基金。中国将于明年启动在发展中国家开展十个低碳示范区、一百个减缓和适应气候变化项目及一千个应对气候变化培训名额的合作项目，继续推进清洁能源、防灾减灾、生态保护、气候适应型农业、低碳智慧型城市建设等领域的国际合作，并帮助他们提高融资能力。"中国政府大力支持发展中国家特别是最不发达国家、内陆发展中国家、小岛屿发展中国家应对气候变化挑战，有力地推进了全球生态环境治理工作。

2021年6月5日，生态环境部发布的数据显示，中国2020年碳排放强度比 2015 年下降了 18.8%，超额完成了"十三五"约束性目标；我国非化石能源占能源消费的比重达到 15.9%，超额完成了中国向国际社会承诺的2020 年目标。① 中国积极承担应尽的国际义务，同世界各国深入开展生态文明领域的交流合作，推动成果分享，有力地推动了生态良好的地球美好家园建设步伐。这既是习近平总书记对和平与发展时代主题的继承，也是新时代对马克思主义时代主题的创新，向世界贡献了中国大智慧。

三、推动绿色"一带一路"建设

"一带一路"倡议是中国在国际关系中的一项伟大创举。2013 年，习近平总书记提出"一带一路"倡议，指出"要坚持开放、绿色、廉洁理念，把绿色作为底色，推动绿色基础设施建设、绿色投资、绿色金融，保护好我们赖以生存的共同家园。"绿色"一带一路"与联合国 2030 年可持续发展议程在理念、原则和目标方面高度契合。"一带一路"沿线国家和地区覆盖了六十多个国家和地区，人口数额也高达四十亿，不仅涉及政策、贸易、文化、资金的互联互通，而且将生态文明融入建设之中，凝聚了全球环境治理合力，拓展了探寻生态效益和经济效益并重的可持续发展路径，实现了中国将引领沿线国家的战略对接和优势互补，促进了沿线国家更深层次的团结与合作，受到了国际社会的高度评价和广泛认可。

（一）"一带一路"建设蕴含绿色发展

"一带一路"倡议统筹国内国外两个发展大局的要求，秉持可持续发展和绿色思维，对国内外经济建设和生态保护及环境治理具有重要的现实意义，旨在将绿色发展转化为新的综合国力和国际竞争优势，共建"一带一路"已成为有关各国实现共同发展的巨大合作平台。"一带一路"沿线国家多为大陆性气候和高山气候，气候干燥、降水量少，地形多为高原和沙漠，人口压力大，生态环境较为脆弱。有些国家途经多个航运枢纽和能源运输通道，但面临着海洋生态威胁。

---

① 张翼：《能源发展：迈向清洁低碳彰显大国担当》，《光明日报》2021 年 6 月 18 日。

加强"一带一路"建设要将环境治理和绿色发展作为建设的重要内容之一，学习借鉴中国及其他国家生态文明建设经验，加强节能减排技术、环境治污技术、资源开发利用技术的共同研发和交流，减少经济活动对生态环境的破坏，从源头上控制陆源污染物入海排放。推动钢铁、建材、铁路和电力等产业整合升级，向需要该类产品和技术的国家转移，有效地化解国内产能过剩问题。共同应对生态环境风险，要通过绿色经济、绿色技术的转移和合作，拓宽国内发展空间，创造投资机遇和发展红利，促进区域要素流通、产业结构升级和生态环境治理，实现互利共建共赢共享。要坚持绿色发展理念，转变经济发展方式，处理好环境保护与经济发展的关系，严格控制能源资源，开展节能减排。在产业布局、能源开发、土地使用及基础设施建设等项目规划时，要充分评估对生态环境的影响，力求实现经济建设与生态保护相协调。大力开展跨境生态环境治理工程，维护生态系统功能的稳定，制定环境风险应对措施，改善生产生活格局，提升生态环境安全。

（二）绿色"一带一路"深入人心

习近平总书记在"一带一路"国际合作高峰论坛开幕式上发表演讲时指出："我们要践行绿色发展的新理念，倡导绿色、低碳、循环、可持续的生产生活方式，加强生态环保合作，建设生态文明，共同实现2030年可持续发展目标"；"我们将设立生态环保大数据服务平台，倡议建立'一带一路'绿色发展国际联盟，并为相关国家应对气候变化提供援助。"①

"一带一路"绿色发展国际联盟成立以来，我国先后与一百多个国家开展环保交流与合作，中国始终是全球生态文明建设的重要参与者、贡献者，为世界生态环境保护事业贡献中国智慧和中国力量。习近平总书记指出："共建'一带一路'秉持共商共建共享合作原则，坚持开放、绿色、廉洁、合作理念，致力于高标准、惠民生、可持续的合作目标。"②中国在"一带一

---

① 习近平:《携手推进"一带一路"建设——在"一带一路"国际合作高峰论坛开幕式上的演讲》,《人民日报》2017年5月15日。
② 《习近平向"一带一路"亚太区域国际合作高级别会议发表书面致辞》,《人民日报》2021年6月24日。

路"建设实践中始终秉持生态文明理念，让广大发展中国家搭上中国生态文明建设的便车，坚持以生态文明理念为基本引领，在"一带一路"国际合作框架下与相关国家友好协商，提出绿色投资原则，建立"一带一路"绿色发展国际联盟，成立了绿色投资基金，建造"一带一路"生态环保大数据服务平台，创建共建共赢共享的绿色发展格局，构建"一带一路"绿色伙伴关系网络，形成环境国际合作和可持续发展良好互动关系，为"一带一路"高质量发展奠定良好基础，增进了"一带一路"沿线民众福祉，提升了绿色发展水平，为新时代"一带一路"建设奠定了绿色发展之路。

（三）绿色"一带一路"越走越宽广

绿色，成为高质量共建"一带一路"的重要理念之一。习近平总书记强调，"我提出共建'一带一路'倡议，旨在传承丝绸之路精神，携手打造开放合作平台，为各国合作发展提供新动力。8 年来，140 个国家同中方签署了共建'一带一路'合作协议，合作伙伴越来越多。"① 这是我国在新的历史条件下实行高水平对外开放的重大举措，是推动构建人类命运共同体的重要实践平台，不仅为世界经济增长开辟了新空间，为国际贸易和投资搭建了新平台，而且为完善全球经济治理拓展了新实践，为增进世界各国民生福祉作出了新贡献。

"一带一路"追求的是发展，崇尚的是共赢，传递的是希望。"一带一路"倡议得到众多国家和国际组织的积极响应和参与，建设"一带一路"的朋友圈越来越大，合作伙伴越来越多，在国际上的影响越来越深远。自 2013 年以来，中国政府发布系列政策文件强化"一带一路"生态环境保护工作。2013 年发布的《对外投资合作环境保护指南》提出要求，企业应按照东道国环境保护法律法规和标准要求，开展污染防治工作，污染物排放应当符合东道国污染物排放标准规定，并减少对当地生物多样性的不利影响。2015 年发布的《推动共建丝绸之路经济带和 21 世纪海上丝绸之路的愿景与行

---

① 《习近平向"一带一路"亚太区域国际合作高级别会议发表书面致辞》，《人民日报》2021 年 6 月 24 日。

动》，明晰了"一带一路"的总体框架和具体任务，明确将绿色发展融入沿线各个建设领域。2016年，发起《履行企业环保责任共建绿色"一带一路"倡议》。2017年发布的《关于推进绿色"一带一路"建设的指导意见》和《"一带一路"生态环保合作规划》，进一步明确了绿色"一带一路"建设的总体思路和任务措施，提出"推动企业遵守所在国生态环境法律法规、政策和标准"。这些规划和倡议坚持以政策沟通、交通设施联通、贸易畅通、资金融通和民心相通为主核心，以包容性发展为特征，以可持续发展为目标，以促进绿色发展为抓手，旨在发挥国际联通渠道的合作交流作用，加强生态保护对"一带一路"建设的服务和支撑。据商务部2021年6月18日消息，当年1—5月，我国对"一带一路"沿线国家直接投资74.3亿美元，同比增长13.8%。不仅促进了沿线国家转变发展方式，共同创造新发展机遇，而且有力地推动了生态保护和环境治理，赢得了国际社会广泛赞誉。

四、展现中国负责任的大国形象

建设绿色家园是全世界人民的共同心愿与梦想，中国是负责任的发展中大国。习近平总书记指出："我们要担负起加强合作的责任，携手应对全球性风险和挑战。面对脆弱的生态环境，我们要坚持尊重自然、顺应自然、保护自然，共建绿色家园。面对气候变化给人类生存和发展带来的严峻挑战，我们要勇于担当、同心协力，共谋人与自然和谐共生之道。"① 以人类整体视野把握生态环境问题，坚持不懈推进国内生态文明建设。同时，关注全球生态环境问题，积极建设"美丽世界"，充分展现了中国负责任大国应有的责任担当。

（一）中国绿色发展理念为世界提供可资借鉴范例

中国是世界上人口最多的国家，也是全球第二大经济体，通过创新发展路径，搞好生态文明建设，开辟了一条绿色、低碳、可持续发展路径，为发

---

① 习近平：《加强政党合作共谋人民幸福——在中国共产党与世界政党领导人峰会上的主旨讲话》，《人民日报》2021年7月7日。

展中国家提供可资借鉴的示范的经验，是对世界生态环境保护作出的贡献。中国作为负责任的发展中大国，始终坚持正确的义利观，以积极的态度、合作的理念和实际的行动参与全球生态环境治理，采取积极行动应对气候变化，百分之百承担自己的义务，为建设绿色清洁美丽世界贡献中国力量和中国智慧，展现了一个大国应有的担当和占据人类道义制高点的大国情怀，体现了中国共产党人的宽广胸怀，赢得了世界各国的高度赞誉。

我国生态文明建设取得令世界瞩目的成就，生态文明成功的经验为发展中国家提供了可资借鉴的范例，也将对国际的环保事业和可持续发展产生重大影响。习近平总书记指出："我们要把自己的事情做好，这本身就是对构建人类命运共同体的贡献。我们也要通过推动中国发展给世界创造更多机遇，通过深化自身实践探索人类社会发展规律并同世界各国分享。"[①]他强调要坚持绿色发展理念，走绿色发展道路，推动形成绿色发展方式和生活方式，自觉地推动绿色发展、循环发展、低碳发展。正确处理经济发展和生态环境保护的关系，决不走"先污染后治理"的路子，做到既要金山银山、更要绿水青山，保护好中华民族永续发展的本钱，形成人与自然和谐发展现代化建设新格局，为全球生态环境安全作出新贡献。

我国的"生态文明建设做好了，对中国特色社会主义是加分项"。习近平总书记在多个国际场合中表明中国将应对气候变化作为生态文明建设的重要部分来推动，并将绿色发展的先进理念向国际推广："将应对气候变化作为实现发展方式转变的重大机遇，积极探索符合中国国情的低碳发展道路。中国政府已经将应对气候变化全面融入国家经济社会发展的总战略"[②]。只有并肩同行，才能让绿色发展理念深入人心、全球生态文明之路行稳致远。中国在绿色发展理念指引下，致力于实现可持续发展，全面提高适应气候变化能力。新时代中国坚持走绿色发展道路，破解发展与保护的矛盾，在绿色发展领域体现出强大的战略执行力度效度，向世界展示了绿色发展和生

---

① 习近平：《携手建设更加美好的世界——在中国共产党与世界政党高层对话会上的主旨讲话》，《人民日报》2017年12月2日。
② 《习近平出席联合国气候变化问题领导人工作午餐会》，《人民日报》2015年9月29日。

态治理的担当精神，提供了可供借鉴的成功范例，对于推进全球绿色发展具有重要价值和现实意义。

（二）为建立新的世界生态格局提供中国经验

习近平总书记高度重视中国生态文明建设，在抓好经济社会建设的同时，不断加强生态文明的统筹谋划，注重顶层设计和制度体系建设，大力推进蓝天、碧水、净土攻坚战，加大推进生态文明建设力度，携手共建天蓝、地绿、水清的美丽中国，生态文明建设取得巨大成就，积累了一定的成功经验。

思想高度重视，列入发展规划。以习近平同志为核心的党中央坚持把生态文明建设纳入中国特色社会主义事业"五位一体"总体布局，把"美丽中国"作为生态文明建设的宏伟目标，融入经济建设、政治建设、文化建设、社会建设各方面和全过程，建立并实施最严格的生态环境保护制度。不断加强生态文明制度体系建设，生态文明理念日益深入人心，生态文明建设力度进一步加强，使美丽中国建设进入快车道。

注重抓点带面，树立先进典型。我国在生态文明建设过程中，根据各地的具体情况，因地制宜，总结经验，先后涌现一大批先进单位及优秀典型，有力推动了全国的生态文明建设。浙江省"千村示范、万村整治"工程，高度契合联合国 2030 年可持续发展目标，有效解决了经济、环境、社会的三维发展问题，连续荣获联合国最高环境荣誉"地球卫士奖"。河北塞罕坝林场建设者，从"黄沙漫天、草木难生"的荒原变成拥有 112 万亩林海的世界最大人工林，在人类生态文明发展史上，树起了一座中国丰碑，为世界环境建设提供了中国样本，习近平总书记称其为"推进生态文明建设的一个生动范例"。内蒙古鄂尔多斯高原北部与河套平原交界地带的库布其沙漠是我国的第七大沙漠。几十年来，库布其人一代接着一代干、一张蓝图绘到底，治沙面积达 6000 多平方千米。2017 年 12 月，库布其治沙项目负责人王文彪，在第三届联合国环境大会上荣获"地球卫士奖"。

既抓好当前，又着眼长远。我国生态文明建设的一条重要经验就是统筹安排，长远规划。目前，我国在圆满完成"十三五"规划生态环境治理任务后，又提出"十四五"时期，我国生态文明建设进入了以降碳为重点战略方向、推动减污降碳协同增效、促进经济社会发展全面绿色转型、实现生态环境质量改善由量变到质变。习近平总书记指出，到2035年，生态环境质量实现根本好转，美丽中国目标基本实现；到本世纪中叶，生态文明全面提升，实现生态环境领域国家治理体系和治理能力现代化。

新时代中国生态文明建设的经验，不仅有力地推进了我国的生态保护和环境治理，而且为世界改善环境和应对全球变暖贡献了中国经验、中国智慧、中国力量。

（三）中国生态文明建设成就得到国际社会认可

党的十八大以来是我国生态文明建设力度最大、举措最实、推进最快、成效最好的时期，不仅取得了举世瞩目的伟大成绩，也得到国际社会的广泛认可，为世界生态治理提供了可借鉴的示范。

2013年2月，联合国环境规划署第二十七次理事会通过了推广中国生态文明理念的决定草案，中国生态文明建设战略甚至被国际社会认为是能够从根本上化解环境危机、给世界未来带来和谐共赢的"中国方案"。2014年，联合国环境规划署将库布其沙漠生态治理区确立为"全球沙漠生态经济示范区"。2016年5月，联合国环境规划署发布题为《绿水青山就是金山银山：中国生态文明战略与行动》的报告，对习近平总书记的绿色发展思想和中国的生态文明理念给予了高度评价，赞扬中国生态文明建设的实践与成效。中国提出加强国际生态建设和环境治理理念，充分显示了中国共产党和中国人民的博大胸襟和使命担当，赢得了国际社会广泛共识。在2016年第二届联合国环境大会上，中国生态文明战略与行动的报告由联合国环境规划署发布，"构建人类命运共同体"理念被写入联合国决议，中国经验在国际社会推广。2017年2月10日写入联合国决议，同年3月17日又将其载入安理会决议，3月23日再将其载入联合国人权理事会决议。2018年5月，国际能源署等机构联合发布的最新报告认为，中国对全球能源发展贡献突出，中国在工业领域能耗降低最为显著，中国每年能效改善率超过了3%，在发展中国家中首屈一指。

　　作为"基于自然的解决方案"（NBS）的牵头方之一，2019 年 9 月，在联合国气候行动峰会期间，中国与大自然保护协会成功举办了"基于自然的解决方案"在中国的实践与展望研讨会，并被列为联合国应对气候变化的九大领域之一。中国作出这些重大战略决策和中国为世界贡献的中国生态文明建设经验，着眼于中华民族永续发展和全球生态环境保护与治理，为世界生态环境贡献了做法经验和实践案例，赢得国际社会的高度重视和普遍欢迎。

　　总之，共谋全球生态文明建设理念，基于中国生态环境现状与全球生态大背景，大力倡导与全人类一起共建人类命运共同体，用一系列绿色承诺、实际行动为全球环境治理贡献中国智慧和方案，注入中国活力，突破了狭隘的国家生态利益，对于改善全球生态危机和加快环境治理具有重要理论意义和指导价值，得到了国际社会与联合国的高度认可，为发展中国家解决生态环境发展问题提供了中国经验和实践路径，充分彰显了中国特色社会主义生态文明建设的独特魅力。

参考文献

一、著作类

1.《马克思恩格斯全集》第 1 卷，人民出版社 1956 年版。

2.《马克思恩格斯全集》第 2 卷，人民出版社 1957 年版。

3.《马克思恩格斯全集》第 3 卷，人民出版社 1960 年版。

4.《马克思恩格斯全集》第 4 卷，人民出版社 1995 年版。

5.《马克思恩格斯全集》第 20 卷，人民出版社 1979 年版。

6.《马克思恩格斯全集》第 23、25 卷，人民出版社 1974 年版。

7.《马克思恩格斯全集》第 42 卷，人民出版社 1979 年版。

8.《马克思恩格斯选集》第 1、3、4 卷，人民出版社 1995 年版。

9.《马克思恩格斯选集》第 31 卷，人民出版社 1972 年版。

10.《马克思恩格斯文集》第 1、5、7、9、10 卷，人民出版社 2009 年版。

11. 马克思:《资本论》第 1 卷，人民出版社 1975 年版。

12. 马克思:《1844 年经济学哲学手稿》，人民出版社 2000 年版。

13. 恩格斯:《自然辩证法》，人民出版社 2015 年版。

14.《列宁选集》第 2 卷，人民出版社 l995 年版。

15.《毛泽东选集》第 4 卷，人民出版社 l991 年版。

16.《毛泽东著作选读》（下），人民出版社 1986 年版。

17.《毛泽东文集》第六—八卷，人民出版社 1999 年版。

18.《毛泽东论林业（新编本)》，中央文献出版社 2003 年版。

19. 张秋锦：《毛泽东、邓小平、江泽民关于"三农"问题的部分论述》，中国农业出版社 2005 年版。

20.《建国以来毛泽东文稿》第一册，中央文献出版社 1992 年版。

21.《邓小平文选》第二卷，人民出版社 1994 年版。

22.《邓小平文选》第三卷，人民出版社 1993 年版。

23.《邓小平文集》（下卷），人民出版社 2004 年版。

24.《邓小平论旅游》，中央文献出版社 2000 年版。

25.《建国以来重要文献选编》第十二册，中央文献出版社 1996 年版。

26.《新时期党和国家领导人论林业与生态建设》，中央文献出版社 2001 年版。

27.《江泽民文选》第一——三卷，人民出版社 2006 年版。

28.《江泽民论有中国特色社会主义（专题摘编）》，中央文献出版社 2002 年版。

29.《十六大以来重要文献选编》（上），中央文献出版社 2005 年版。

30.《十六大以来重要文献选编》（中），中央文献出版社 2006 年版。

31.《习近平谈治国理政》，外文出版社 2014 年版。

32.《习近平谈治国理政》第二卷，外文出版社 2017 年版。

33.《习近平谈治国理政》第三卷，外文出版社 2020 年版。

34.《习近平关于社会主义生态文明建设论述摘编》，中央文献出版社 2017 年版。

35.《习近平总书记系列重要讲话读本（2016 年版)》，学习出版社、人民出版社 2016 年版。

36. 习近平：《之江新语》，浙江人民出版社 2007 年版。

37. 习近平：《干在实处　走在前列》，中共中央党校出版社 2014 年版。

38.《习近平关于全面深化改革论述摘编》，中央文献出版社 2014 年版。

39. 习近平：《在省部级主要领导干部学习贯彻党的十八届五中全会精神专题研讨班上的讲话》，人民出版社 2016 年版。

40.《习近平关于全面建成小康社会论述摘编》，中央文献出版社 2016 年版。

41. 习近平：《习近平新时代中国特色社会主义思想三十讲》，学习出版社 2018 年版。

42. 习近平：《决胜全面建成小康社会　夺取新时代中国特色社会主义伟大胜利——在中国共产党第十九次全国代表大会上的报告》，人民出版社 2017 年版。

43.《新时代面对面》，学习出版社、人民出版社 2018 年版。

44.《习近平新时代中国特色社会主义思想学习纲要》，学习出版社、人民出版社 2019 年版。

45.《习近平总书记重要讲话文章选编》，中央文献出版社、党建读物出版社 2016 年版。

46.《美丽中国生态文明建设五讲》，人民出版社 2013 年版。

47. 刘增惠：《马克思主义生态思想及实践研究》，北京师范大学出版社 2010 年版。

48. 杜秀娟：《马克思主义生态哲学思想历史发展研究》，北京师范大学出版社 2011 年版。

49. 沈月：《生态马克思主义价值研究》，人民出版社 2015 年版。

50. 王雨辰：《生态学马克思主义与生态文明研究》，人民出版社 2015 年版。

51. 王雨辰：《走进生态文明》，湖北人民出版社 2011 年版。

52. 李惠斌等：《生态文明与马克思主义》，中央编译出版社 2008 年版。

53. 李世书：《生态学马克思主义的自然观研究》，中央编译出版社 2010 年版。

54. 周光迅等：《马克思主义生态哲学综论》，浙江大学出版社 2015 年版。

55. 刘仁胜：《生态马克思主义概论》，中央编译出版社 2007 年版。

56. 董强年：《马克思主义生态观研究》，人民出版社 2015 年版。

57. 李宏伟：《马克思主义生态观与当代中国实践》，人民出版社 2015 年版。

58. 方世南：《马克思恩格斯的生态文明思想》，人民出版社 2017 年版。

59. 贾卫列等：《生态文明建设概论》，中央编译出版社 2013 年版。

60.《中外生态文明建设 100 例》，百花洲文艺出版社 2017 年版。

61. 杨玫等：《生态文明与美丽中国建设研究》，中国水利水电出版社 2017 年版。

62. 陶良虎等：《美丽中国生态文明建设的理论与实践》，人民出版社 2014 年版。

63. 沈满洪等：《生态文明建设从概念到行动》，中国环境出版社 2014 年版。

64. 沈满洪：《生态文明建设思路与出路》，中国环境出版社 2014 年版。

65. 刘思华：《生态文明与绿色低碳经济发展总论》，中国财政经济出版社 2011 年版。

66. 林红、严子杰：《生态文明建设案例教程》，中共中央党校出版社2013年版。

67. 顾钰民等：《新时代中国特色社会主义生态文明体系研究》，上海人民出版社2019年版。

68. 吴凤章：《生态文明构建：理论与实践》，中央编译出版社2007年版。

69. 李娟：《中国特色社会主义生态文明建设研究》，经济科学出版社2013年版。

70. 郇庆治等：《生态文明建设十讲》，商务印书馆2014年版。

71. 韩春香：《美丽中国视阈下生态文明建设的理论与路径新探》，中国水利水电出版社2017年版。

72. 环境保护部环境与经济政策研究中心编著：《生态文明制度建设概论》，中国环境出版社2015年版。

73. [美] 维托·坦茨：《政府与市场：变革中的政府职能》，王宇等译，商务印书馆2015年版。

74. 黄承梁：《新时代生态文明建设思想概论》，人民出版社2018年版。

75. 王夫之：《张子正蒙注》，中华书局1975年版。

76. 方勇年：《孟子译注》，中华书局2010年版。

77. 袁亚平：《之江长风——"绿水青山就是金山银山"十年纪事》，浙江文艺出版社2015年版。

78. 刘定平：《生态价值取向研究》，中国书籍出版社2013年版。

79. 胡安水：《生态价值概论》，人民出版社2013年版。

80. [英] 戴维·佩珀：《生态社会主义：从深生态学到社会正义》，刘颖译，山东大学出版社2005年版。

81. 赵凌云等：《中国特色生态文明建设道路》，中国财政经济出版社2014年版。

82. [美] 杰克·奈特：《制度与社会冲突》，周伟林译，上海人民出版社2009年版。

83. 全国干部培训教材编审指导委员会组织编写：《建设美丽中国》，人民出版社、党建读物出版社2015年版。

84. 黄娟：《生态文明与中国特色社会主义现代化》，中国地质大学出版社2014年版。

85.[苏] 弗罗洛夫：《人的前景》，王思斌、潘信之译，中国社会科学出版社1989年版。

86.《贯彻落实习近平新时代中国特色社会主义思想在改革发展稳定中攻坚克难案例·生态文明建设》，党建读物出版社2019年版。

87.张剑：《社会主义与生态文明建设》，社会科学出版社2016年版。

88.燕芳敏：《现代视域下的生态文明建设研究》，山东人民出版社2016年版。

89.王春益：《生态文明与美丽中国梦》，社会科学文献出版社2014年版。

90.潘家华等：《生态文明建设的理论构建与实践探索》，中国社会科学出版社2019年版。

91.曹前发：《建设美丽中国》，人民教育出版社2019年版。

二、期刊类

1.余谋昌：《生态文明是人类的第四文明》，《绿叶》2006年第11期。

2.曹前发：《生态建设是造福子孙后代的伟大事业》，《红旗文稿》2014年第9期。

3.郑汉华：《江泽民同志生态文明思想述要》，《毛泽东思想研究》2008年第4期。

4.曹前发：《习近平生态观》，《毛泽东思想研究》2017年第11期。

5.《关于〈中共中央关于制定国民经济和社会发展第十三个五年规划的建议〉的说明》，《求是》2015年第22期。

6.王雨辰：《论生态学马克思主义的生态价值观》，《北京大学学报（哲学社会科学版)》2009年第5期。

7.曾国屏：《唯物史观视野中的产业哲学》，《哲学研究》2006年第8期。

8.靳媛媛、彭福扬：《产业发展机理与生态建设》，《自然辩证法研究》2018年第11期。

9.习近平：《推动我国生态文明建设迈上新台阶》，《求是》2019年第3期。

10.倪珊、何佳等：《生态文明建设中不同行为主体的目标指标体系构建》，《环境污染与防治》2013年第3期。

11.王金南、曹国志等：《国家环境风险防控与管理体系框架构建》，《中国环境科学》2013年第1期。

12. 彭蕾、尹洁：《论马克思主义人化自然观与生态共同体的构建》，《毛泽东邓小平理论研究》2020 年第 10 期。

13. 杨莉、刘继汉、尹才元：《浅论自然辩证法中的生态意蕴及现实价值》，《自然辩证法研究》2018 年第 4 期。

14. 杨晓蔚：《安吉县"中国美丽乡村"建设的实践与启示》，《政策瞭望》2012 年第 9 期。

15. 汪汉忠：《生态文明：马克思主义新境界的解读路径》，《唯实》2009 年第 5 期。

16. 赵成：《马克思的生态思想及其对我国生态文明建设的启示》，《马克思主义与现实》2009 年第 2 期。

17. 鲁成波：《儒道生态理念与现代生态伦理构建》，《山东师范大学学报（社会科学版）》2008 年第 6 期。

18. 陈学明：《"生态马克思主义"对于我们建设生态文明的启示》，《复旦学报（社会科学版）》2008 年第 4 期。

19. 朱国芬、李俊奎：《结构化理论视角下的生态教育方法探析》，《兰州学刊》2009 年第 5 期。

20. 冯飞龙：《马克思的多维自然观与当代生态文明建设》，《求实》2009 年第 10 期。

21. 黄志斌、任雪萍：《马克思恩格斯生态思想及当代价值》，《马克思主义研究》2008 年第 7 期。

22. 夏光：《建立系统发展的生态文明制度体系——关于中国共产党十八届三中全会加强生态文明建设的思考》，《环境与可持续发展》2014 年第 2 期。

23. 梁同贵：《中国产业结构变动与经济增长关系的国际比较研究》，《广西经济管理干部学院学报》2010 年第 4 期。

24. 陈洪波、潘家华：《我国生态文明建设理论与实践进展》，《中国地质大学学报（社会科学版）》2012 年第 5 期。

25. 晔枫、谷亚光：《马克思的生态学思想及当代价值》，《马克思主义研究》2009 年第 8 期。

26. 方世南：《社会主义生态文明是对马克思主义文明系统理论的丰富和发展》，

《马克思主义研究》2008 年第 4 期。

27. 卞苏徽：《以政府转型带动经济发展方式转变》，《特区实践与理论》2010 年第 6 期。

28. 方世南：《西方建设性后现代主义的生态文明理念》，《上海师范大学学报（哲学会科学版）》2009 年第 2 期。

29. 邹晶：《卡伦堡工业共生体系：工业生态学实践者》，《世界环境》2005 年第 3 期。

30. 郭学军、张红海：《论马克思恩格斯的生态理论与当代生态文明建设》，《马克思主义与现实》2009 年第 1 期。

31. 白如金：《论传媒竞争与品牌创造》，《中国经贸导刊》2010 年第 22 期。

32. 季爱民：《论科学发展观的生态伦理意蕴》，《毛泽东思想研究》2010 年第 3 期。

33. 马艳、王宝珠：《全球变化背景下生态技术与制度协同发展》，《学术月刊》2014 年第 7 期。

34. 邓坤金、李国兴：《简论马克思主义的生态文明观》，《哲学研究》2010 年第 5 期。

35. 郭军、郭冠超：《对加快发展海洋经济的战略思考》，《环渤海经济瞭望》2010 年第 12 期。

36. 顾钰民：《论生态文明制度建设》，《福建论坛（人文社会科学版）》2013 年第 6 期。

37. 徐嘉勃等：《从共建型园区视角论中国产业园区模式对埃塞俄比亚经济发展的影响》，《国际城市规划》2018 年第 3 期。

38. 李培超：《论生态文明的核心价值及其实现模式》，《当代世界与社会主义》2011 年第 1 期。

39. 陆静超：《"十二五"时期我国新能源产业发展对策探析》，《理论探讨》2011 年第 1 期。

40. 孙佑海：《生态文明建设需要法治的推进》，《中国地质大学学报（社会科学版）》2013 年第 3 期。

41. 史方倩：《马克思主义生态观及其现代价值》，《理论月刊》2011 年第 1 期。

42. 刘登娟、邓玲、黄勤：《以制度体系创新推动中国生态文明建设——从"制度陷阱"到"制度红利"》，《求实》2014 年第 2 期。

43. 刘建伟：《习近平生态文明建设思想中蕴含的四大思维》，《求实》2015 年第 4 期。

44. 马亚茜：《构建高效生态农业，打造生态文明基础——访生态文明理论的奠基人、著名生态产业专家刘宗超博士》，《神州》2011 年第 6 期。

45. 李赛男、辛倬语：《清洁能源发展对内蒙古能源产业的影响及对策研究》，《经济研究导刊》2015 年第 16 期。

46. 常纪文、裴晓桃：《"十四五"期间建设美丽中国的目标和行动》，《环球教育》2021 年第 11 期。

47. 洪大用：《关于中国环境问题和生态文明建设的新思考》，《探索与争鸣》2013 年第 10 期。

48. 李德栓：《论习近平同志认识人与自然关系的两个维度》，《毛泽东思想研究》2016 年第 2 期。

49. 蔡玉梅：《科学规划塑造美好家园——国土空间开发规划的国际经验及启示》，《资源导刊》2011 年第 12 期。

50. 唐小芹：《论习近平生态思想的时代意义》，《中南林业科技大学学报》2015 年第 6 期。

51. 吴瑾菁、祝黄河：《"五位一体"视域下的生态文明建设》，《马克思主义与现实》2013 年第 1 期。

52. 荣开明：《努力走向社会主义生态文明新时代——略论习近平推进生态文明建设的新论述》，《学习论坛》2017 年第 1 期。

53. 钟静婧：《多重视角下我国国土空间开发策略及战略格局》，《城市》2011 年第 10 期。

54. 王凤珍：《有机马克思主义：问题、进路及意义》，《哲学研究》2015 年第 8 期。

55. 冯留建：《科技革命与中国特色社会主义生态文明建设》，《当代世界与社会主义》2014 年第 2 期。

56. 陶良虎：《建设生态文明打造美丽中国——学习习近平总书记关于生态文明

建设的重要论述》，《理论探索》2014 年第 2 期。

57. 贾卫列：《生态文明建设的内容》，《神州》2012 年第 3 期。

58. 李兵：《坚持生态优先建设美丽乡村》，《红旗文稿》2016 年第 8 期。

59. 方世南：《深刻认识生态文明建设在五位一体总体布局中的重要地位》，《学习论坛》2013 年第 1 期。

60. 娄伟、潘家华：《"生态红线"与"生态底线"概念辨析》，《人民论坛》2015 年第 36 期。

61. 刘海霞：《不能将生态文明等同于后工业文明——兼与王孔雀教授商榷》，《生态经济》2011 年第 2 期。

62. 李干杰：《积极推动生态环境保护管理体制机制改革促进生态文明建设水平不断提升》，《环境保护》2014 年第 1 期。

63. 包双叶：《社会转型、时空压缩与生态文明建设》，《华东师范大学学报（哲学社会科学版）》2014 年第 4 期。

64. 夏从亚、原丽红：《生态理性的发育与生态文明的实现》，《自然辩证法研究》2014 年第 1 期。

65. 李萌：《2014：中国生态补偿制度总体评估》，《生态经济》2015 年第 12 期。

66. 王玉庆：《深刻认识和加快推进生态文明建设》，《中国高等教育》2014 年第 2 期。

67. 黄承梁：《论生态文明融入经济建设的战略考量与路径选择》，《自然辩证法研究》2017 年第 1 期。

68. 张高丽：《大力推进生态文明努力建设美丽中国》，《求是》2013 年第 23 期。

69. 赵建军：《"新常态"视域下的生态文明建设解读》，《中国党政干部论坛》2014 年第 12 期。

70. 黄承梁：《以人类纪元史观范畴拓展生态文明认识新视野——深入学习习近平同志"金山银山"与"绿水青山"论》，《自然辩证法研究》2015 年第 2 期。

71. 薛达元等：《中国履行〈生物多样性公约〉行动、进展与展望》，《生物多样性》2012 年第 5 期。

72. 黄寰、郭义盟：《自然契约、生态经济系统与城市群协调发展》，《社会科学研究》2017 年第 4 期。

73. 黄承梁:《以"四个全面"为指引走向生态文明新时代——深入学习贯彻习近平总书记关于生态文明建设的重要论述》,《求是》2015 年第 16 期。

74. 姜亦华:《用生态理性匡正经济理性》,《红旗文稿》2012 年第 3 期。

75. 张云飞:《生态理性:生态文明建设的路径选择》,《中国特色社会主义研究》2015 年第 1 期。

76. 黄承梁:《社会主义生态文明思潮到社会形态的历史演进》,《贵州社会科学》2015 年第 8 期。

77. 曾刚:《基于生态文明的区域发展新模式与新路径》,《云南师范大学学报 (哲学社会科学版)》2009 年第 9 期。

78. 杨卫军:《新型城镇化进程中生态文明建设面临的困境与突破路径》,《理论月刊》2015 年第 7 期。

79. 黄承梁:《传承与复兴:论中国梦与生态文明建设》,《东岳论丛》2014 年第 9 期。

80. 陈剑锋:《建设生态文明:社会经济可持续发展的新途径》,《改革与发展》2008 年第 8 期。

81. 郭如才:《为中国梦的实现创造更好的生态条件——十八大以来党中央关于生态文明建设的思想与实践》,《党的文献》2016 年第 2 期。

82. 王向红:《美国的环境正义运动及其影响》,《福建师范大学学报 (哲学社会科学版)》2007 年第 4 期。

三、报纸类

1. 江泽慧:《构建生态文化体系》,《西安日报》2013 年 4 月 22 日。

2. 诸大建:《"深绿色革命"要做到"三个融合"》,《解放日报》2019 年 7 月 16 日。

3. 王小锡:《一部推进我国生态文明发展之理论力作》,《光明日报》2013 年 6 月 4 日。

4. 中国生态文明研究与促进会:《生态之美装扮美丽中国》,《光明日报》2019 年 9 月 16 日。

5.公方彬:《"新时代"是一个重要的政治概念》,《焦作日报》2017年10月27日。

6.张倩:《碳排放快速增长局面得到初步扭转》,《中国环境报》2018年11月27日。

7.张健民:《无边沙海变林海不尽绿浪滚滚来》,《经济日报》2018年10月10日。

8.黄俊毅:《给祖国北方围上绿腰带》,《经济日报》2018年11月29日。

9.张建龙:《绿色可持续发展必须践行"两山"理念》,《中国环境报》2018年10月22日。

10.王轶辰:《为中国经济快车添加不竭动力》,《经济日报》2018年11月7日。

11.评论员:《转变发展方式推进人与自然和谐共处》,《中国环境报》2018年11月6日。

12.杜宣逸:《生态环境部通报工业集聚区水污染防治工作阶段性进展》,《中国环境报》2018年11月8日。

13.储成君:《以生态环境高水平保护推动经济高质量发展》,《中国环境报》2018年10月26日。

14.黄润秋:《建设人与自然和谐共生的美丽中国》,《中国环境报》2021年7月6日。

15.常纪文:《生态文明建设的成效、问题与前景》,《人民日报》2018年10月29日。

16.《生态环境部9月例行新闻发布会实录》,《中国环境报》2018年10月8日。

17.生态环境部党组:《谱写生态环境保护事业新篇章》,《中国环境报》2018年11月2日。

18.杨舒、张蕾:《党的十八大以来生态文明建设成果述评》,《光明日报》2018年10月8日。

19.刘瑾:《像呵护生命般守护美丽家园》,《经济日报》2019年9月24日。

20.刘毅:《环保整改必须真改》,《人民日报》2018年10月27日。

21.本报评论员:《新征程上,必须坚持中国共产党坚强领导》,《人民日报》2021年7月5日。

22.杜宣逸:《生态环境部通报1—10月环境行政处罚案件与〈环境保护法〉配

套办法执行情况》，《中国环境报》2018 年 11 月 26 日。

23. 李慧、訾谦：《森林城市，让百姓诗意栖居》，《光明日报》2018 年 10 月 21 日。

24. 寇江泽、史自强：《工业污染防治向纵深推进》，《人民日报》2018 年 10 月 27 日。

25. 熊志：《把土壤污染防治放在更重要位置》，《光明日报》2018 年 10 月 30 日。

26. 韩长赋：《保护长江水生生物资源确保生命长江永续发展》，《农民日报》2018 年 11 月 26 日。

27. 施里亚·达斯古兼塔：《中国灵长类动物面临灭绝》，《环球时报》2018 年 9 月 27 日。

28. 邢核：《学习贯彻十九大精神做好环境监测工作》，《中国环境报》2018 年 10 月 11 日。

29. 曹平：《用制度保障改革行稳致远》，《人民日报》2019 年 1 月 16 日。

30. 刘福森：《生态文明建设中的几个基本理论问题》，《光明日报》2013 年 1 月 15 日。

31. 洪大用：《加快建设绿色发展体系》，《人民日报》2018 年 4 月 24 日。

32. 宋杨：《中国绿色 GDP 绩效评估报告（二〇一八年全国卷）发布》，《中国环境报》2018 年 12 月 24 日。

33. 刘晓星：《在建设美丽中国的道路上阔步前进》，《中国环境报》2021 年 6 月 24 日。

34.《中共中央国务院关于全面加强生态环境保护　坚决打好污染防治攻坚战的意见》，《人民日报》2018 年 6 月 25 日。

35.《中共中央国务院印发〈生态文明体制改革总体方案〉》，《人民日报》2015 年 9 月 22 日。

36.《大气污染防治行动计划》，《人民日报》2013 年 9 月 13 日。

37. 王雅卓、郑素娟：《探索完善生态文明建设的机制保障》，《光明日报》2013 年 8 月 25 日。

38.《中共中央国务院关于加快推进生态文明建设的意见》，《人民日报》2015 年 5 月 6 日。

39.陈健鹏、韦永祥等:《完善生态文明建设政府目标责任体系》,《学习时报》2018年12月5日。

40.彭波:《为生态文明建设提供有力司法保障》,《人民日报》2019年2月15日。

41.徐君、王育红、郭学鹏:《建立和完善最严格的环境保护制度》,《光明日报》2015年12月17日。

42.李干杰:《在2019年全国生态环境保护工作会议上的讲话》,《中国环境报》2019年1月28日。

43.郭薇、霍桃等:《迈向绿色繁荣新世界》,《中国环境报》2019年6月3日。

44.吕望舒:《改革创新激发生态文明建设澎湃动力》,《中国环境报》2021年6月29日。

45.李干杰:《守护良好生态环境这个最普惠的民生福祉》,《人民日报》2019年6月3日。

46.《公民生态环境行为调查报告（2019年)》,《中国环境报》2019年6月3日。

47.安东:《环球舆情调查中心发布报告:大气污染防治呼吁公众参与》,《环境时报》2019年6月4日。

48.黄承梁:《认真学习总书记在内蒙古代表团重要讲话精神》,《中国环境报》2019年3月8日。

49.王丹:《生态兴则文明兴生态衰则文明衰》,《光明日报》2015年5月8日。

50.危旭芳:《绿色发展的五个维度》,《学习时报》2016年2月22日。

51.高世楫、陈健鹏:《生态文明建设重在污染防治》,《人民日报》2014年4月4日。

52.陆军:《坚定信心坚持不懈打好污染防治攻坚战》,《中国环境报》2018年12月17日。

53.武卫政、顾春、王浩:《不断增强农民的获得感幸福感——浙江持续推进"千村示范、万村整治"工程纪实》,《人民日报》2018年12月29日。

54.谢佳沥:《砥砺七十载大美中国梦》,《中国环境报》2019年9月27日。

55.刘瑾:《像呵护生命般守护美丽家园》,《经济日报》2019年9月24日。

56.李广义:《绿色发展理念的实践性品格》,《中国环境报》2019年9月9日。

57. 毛佩瑾：《综合施策是人居环境改善的关键》，《学习时报》2019 年 9 月 18 日。

58. 陈小平：《以顽强斗争精神打好污染防治攻坚战》，《中国环境报》2019 年 9 月 17 日。

59. 刘晋祎：《人与自然和谐共生思想的四重哲学意蕴》，《中国环境报》2019 年 9 月 10 日。

60. 刘毅：《保持加强生态文明建设的战略定力》，《人民日报》2020 年 6 月 5 日。

61. 刘立平：《以良好生态环境助力高质量发展》，《中国环境报》2020 年 8 月 24 日。

62. 郑归初：《加强团结合作推动构建人类命运共同体》，《学习时报》2020 年 10 月 23 日。

63. 诸大建：《高质量发展是守住自然生态安全边界的发展》，《文汇报》2020 年 12 月 1 日。

64. 夏连琪、刘红：《全力打造生态文明七个新高地》，《中国环境报》2020 年 12 月 29 日。

65. 方敏：《让护环境促经济惠民生相辅相成》，《人民日报》2020 年 12 月 17 日。

66. 薛建兴：《开拓发展和保护协同共生新路径》，《中国自然资源报》2020 年 10 月 30 日。

67. 刘书文：《让守护绿水青山成为习惯》，《人民日报》2020 年 9 月 8 日。

68. 孙秀艳、刘毅、寇江泽：《用最严格制度最严密法治保护生态环境》，《人民日报》2020 年 8 月 17 日。

69. 赵新：《纪念"两山"理念提出 15 周年系列评论》，《中国自然资源报》2020 年 8 月 7 日。

70. 刁龙：《理解习近平生态文明思想的三重意蕴》，《中国社会科学报》2021 年 1 月 2 日。

71. 王波：《以系统观念谋划山水林田湖草沙治理工程》，《中国环境报》 2021 年 3 月 11 日。

72. 李姝睿：《为全球生态文明建设贡献中国力量》，《解放军报》2021 年 2 月 21 日。

73. 王玮：《一切为了人民群众能拥有优良的生态环境》，《中国环境报》2021 年6 月 28 日。

74. 赵建军：《党政领导干部对生态文明建设认识越来越深入》，《中国环境报》2021 年6 月 30 日。

75. 谢佳沥：《忠诚担当不辱使命，在攻坚战场上展现铁军精神》，《中国环境报》2021 年6 月 30 日。

76. 刘晓星：《在建设美丽中国的道路上阔步前进》，《中国环境报》2021 年6 月24 日。

77. 罗小锋：《以绿色发展引领乡村振兴的五个机制》，《经济日报》2021 年7 月5 日。

78. 本报评论员：《共襄伟业，不断推动构建人类命运共同体》，《人民日报》2021 年7 月6 日。

79.《生态环境部通报优化执法方式第三批典型案例》，《中国环境报》2021 年7 月7 日。

80. 任理军：《加快建立完善生态环境安全管理体系》，《中国环境报》2021 年7 月7 日。

81. 叶海涛：《习近平生态文明思想的科学方法论》，《光明日报》2020 年7 月22 日。

82. 吴守蓉：《把西藏打造成生态文明高地》，《光明日报》2021 年7 月30 日。

83. 俞海：《促进经济社会发展全面绿色转型，建设人与自然和谐共生的现代化》，《中国环境报》2021 年8 月12 日。

84. 王浩、游仪等：《美丽乡村更宜居群众生活更幸福》，《人民日报》2021 年8 月21 日。

85. 刘毅：《为全球气候治理提供坚实科学支撑》，《人民日报》2021 年8 月24 日。

86. 崔唯航：《必须不断推动构建人类命运共同体》，《光明日报》2021 年8 月25 日。

87. 文雯：《坚决守好改善生态环境生命线筑牢绿色屏障》，《中国环境报》2021 年8 月31 日。

88. 姜昱子：《人与自然和谐共生的实践路径》，《光明日报》2021 年 9 月 3 日。

89. 姜华：《推动减污降碳协同增效共促人与自然和谐共生》，《中国环境报》2021 年 9 月 6 日。

90. 刘桂环、文一惠等：《解读〈关于深化生态保护补偿制度改革的意见〉》，《中国环境报》2021 年 9 月 15 日。

91. 苏怡、吴莎莎等：《统筹推进生态保护和经济发展 奋力书写新时代绿色答卷》，《陕西日报》2021 年 9 月 19 日。

后 记

习近平总书记十分重视生态文明建设，从梁家河，到河北、福建、浙江、上海，一直到党中央，可清晰地看到，他准确把握时代特征，积极顺应人民期待，主动应对环境挑战，充分彰显执政担当。特别是党的十八大以来，始终把生态保护和环境治理问题看得很重，不论是在党和国家召开重要会议上的讲话，还是在国内视察及出国访问，足迹遍布大江南北、城市乡村、草原沙漠、山地林区、雪域高原、异国他乡，几乎每到一地都有对生态文明建设的深邃思考和指示要求，强调要抓好生态文明建设，加快建设美丽中国，期望让人们生活在优美的生态环境之中，努力实现人与自然和谐共生的现代化。

在海南，习近平总书记为发展定位：青山绿水、碧海蓝天是海南最强的优势和最大的本钱，要留住"云散月明谁点缀，天容海色本澄清""飞泉泻万仞，舞鹤双低昂"那样的风景。

在湖南，他谆谆告诫："洞庭波涌连天雪，长岛人歌动地诗""长烟一空，皓月千里，浮光跃金，静影沉璧"，这样的乡情美景不能弄没了，要与现代生活融为一体。

在青海，他殷殷嘱托：青海最大的价值在生态、最大的责任在生态、最大的潜力在生态，一定要确保"一江清水向东流"。

在黑龙江，他强调：林区转型发展既要保护好生态，也要保障好民生。要按照绿水青山就是金山银山、冰天雪地也是金山银山的思路，摸索接续产业发展路子。

在雄安新区，他再三叮嘱："千年大计"，就要从"千年秀林"开始，努力接续展开蓝绿交织、人与自然和谐相处的优美画卷。

在国外访问及演讲时，他以世界视野和大国情怀坚定地说："我们将全面提高适应气候变化能力，坚持节约资源和保护环境的基本国策，建设天蓝、地绿、水清的美丽中国。""坚持绿色低碳，建设一个清洁美丽的世界。""中国愿意继续承担同自身国情、发展阶段、实际能力相符的国际责任"……

近年来，在习近平生态文明思想指引下，我国曾经的雾霾、"红汤黄水""高天滚滚粉尘急"现象没有了，"化工排污"的"顽疾"治愈了，塞罕坝不再是"飞鸟无栖树"，库布其沙漠已不再是"死亡之海"，九曲黄河更不是"万里黄沙"，毛乌素沙地实现了从"沙进人退"到"绿进沙退""人沙和谐"。不毛之地变绿洲，黄土高坡披绿装。汉水迢迢，一波碧流送别秦巴腹地，一江清水供京津；乌蒙山下，"绿海"重生，极危鸟兽又归来；西子湖畔，水蓝天碧，江南再现处处绿，百姓共享"富春山居"……

迈进新征程，奋进新时代。在中国特色社会主义进入新时代的今天：

一个绿色发展、循环发展、低碳发展，"绿水青山就是金山银山"新发展理念深入人心；

一种热爱自然、保护自然、顺应自然风气和环保意识、生态意识、文明意识正在形成，生态环境保护理念成为社会生活中的主流文化；

一批长期悬而未决的生态环境问题得到了解决，人们的生态观念增强了、污染环境的现象减少了，生态环境保护和修复力度加大了；

一幅蓝天青山碧水、山峦层林尽染、平原蓝绿交融、城乡鸟语花香的人与自然和谐共生的美丽新画卷，正在神州大地铺展；

一张"美丽中国"画卷徐徐展开，二氧化碳达峰和污染防治攻坚行动持续进行，绿水青山守护和自然生态提质行动扎实推进，打造美丽和宜居城乡行动全面开展；

一场关乎人民福祉、民族未来、中华民族永续发展的绿色变革和实现人与自然和谐共生现代化，开启了新时代的伟大征程……

我们为中国特色社会主义走向新时代而自豪！为新时代生态文明建设取得伟大成就而骄傲！为生活在天蓝、地净、水清、山绿的美丽中国而倍感幸福！

十多年前，笔者开始关注生态文明建设问题。自 2010 年 12 月在《科学对社会的影响》（现刊名改为《科学与社会》）发表《自然灾害下人与生态环境的和谐相处》一文以来，将生态环境问题作为一个主要研究方向。经过多年的学习、思考和研究，先后在《毛泽东邓小平思想研究》《中国环境报》《陕西日报》等报刊上发表多篇关于生态文明建设方面的文章，主持和参与完成《生态现代化视域下陕西生态治理研究》《践行生态文明思想、提升农民行为自觉——基于安康市 9 县 1 区农民生态意识与行为》等研究课题。近年来，对已有研究成果进行梳理、补充和完善，完成博士论文《习近平生态文明思想的理论与实践研究》，形成了《新时代中国生态文明建设理论创新与实践探索》一书的结构框架。本书的出版，是对自身多年来生态文明建设研究的总结和汇报。

本书的出版受到西安理工大学马克思主义学院及马克思主义学科的资助，得到尹洁教授、鲁宽民教授、梁严冰教授、朱鸿亮副教授及多位同事的大力支持与热心帮助。人民出版社刘伟编辑在本书出版过程中给予热情帮助、热心指导和大力支持。在此，一并衷心感谢！

彭 蕾

2022 年 5 月 6 日

责任编辑：刘　伟

图书在版编目（CIP）数据

新时代中国生态文明建设理论创新与实践探索／彭蕾 著 . — 北京：
人民出版社，2022.10
ISBN 978 - 7 - 01 - 024704 - 5

I.①新…　II.①彭…　III.①生态环境建设 – 研究 – 中国　IV.① X321.2

中国版本图书馆 CIP 数据核字（2022）第 060059 号

新时代中国生态文明建设理论创新与实践探索
XINSHIDAI ZHONGGUO SHENGTAI WENMING JIANSHE LILUN
CHUANGXIN YU SHIJIAN TANSUO

彭 蕾 著

人民出版社 出版发行
（100706　北京市东城区隆福寺街 99 号）

中煤（北京）印务有限公司印刷　新华书店经销

2022 年 10 月第 1 版　2022 年 10 月北京第 1 次印刷
开本：710 毫米 × 1000 毫米 1/16　印张：24
字数：351 千字

ISBN 978 - 7 - 01 - 024704 - 5　定价：68.00 元

邮购地址 100706　北京市东城区隆福寺街 99 号
人民东方图书销售中心　电话（010）65250042　65289539